基金项目　青海省重点研发与转换计划项目（2019–NK–112）：
青海有机畜产品屠宰加工追溯技术优化与研究示范

青海省有机牦牛藏羊
生产体系建设研究

● 罗增海　主编 ●

中国农业科学技术出版社

图书在版编目（CIP）数据

青海有机牦牛藏羊生产体系建设研究 / 罗增海主编. —北京：中国农业科学技术出版社，2020.11

ISBN 978-7-5116-4945-4

Ⅰ.①青…　Ⅱ.①罗…　Ⅲ.①牦牛-畜牧业-生产体系-研究-青海②西藏羊-畜牧业-生产体系-研究-青海　Ⅳ.①F326.374.4

中国版本图书馆 CIP 数据核字（2020）第 153107 号

责任编辑	张国锋
责任校对	李向荣

出 版 者	中国农业科学技术出版社
	北京市中关村南大街 12 号　邮编：100081
电　　话	(010) 82106636（编辑室）　(010) 82109702（发行部）
	(010) 82109709（读者服务部）
传　　真	(010) 82106650
网　　址	http://www.castp.cn
经 销 者	各地新华书店
印 刷 者	北京宝隆世纪印刷有限公司
开　　本	787mm×1 092mm　1/16
印　　张	16
字　　数	420 千字
版　　次	2020 年 11 月第 1 版　2020 年 11 月第 1 次印刷
定　　价	128.00 元

作者简介

    罗增海，1970 年生，青海乐都人，畜牧学教授，长期致力于畜牧业教学、科研和政策研究等工作，先后主持各类重大项目课题 20 余项，获科技成果 20 多项，专利和著作权等 20 余项，出版多部学术专著，发表论文 60 余篇，起草省级重大发展规划和意见等 30 多次。在动物营养、生猪产业经济、牦牛藏羊生产、农技推广以及农牧业政策研究等多方面具备扎实的学术积累。近年来，获得"全国农牧渔业丰收奖""青海省科技进步奖"等多项奖励以及"青海省优秀专业技术人才"等荣誉称号。目前任中国林牧渔业经济学会常务理事、青海省有机畜产品协会秘书长等 20 多个学术兼职。

《青海有机牦牛藏羊生产体系建设研究》
编写人员名单

主　编　罗增海　青海省畜牧总站

副主编　拉　环　青海省畜牧总站

编　者　王廷艳　青海省家畜改良中心
　　　　　丁　颖　青海净意信息科技有限公司
　　　　　张　鹏　青海省可可西里生物工程股份有限公司
　　　　　王　芳　青海省家畜改良中心
　　　　　安梨红　青海省畜牧总站

前　　言

基于青海省重点研发与转化计划"青海有机畜产品屠宰加工追溯技术优化与研究示范"（2019-NK-112）的支持，本书以青海绿色有机农畜产品示范省建设为背景，以牦牛藏羊两大重点产业为对象，以现代生产体系的构建为主线，对青海有机牦牛藏羊生产体系建设进行了系统、全面研究。

本书共分为四篇，第一篇详细介绍了青海有机牦牛藏羊生产体系建设的背景，包括国内外有机畜牧业发展背景与现状、青海省有机畜牧业发展背景与现状三个章节；第二篇系统凝练了青海有机牦牛藏羊生产体系建设的重大实践，包括推进牧区生态畜牧建设、完善牦牛藏羊生产标准、加快绿色有机认证步伐、强化有机品牌培育推介、创新科技支撑平台、加强牛羊草料体系建设、提升牦牛藏羊种质水平、提高疫病防控能力、创建青海绿色有机农畜产品示范省、建立牛羊原产地追溯体系、粪污废弃物资源化利用十一个章节；第三篇全面剖析了有机牦牛藏羊生产支撑技术，包括有机生产与认证、有机追溯技术、化肥农药减量增效技术、牦牛藏羊实用主推技术等；第四篇展开了对青海有机牦牛藏羊生产体系建设的深度研究，从产地环境、科技支撑、追溯建设、废弃物利用、草业利用发展、信息、种养结合、标准制定、产业发展九个方面对体系建设进行了理论分析。

全书体系宏大，立足青海实践，面向未来发展，集实证研究与理论研究于一体。在编写过程中，得到了青海省有机畜产品各界大力协助，特别是农牧业主管部门的鼎力支持和科技主管部门的经费支持，编写过程中也得到了业内各界人士的宝贵意见和建议，数易其稿，其中不少研究内容均来自青海近些年来的工作实践和思考，这些第一手资料的取得为提升全书质量提供了坚实保障，不少资料和研究属首次公开。本书的出版填补了国内有机畜产品生产体系建设领域的学术空白，是高原特色牦牛藏羊产业有机生产领域的一次突破，特别是本书对畜产品提质增效方面的一系列深度研究既体现了丰富的学术研究价值，也对落后偏远地区畜牧业转型升级具有重要指导意义，因此本书可以作为研究地方特色畜牧业发展的管窥借鉴，抛砖引玉，也可以当作研究和推进青藏高原牧区牧业工作稳步发展的参考工具使用。

目　　录

导言 ……………………………………………………………………………………… 1

第一篇　建设背景

第一章　国内外有机畜牧业发展背景 ………………………………………………… 5

第一节　国际有机农业发展趋势 …………………………………………………… 5

第二节　有机农业的发展阶段 ……………………………………………………… 6

第三节　国外有机农业发展现状 …………………………………………………… 8

第四节　我国有机农业发展的主要阶段 ………………………………………… 12

第五节　我国有机畜牧业的发展背景 …………………………………………… 14

第六节　我国发展有机畜牧业的重要意义 ……………………………………… 16

第二章　青海省有机畜牧业发展背景 ……………………………………………… 20

第一节　青海省情简介 …………………………………………………………… 20

第二节　青海畜牧业发展概况 …………………………………………………… 20

第三节　青海发展有机畜牧业的必要性 ………………………………………… 23

第四节　青海发展有机畜牧业的主要优势 ……………………………………… 25

第五节　青海有机畜牧业发展概况 ……………………………………………… 26

第六节　青海牦牛藏羊产业发展状况 …………………………………………… 28

第二篇　重大实践

第一章　推进牧区生态畜牧业建设 ………………………………………………… 33

第一节　先行先试牧区生态畜牧业建设 ………………………………………… 33

第二节　奋力推进全国草地生态畜牧业试验区建设 …………………………… 34

第三节　股份合作助推生态畜牧业建设取得实质进展 ………………………… 36

第二章　完善牦牛藏羊生产标准 …………………………………………………… 38

第一节　农业标准管理体系概况 ………………………………………………… 38

第二节　我国农业标准的应用情况 ……………………………………………… 41

第三节　牦牛藏羊生产的主要标准 ……………………………………………… 43

第三章　加快绿色有机畜牧生产步伐 ……………………………… 47
　第一节　扩大绿色有机认证规模 …………………………………… 47
　第二节　加快青海绿色有机认证 …………………………………… 47
　第三节　加快动物防疫体系建设 …………………………………… 49

第四章　开展粪污废弃物资源化利用 ……………………………… 52
　第一节　粪污资源利用顶层设计 …………………………………… 52
　第二节　加快实施粪污利用项目 …………………………………… 65

第五章　加强有机品牌培育 …………………………………………… 67
　第一节　加快培育高原特色有机品牌 …………………………… 67
　第二节　世界牦牛之都——打造青海牦牛第一品牌 …………… 68
　第三节　中国藏羊之府——打造青海藏羊第一美誉 …………… 70

第六章　创新农牧科技支撑推广平台 ……………………………… 72
　第一节　打造青海农牧科技创新三级平台 ……………………… 72
　第二节　三级平台建设创新有为 …………………………………… 73

第七章　增强有机饲草料供给 ……………………………………… 80
　第一节　开展退牧还草工程 ………………………………………… 80
　第二节　加大种草养畜力度 ………………………………………… 83
　第三节　实施化肥农药减量行动 …………………………………… 85
　第四节　强化有机饲料生产供给 …………………………………… 89
　第五节　提升牧业防灾储备能力 …………………………………… 90

第八章　提升牦牛藏羊种质水平 …………………………………… 93
　第一节　加快牦牛良种培育 ………………………………………… 93
　第二节　开展藏羊改良选育 ………………………………………… 95

第九章　创建青海绿色有机农畜产品示范省 …………………… 97
　第一节　推进战略设计 ……………………………………………… 97
　第二节　奋力开拓局面 ……………………………………………… 99

第十章　建立牛羊原产地追溯体系 ………………………………… 101
　第一节　立足省情探究追溯体系建设 …………………………… 101
　第二节　围绕特色牦牛藏羊开展追溯 …………………………… 102

第三篇　支撑技术

第一章　有机生产与认证 …………………………………………… 107
　第一节　国家有机生产要求 ………………………………………… 107
　第二节　有机认证的一般流程 ……………………………………… 113

第二章　有机追溯技术 ·· 115

第一节　有机追溯工作架构 ·· 115

第二节　有机追溯数据体系 ·· 130

第三节　有机追溯的规则制度 ······································ 137

第三章　化肥农药减量增效技术 ·· 145

第一节　化肥农药减量使用措施 ···································· 145

第二节　粪污废弃物资源化利用技术 ································ 150

第四章　牦牛藏羊高效养殖技术 ·· 154

第一节　推广牦牛高效养殖技术 ···································· 154

第二节　推广藏羊高效养殖技术 ···································· 155

第四篇　建设探究

第一章　产地环境问题 ·· 161

第一节　土壤污染防治问题探究 ···································· 161

第二节　智能化的监控体系问题探究 ································ 163

第三节　绿色防控与水肥一体化技术问题探究 ························ 166

第四节　废弃物利用问题研究 ······································ 173

第二章　科技支撑问题 ·· 180

第一节　有机饲料的配制问题探究 ·································· 180

第二节　疫病防控安全问题研究 ···································· 183

第三节　有机品牌打造问题思考 ···································· 185

第四节　开展牦牛藏羊有机品牌建设的思考 ·························· 188

第三章　追溯建设问题 ·· 190

第一节　追溯体系建设战略探究 ···································· 190

第二节　青海追溯体系管理问题探究 ································ 193

第四章　草业利用发展问题 ·· 203

第一节　草业发展潜力及草畜平衡分析 ······························ 203

第二节　草业发展的重点方向思考 ·································· 206

第五章　农牧业信息化问题 ·· 209

第一节　农牧业信息化发展现状分析 ································ 209

第二节　农牧业信息化未来发展方向与重点工作 ······················ 212

第六章　种养结合问题 ·· 218

第一节　种养结合循环发展的条件分析 ······························ 218

第二节　青海建设循环农牧业的对策研究 ···························· 223

第七章 标准问题 ·· 228

第一节 健全有机牦牛藏羊标准的举措初探 ························· 228

第二节 对建立青海农业标准体系的思考 ···························· 237

第三节 建立青海农业标准体系的一些建议 ······················· 239

参考文献 ·· 242

后记 ·· 246

导　　言

　　牦牛、藏羊肉质鲜美，蛋白质含量高、氨基酸种类丰富。随着人民生活水平的提高，有机牦牛、藏羊肉及其产品越来越受到广大消费者的青睐，国内外市场前景广阔，潜力巨大。经过多年辛勤实践，青海省牦牛藏羊产业发展已具备较为坚实的基础。国家新一轮草原生态保护奖励补助机制和"粮改饲"试点工作的实施，有力夯实全省牦牛、藏羊产业发展的草料基础；全国草地生态畜牧业试验区创新探索取得的丰硕成果，从体制机制上为发展牦牛藏羊产业积累经验；牦羊藏羊高效养殖等关键技术取得突破，为发展牦牛藏羊产业提供了强有力的科技支撑。

　　有机牦牛藏羊生产体系建设可以改变牧区的放牧养殖方式、减轻当地草地放牧压力、提高牦牛和藏羊的生产性能，也能够增加农牧民经济收入、改善退化草地、提高牦牛藏羊的生产性能，还可以从生产体系优化角度为草地生态系统恢复、畜牧业的可持续发展提供借鉴。

　　本研究旨在通过探索青海有机牦牛藏羊生产体系的发展问题，为青海有机牦牛藏羊生产体系的可持续发展和农业国际竞争力的增强、农业有机环境状况的改善、农业循环经济的发展提供可供支撑的理论和观点。因此，在指导思想上，始终坚持理论研究与实践研究相结合，在进行一般理论分析的同时，注重于对策举措的研究。为此，全文紧紧联系青海有机牦牛藏羊生产体系发展的实际情况，同时将之放在农业与农村经济的大盘中进行宏观考虑，着眼于其未来的发展。并由此深入下去集中探讨能够促使青海有机牦牛藏羊生产体系良好起步的可持续发展道路的方法与措施。本研究在开展研究的过程中，综合采用了多种研究方法，包括调查研究、定性与定量分析、综合分析、实证研究与规范研究相结合等。通过系统全面和深入的研究，本研究具有一定创新性。

　　第一，归纳和总结了国内外有机畜牧业的发展历程及研究现状，世界不同有机畜牧业的发展模式。本文在系统总结和全面分析世界生态畜牧业的发展历程、现状和趋势的基础之上，提出了对发展我国生态畜牧业有益的经验和启示。

　　第二，归纳青海省有机畜牧业发展背景与研究现状，青海省的发展对牦牛、藏羊产业发展的有利条件。

　　第三，全面设计了青海省有机牦牛、藏羊体系发展的目标体系、战略重点和技术支撑体系。

　　研究在全面分析世界和我国有机畜牧业发展的基础上，根据我国生态畜牧业发展的实际情况，设计了以生产目标、消费目标、贸易目标和生态目标为主体的目标体系，提出了以产品战略、结构战略、市场战略和技术战略为重点的战略思路，构建了以生态饲料生产技术、资源高效转化和循环利用生产技术、洁净畜牧业生产技术、畜产品安全生产技术和动物疫病防治技术等为核心的技术支撑体系，对今后推进青海乃至我国生态畜牧业发展具有一定的指导价值。

第 一 篇

建设背景

第一章 国内外有机畜牧业发展背景

第一节 国际有机农业发展趋势

有机农业（organic farming）是指在动植物生产过程中不使用化学合成的农药、化肥、生产调节剂、饲料添加剂等物质，以及基因工程生物及其产物，而是遵循自然规律和生态学原理，采取一系列可持续发展的农业技术，协调种植业和养殖业的平衡，维持农业生态系统持续稳定的一种农业生产方式。在欧盟有机农业法规中，有机（organic）、生物（biological）、生物动力（biodynamic）和生态（ecological）农业都被视为有机农业（organic farming）。国外有关生态或有机农业的名称各异，如有机农业、生物农业、生物有机农业、生物动力农业、生态农业和自然农业等，其做法也不尽相同，但其共同的特点是：通过生物措施保持土壤肥力；尽可能减少外部投入；禁止施用化肥和人工合成的植物保护制剂；很大程度上封闭的企业物质循环；利用自然的调控机制；保护自然资源；面积约束的动物饲养；符合动物需求的动物饲养；适合当地环境；多样化的组织；生产高价值的食品。

有机农业在第二次世界大战以前就开始在一些西方国家实施。起初只是由个别生产者针对局部市场的需求而自发地生产某种产品，以后逐步由这些生产者自发组合成区域性的社团组织或协会等民间团体，自行制定规则或标准指导生产和加工，并相应产生一些专业民间认证管理机构。由于它的产生是自发性的，在管理、检查、监督等方面不可能形成完善的体系，同时由于当时的有机农业过分强调传统农业，实行自我封闭式的生物循环生产模式，排斥现代农业科学技术，因此，未能得到广大农民与政府的支持，发展极为缓慢。随后，一些发达国家伴随着工业的高速发展，由污染导致的环境恶化也达到了前所未有的程度，尤其是美、欧、日一些国家和地区工业污染已直接危及人类的生命与健康。这些国家和地区感到有必要共同行动，加强环境保护以拯救人类赖以生存的地球，确保人类生活质量和经济健康发展，从而掀起了以保护农业生态环境为主的各种替代农业思潮。进入 21 世纪以来，实施可持续发展战略得到全球的共同响应，可持续农业的地位也得以确立，有机农业作为可持续农业发展的一种实践模式和一支重要力量，进入了一个蓬勃发展的新时期，无论是在规模、速度还是在水平上，都有了质的飞跃。这一时期，全球有机农业即绿色食品生产发生了质的变化，即由单一、分散、自发的民间活动转向政府自觉倡导的全球性生产运动。这主要表现在下列几方面。

第一，国际有机农业运动联盟组织进一步扩大。作为倡导和监督世界有机农业的国际组织，国际有机农业运动联盟（IFOAM）于 1972 年 11 月 5 日在法国成立。成立初期只有英国、瑞典、南非、美国和法国等 8 个国家的代表。经过 40 多年的发展，目前，IFOAM 组织已经发展成为当今世界上最广泛、最庞大、最权威的一个拥有来自 228 个国家 830 多个集体会员的国际有机农业组织。

第二，有机农业生产的规模空前增加。据国际贸易中心（ITC）2003 年 2 月调查时全世界按有机管理的农业用地已达 1 700 万公顷，各大洲有机管理的面积分布大体是：大洋洲 44.91%、欧洲 24.79%、拉丁美洲 21.67%、北美洲 7.73%、亚洲 0.55%、非洲 0.35%。

第三，全球有机食品的消费出现了大幅度的增长。根据国际贸易中心估测，1997 年全世界有机食品和饮料零售总额约为 100 亿美元，2016 年增长到 1 000 亿美元。其中，欧洲的增长率最高，北美洲、亚洲次之。尽管目前有机食品零售额在整个食品行业中的份额很小，只有 2%~3%，但增长潜力巨大。从以下几个方面可以判断，未来一段时间将出现显著增长：一是消费者对健康和环境保护的意识增强，将促进有机食品生产消费迅速增长；二是一批大的食品商如麦当劳、雀巢等已进入有机食品行业，正雄心勃勃地进行有机产品的营销开发，试图抢占国际有机产品市场；三是食品加工部门调整结构进行有机产品开发，改进包装，促进有机食品国际贸易；四是许多国家政府采取积极的扶持政策。

有机农业发展前期，由于规模和信息等方面的原因，生产的有机食品很少为人所知和接受。发展的主要目的是拯救环境，解决农业可持续发展问题。自 20 世纪 90 年代以来，特别是欧洲发生"疯牛病"事件以来，由于食品的有害物质含量超标以及人畜共患疫病的传播带来的对人体健康的危害加剧，消费者由关心环境问题转向关注环境和食品的安全健康问题。

在德国，虽然近年来按传统方法生产的牛肉销售量下降了 50%，但有机牛肉销售量却增加了 30%。目前，顾客购买有机牛肉要比购买常规方法生产的牛肉多付至少 30% 的钱，但他们一般认为，生产有机牛肉需要较多的人力和物力，因此值得支付这些价钱。

在意大利，消费者对有机食品有着较高的认知程度。据有关部门 2001 年 9 月进行的一次调查显示：73% 的意大利人能够说出有机食品的正确定义和主要特性；38% 的成年人曾经购买过有机食品；23% 的成年人经常购买有机食品。约有 48% 的意大利人消费有机食品，其中以经济发达的北部地区尤为突出。

在日本，有机农业的发展过程也同样说明了这一趋势。从 20 世纪 70 年代开始，日本的经济进入快速发展时期，那个时期日本的 GDP 增长率一度超过 10%。快速的工业化带来了严重的环境污染和破坏，工业化学品的污染通过食物引起的人群中毒和疾病事件接连不断，如水俣病事件、米糠油事件和富山骨痛病事件就是著名的例子。当时的日本以追求经济效益为目的，农业上大量使用农药化肥，食品大多使用了添加剂。对由此产生的对人体健康，特别是对孩子的健康问题感到忧虑，他们开始寻求没有污染的食品；与此同时，一些农民也意识到农药化肥对人类和牲畜的危害，以及对土壤肥力的影响，也在开始尝试实践有机农业。这就给有机消费者和有机生产者达成默契提供了机会，在这种情况下，成立了日本有机农业协会（JOAA）。起初，JOAA 将有共同愿望的消费者和生产者联合起来，鼓励消费者和生产者之间互相帮助。例如，消费者合伙买头奶牛交给农民精心喂养，奶牛生产的牛奶由其买下；又如，消费者要求农民在农作物种植过程中不要使用农药化肥，而农民生产的农产品由这些消费者花高价全部购买。后来，JOAA 将这种消费与生产的关系发展成消费者与生产者之间的合作伙伴关系，进一步促进了日本有机农业和有机食品生产的发展。

第二节　有机农业的发展阶段

一、产生阶段（1924—1970 年）

有机农业的历史可以追溯到 1924 年由德国的鲁道夫·施泰纳（Rudolf Steiner）开设的

"农业发展的社会科学基础"课程。其理论核心为：人类作为宇宙平衡的一部分，为了生存必须与环境协调一致；企业作为个体和有机体；要求饲养反刍动物；使用生物动力制剂；重视宇宙周期。德国的普法伊费尔（H. Pfeiffer）在农业上应用这些原理，从而产生了生物动力农业（biodynamic agriculture）。截至20世纪20年代末，生物动力农业分别在德国、瑞士、英国、丹麦和荷兰得到了发展。

20世纪30年代，瑞士的汉斯·米勒（Hans Mueller）推进了有机生物农业（organic-biological agriculture）。他的目标是：保证小农户不依赖外部投入而在经济上能独立进行生产，施用厩肥以保持土壤肥力。玛丽亚·米勒（Maria·Mueller）将汉斯·米勒的理论应用到果园生产系统。汉斯·拉什（Hans Peter Rush）强调厩肥对培肥地力的作用，丰富了通过土壤生物保持土壤肥力、促进有机物质循环的理论。汉斯·米勒和汉斯·拉什为有机生物农业奠定了理论基础，使有机生物农业在德语国家和地区得到发展。

英国的霍华德爵士（Sir Albert Howard）被认为是现代有机农业（organic farming）的奠基人。他总结了在印度长达25年的研究结果，1935年出版了《农业圣典》一书，论述了土壤健康与植物、动物健康的关系，奠定了堆肥的科学基础。1940年，美国的罗代尔（J. I. Rodale）受霍华德的影响，开始了有机园艺的研究和实践。1942年出版了《有机园艺》一书。英国的伊夫·鲍尔费夫人（Lady Eve Balfour）第一个开展了常规农业与自然农业方法比较的长期试验。在她的推动下，1946年成立了英国"土壤协会"，该协会根据霍华德的理论，提倡返还给土壤有机质，保持土壤肥力，以保持生物平衡。20世纪50—60年代，有机农业（lemaire-boucher）在法国得到了很大的发展，并成立了"自然和进步协会"，在唤醒消费者在食物对健康影响意识上起到了积极的作用。日本的冈田茂吉（Mokichi Okada）于1935年创立了自然农业（natural agriculture），提出在农业生产中尊重自然，重视土壤，协调人与自然关系的思想。主张通过增加土壤有机质，不施用化肥和农药获得产量。20世纪60年代加剧的环境和健康问题促进了自然农业在日本的兴起。自然农业技术纲要成为日本有机产品标准的重要内容。

二、扩展阶段（1970—1990年）

20世纪60年代后，有机农业的理论研究和实践在世界范围内得到了扩展。特别是20世纪70年代的石油危机，以及与之相关的农业和生态环境问题，如高投入低效益、农产品品质下降和环境污染加剧等，促使人们对现代农业进行反思，探索新的出路。以合理利用资源、有效保护环境、低投入、高效率、食品安全为宗旨，回归自然、寻找替代以及可持续农业的思潮和模式，包括有机农业、有机生物农业、生物动力农业、生态农业、自然农业等，概念得到扩展，研究更加深入，实践活动活跃。

1970年，美国的威廉姆·奥尔布雷克特（William Albrecht）提出了生态农业（ecological agriculture）的概念，将生态学的基本原理纳入了有机农业的生产系统。英国"土壤协会"于20世纪70年代在国际上率先创立了有机产品的标识、认证和质量控制体系。1972年，国际上最大的有机农业民间机构——国际有机农业联合会（International Federation of Organic Agriculture Movements，IFOAM）成立。世界上一些主要的有机农业协会和研究机构，如法国国家农业生物技术联合会（Fédération Nationaled'Agriculteure Biologiques，FNAB）和瑞士的有机农业研究所（Forschungs institutfuer biologischen Landbau，FiBL）——目前世界上最大的有机农业研究所，都成立于20世纪70—80年代。这些组织和机构在规范有机农业生产和市场，推进有机农业研究和普及上起到了积极的作用。

立法工作在有机农业标准制定后逐步展开。美国俄勒冈州和加利福尼亚州分别于1974年和1979年采用有机农业法规。美国农业部于1980年对美国23个州的69个有机农场进行了大规模的调查，发表了调查报告。调查报告对美国有机农业的现状、存在的问题、发展潜力和研究方向进行了分析，定义了有机农业，提出了有机农业生产标准和行动建议，对促进美国有机农业立法和有机农业的发展具有里程碑意义。法国于1985年采用了有机农业法规。

三、增长阶段（1990年至今）

20世纪90年代后，世界有机农业进入增长期，其标志是成立有机产品贸易机构，颁布有机农业法律，政府与民间机构共同推动有机农业的发展。1990年，在德国成立了世界上最大的有机产品贸易机构——生物行业商品交易会（BioFachFair）。1990年美国联邦政府颁布了"有机食品生产条例"。欧盟委员会于1991年通过欧盟有机农业法案（EU2092/91），1993年成为欧盟法律，在欧盟15个国家统一实施。北美、澳大利亚、日本等主要有机产品生产国，相继颁布和实施了有机农业法规。1999年，国际有机农业联合会（IFOAM）与联合国粮农组织（FAO）共同制定了"有机农业产品生产、加工、标识和销售准则"，对促进有机农业的国际标准化生产有积极的意义。政府通过立法规范有机农业生产，使公众对生态、环境和健康意识增强，扩大了对有机产品的需求规模，有机农业在研究、生产和贸易上都获得了前所未有的发展。

第三节　国外有机农业发展现状

截至2018年年底，根据瑞士有机农业研究所（FIBL）在全球范围内对来自186个国家和地区的调查数据显示，有机农地和有机零售额的数量持续增长并达到了历史新高。全球以有机方式管理的农地面积为7 150万公顷（包括处于转换期的土地）。有机农地面积最大的两个大洲分别是大洋洲（3 600万公顷，约占世界有机农地的一半）以及欧洲（1 560万公顷，22%）。拉丁美洲拥有800万公顷（11%），其次是亚洲（650万公顷，9%），北美洲（330万公顷，5%）和非洲（200万公顷，3%）。有机农地面积最大的三个国家分别是澳大利亚（3 570万公顷）、阿根廷（360万公顷）和中国（310万公顷）。全球范围内，有机农地占比为1.5%。列支敦士登的有机农地比例最高，为38.5%。从地域上来看，在总农业用地中有机农地占比最高的两个大洲分别是大洋洲（8.6%）和欧洲（3.1%，其中欧盟有机农地占比为7.7%）。一些国家的有机农地份额占比远远高于全球：列支敦士登（38.5%）和萨摩亚（34.5%）的有机农地占比最高。有16个国家，其国内至少10%以上的农业用地是有机耕作的。2018年，全球有机农地面积增加了200万公顷，增长率为2.9%。许多国家有机农地面积增长显著，例如法国（增长16.7%，超过27万公顷）和乌拉圭（增长14.1%，将近24万公顷）。各大洲的有机农地面积都有所增长：欧洲农地面积增长了近125万公顷（增长8.7%）；亚洲有机农地面积增加了54万公顷，增长了将近8.9%；非洲有机农地面积增加超过4 000公顷，增长了0.2%；拉丁美洲有机农地面积增加了13 000公顷，增长了0.2%；北美洲有机农地面积增加了近10万公顷，增长超过3.5%；大洋洲有机农地面积增加超过10万公顷，增长了0.3%。

有机农业遍布几乎世界各国，在耕地中的比重和从事有机农业的农场都在增长。有机畜牧业从属于有机农业，近几年来有机食品也是世界农业的一大亮点，全球大概有 130 多个国家在进行有机食品商业的生产认证，亚洲占 8.6%、非洲占 26%、拉丁美洲占 24%，其余的主要分布在欧洲。而按照国家和地区来说，绿色有机畜牧业主要集中在美国、欧洲、加拿大和日本。且通过有机绿色畜牧业生产的肉类平均每年都在以 25% 的速度不断增长，人们对于有机畜牧产品的消费也在日益增长。近年来，美国在发展绿色有机畜牧业方面一直处于世界的领先地位。在美国平均每个有机畜牧牧场面积能达到 80 公顷左右，全美洲大约有一半都在发展有机畜牧业的饲养。其中发展最快是有机牛奶的生产，20 世纪 90 年代开始，美国的食品药品监督管理局批复了有机植物制品、有机奶制品和有机蛋制品允许使用有机食品的标签。

20 世纪北美洲、欧洲有机农业的发展尚处试验探索阶段，因其产量低、效益少，当时的文献大多是对北美洲、欧洲有机农业发展情况的简单介绍。随着时间的推移，有机农业在探索中不断前进，世界各国有机农业运动蓬勃发展。如今有机食品的生产、加工和销售已形成了一条完整的产业链，许多农场皆已具备直接加工和销售的能力，尽管有机产品售价高出普通产品的 20%~30% 或更高，但却备受消费者欢迎。近 10 年来，国内外学者关于有机农业发展的研究，逐渐由探索怀疑的态度转向肯定、支持并大力推广。现在北美洲、欧洲的一些国家以及亚洲的日本等都设有专门的有机食品检测机构，从生产、加工、储藏、运输到销售每一环节都实行严格的质量控制，同时还制定了一整套有机农产品的认证标准和法律法规。

一、北美洲有机农业的发展状况

（一）美国有机农业的发展状况

美国 2010 年有机农业面积为 190.0 万公顷，占全美耕地总面积的 14.4%，在世界排名第 3 位。另据美国农业部（USDA）统计数据，2007 年美国获得有机认证的有机生产者约有 11 000 家，占美国 220 万农民的 0.5%，有机农场数量为 20 437 个，有机农产品商品总价值占全美的 38.4%。潘慧锋、唐其展、马细兰等对美国有机农业的发展现状、有机农业的标准、有机食品的认证、标签、政府支持政策作了简要的介绍，并为中国发展有机农业提出了有益的借鉴和启示。陆婧等介绍了美国有机食品是通过直接销售、天然食品专卖店、超市连锁店、有机餐馆和自助餐厅食品服务消费进行销售的。焦翔等指出，美国有机农业是以家庭经营的农场为基本生产单位，专业化程度较高，大都属于自负盈亏的企业经营方式。在美国同时还活跃着大量的各类农业合作组织，主要维护农民的共同利益和宣传推销农副产品。因此，美国农业在以家庭农场为基本经营单位的基础上，形成了产业体系化、网络化、规模化和高度集约化，有效地促进了农业现代化水平的提高。

（二）加拿大有机农业的发展状况

加拿大 2006 年有机农业面积达 54.6 万公顷，世界排名第 13 位，大约有 3 555 家有机生产者，有机食品加工企业达到 800 余家。有机产品零售额共计 10 亿加拿大元（1 加拿大元约合 6.22 元人民币，2012），占所有食品零售总额的 1%。许勇指出，加拿大发展可持续农业中的可持续发展理念得到广大农民的认可，达到农业生产者的经济需求与社会环境保护目标协调统一的要求。任生亮对比了中国与加拿大发展有机农业的差距，提出要改革中国农产品流通体制、加大引进外资力度、加强农业国际合作并建立有机农业和有机食品信息网。加拿大的有机食品主要通过传统商店、有机农产品专卖店和露天市场进行销售。

二、欧洲有机农业的发展状况

(一) 德国有机农业的发展状况

德国 2009 年年底有机农业的面积达到了 95.0 万公顷，占全国耕地总面积的 4.3%，在世界排名第 9 位。方志权等、潘永圣等介绍了目前德国有机食品的销售渠道，第一是农户直销，农户直销中分 3 种方式：在农场内设立直销店；到专业市场承租柜台进行直销；根据订单直销送货上门，在一些发达地区还实行了网上订购和邮购。第二是有机食品专卖店。第三是传统店设专柜、专区销售。德国有很多由农户自发组织的有机农业协会负责农户间以及生产与市场间的相互协调，及时提供各类产销信息、技术资料，刊登各类公益广告等。德国政府还非常重视将有机食品推广到外食市场，特别致力于各级学校餐采用有机农产品，并办理各种推广活动、提供教材等。张华建等指出，德国现代化水平高、区域性强，政府采取补贴、强化管理、法律法规保障、协会推动和严格检验把关等措施使有机农业发展较快。借鉴德国经验，中国政府应转变职能，实施农业可持续发展战略，加强对农业的支持和保护，明确有机农业的发展战略，加强检测监督，建立农业协会和培育农业产业化龙头企业。

(二) 法国有机农业的发展状况

法国 2005 年年底有机农业的面积达到了 55.0 万公顷，在世界排名第 12 位，有机食品市场的销售额 15 亿美元左右，有机农业经营者总数达到 111 万名。严会超等对法国有机农业发展的趋势和目标以及发展有机农业所采取的措施等进行了分析，并结合中国发展有机农业的现状和实际，提出了中国发展有机农业必须进一步转变观念、加强技术研究和示范推广、建立健全质量标准体系及加强政府扶持和资金支持等建议。法国有机农业食品销售渠道主要由自然食品商店、专业市场和大中型超级市场等方面组成。

(三) 意大利有机农业的发展状况

意大利 2009 年年底有机农业的面积达到了 111.0 万公顷，占全国耕地总面积的 6.86%，世界排名第 8 位，有机食品市场的销售额 15 亿美元左右。韩沛新等指出，由于意大利农业的历史渊源，有机农业重要组分是谷类和畜牧产品，但是市场对果品的需求在增加。主要的加工产品是意大利通心粉、橄榄油和果酱。意大利有机农产品销售的主要渠道是直销方式和专卖店销售。

(四) 荷兰有机农业的发展状况

荷兰 2008 年共有 2.8% 的农业用地用于生产有机产品，有机农产品市场占有量为 2%。袁涓文采用收集二手资料、访谈以及参与式观察对荷兰的有机农业生产进行了调查研究，对荷兰的有机农业生产情况及社区支持型有机农场进行了介绍，指出政府对有机农业农场的发展进行适当调控，实行补贴政策并进行技术培训和服务以防止产销不平衡情况的产生。

(五) 奥地利有机农业的发展状况

奥地利 2005 年年底有机农业的面积达到了 32.9 万公顷，占全国耕地总面积的 12.9%，世界排名第 16 位，2008 年奥地利有机农产品销售总额为 6.27 亿欧元。王宝锟介绍，为了推动有机农产品市场的发展，奥地利政府专门推出了一项"有机作物生产区计划"，在全国共设立了 113 个有机作物产区。有机商品超市是促进有机农作物市场繁荣的关键因素之一，带动了有机农作物生产和加工业的发展。此外，政府出面主导，积极推动加强有机农业与销售业、旅游业和餐饮业的伙伴关系，通过这些下游产业保证和扩大了有机产品市场。

三、亚洲有机农业的发展状况

（一）日本有机农业的发展状况

日本 2006 年共有 0.5 万农户被认定为有机农产品生产者，生产有机农产品数量是 48 172t，占农产品总产量的比重为 0.16%，共有 4 611 个农场获得有机认证，获得认证有机农产品占农产品总产量的 0.16%。方志权等介绍了日本本着兼顾"食"与"绿"，即提高农产品自给率与环境保护并举的原则，致力于发展有机农业。日本有机农产品流通的主要形式有 6 类：一是通过建立产销联合组织，实行直销；二是由专业流通配送组织实行宅配化；三是由生协组织配送；四是大型连锁超市、大卖场与有机农产品生产基地实行订单销售；五是设立连锁专卖店进行销售；六是外食加工企业与日本国内外有机农产品基地实行订单直销。罗芳等从组织管理机构及相关法律法规、认证程序、经营情况、运行机制 4 个方面分析了日本农业可持续经营的做法，重点介绍了其生产者—消费者"提携"系统：生产者与消费者通过直接对话与接触，加深互相了解，双方都要提供人员及资金支持本身的运输系统，他们通常会设立运输站，使 3~10 个家庭的消费者都可以取得已运抵的产品。作者从转变思想与观念、建立网状的有机农业协会、完善有机农产品管理制度 3 个方面提出了日本有机农业发展经验对中国的启示。陆建飞等提出，随着日本有机农产品市场的扩大，日本逐步建立起有机农产品"生产、流通、消费"一体化的经营体系。在该体系中设立一个运销流通公司来统一进行所有有机农产品的销售。以大型企业为龙头的经营方式，可以规模化运作，有计划地建立销售点和销售网络，但要维持这么庞大企业体系的运作是有相当难度的。

（二）韩国有机农业的发展状况

韩国 2000 年有机农业面积超过 14 235 公顷，占全国耕地总面积的 0.7%，韩国有机农业产品的市场规模达到 6 000 亿韩元（100 韩元约合 0.55 元人民币，2012），而且每年以 7.0% 的速度增长。刘权政等介绍，韩国政府对发展有机农业非常重视。近年来，为了对有机农产品进行促销，政府通过对有机农产品进行补贴和对有机农产品的贸易费用进行支持的办法发展有机农业。

（三）泰国有机农业的发展状况

泰国获得有机农产品认证的土地面积约为 15 300 公顷，约占全国可耕作土地面积的 0.07%。郭荣综述了中泰两国有机食品认证、生产方面的区别以及泰国有机食品生产现状，介绍了泰国有机食品的销售途径：一是有机农场与国内的进出口贸易公司签订销售合同；二是送往有加工能力的大型有机农场；三是大型有机农场直销进入国内超市或出口。文中指出，泰国的有机农业大多以集体合作社形式和农场形式组织生产。

第四节　我国有机农业发展的主要阶段

20 世纪 70 年代以来，以生态环境保护和安全农产品生产为主要目的，有机农业在欧、美、日以及部分发展中国家得到快速发展。1990 年以后，全球有机农业发展非常迅速，2018 年，全球至少有 280 万名有机生产者。其中，47% 的有机生产者分布亚洲，其次是非洲（28%）、欧洲（15%）和拉丁美洲（8%）。拥有有机生产者数量最多的 3 个国家分别是印度（1 149 371 人）、乌干达（210 352 人）和埃塞俄比亚（203 602 人）。与 2017 年相比，有机农业生产者数量减少了近 15 万人，降幅将近 5%。中国有机农业始于 20 世纪 90 年代初期，前期主要为了有机农产品出口贸易的需要。

目前，中国有机产品以植物类产品为主，动物性产品相当缺乏，野生采集产品增长较快。植物类产品中，茶叶、豆类和粮食作物比重很大；有机茶、有机大豆和有机大米等已经成为中国有机产品的主要出口品种。而作为日常消费量很大的果蔬类有机产品的发展则跟不上国内外的需求。

2003 年后，随着《认证认可条例》的颁布实施，有机食品认证工作划归认监委统一管理以及有机认证工作的市场化，极大地促进了有机食品的发展。在亚洲国家中，中国有机农产品的种植面积最大，为 39.2 万公顷，暂居世界第 12 位，种植有机蔬菜的农户数为 4 110 户，但中国有机农产品的种植面积只占到国内农业种植面积的 0.11%。截至 2013 年年底，全国获得有机产品认证的企业 5 000 多家，有机产品认证面积达到 260 万公顷。

未来 10 年，中国有机农业生产面积以及产品生产年均增长 20%~30%，在农产品生产面积中占有 1%~1.5% 的份额，达到 1 800 万~2 300 万亩（15 亩 = 1 公顷）；有机食品出口占农产品出口比重将达到或超过 5%，但部分有机食品仍将依赖进口，特别是奶制品、葡萄酒、化妆品、纺织品、巧克力、燕麦、糖、水果等产品；中国将成为第四大有机食品消费大国，有机食品有望占到整个中国食品市场的 1%~1.5%，国际有机食品市场对中国有机食品的需求将达到或超过 5%。

统计显示，2013 年我国有机食品销售额达到 238.2 亿元。尽管我国有机食品的市场容量很大，但以全国每人每年平均食品消费额计算，有机食品销售额仅占常规食品销售额的 0.1%，与发达国家平均水平 2% 相比，相差 20 倍。

中国有机食品的发展可分为以下 3 个阶段。

一、探索阶段（1990—1994 年）

这一时期的特点是：国外认证机构进入中国，启动了中国有机食品的发展。1989 年，中国最早从事生态农业研究、实践和推广工作的国家环境保护局南京环境科学研究所农村生态研究室加入了国际有机农业运动联合会（IFOAM），成为中国第一个 IFOAM 成员。目前，中国的 IFOAM 成员已经发展到 30 多个。

1990 年，根据浙江省茶叶进出口公司和荷兰阿姆斯特丹茶叶贸易公司的申请，加拿大的国际有机认证检查员 Joe Smillie 先生受荷兰有机认证机构 SKAL 的委托，对位于浙江省和安徽省的 2 个茶园和 2 个茶叶加工厂实施了有机认证检查。此后，浙江省临安县的裴后茶园和临安茶厂获得了荷兰 SKAL 的有机颁证。这是在中国开展的第一次有中国专业人员参加的有机认证检查活动，也是中国农场和加工厂第一次获得有机认证。

二、起步阶段（1995—2002 年）

这一时期的主要特点是：中国相继成立了自己的认证机构，并开展了相应的认证工作，同时根据 IFOAM 的基本标准制定了机构或部门的推荐性行业标准。1992 年，中国农业部批准组建了"中国绿色食品发展中心（CGFDC）"，负责开展中国国内的绿色食品认证和开发管理工作。1995 年起，创造性地提出了绿色食品的分级理论，即绿色食品分为 A 级和 AA 级（等同于有机食品），并投入资金立项，邀请中国农业大学、中国农业科学院等单位参加研究，制定 AA 级绿色食品标准及操作规程。CGFDC 与欧、美、日等国家和地区的多家认证机构建立了联系和合作，并参照 IFOAM 以及欧、美、日等有机食品标准和法规，制定了《AA 级绿色食品生产技术准则》，并开展 AA 级绿色食品的认证工作。到 2002 年年底，全国有效使用绿色食品标志的企业总数达到 1 756 家，获得绿色食品认证的产品总数为 3 046 个，其中"AA 级绿色食品证书"60 多个。绿色食品，特别是 AA 级绿色食品基地的建立，为中国有机农业生产基地的建立和发展打下了良好的基础。1994 年，经国家环境保护局批准，国家环境保护局南京环境科学研究所的农村生态研究室改组成为"国家环境保护总局有机食品发展中心（OFDC）"。2003 年改称为"南京国环有机产品认证中心"。该中心自 1995 年开始认证工作以来，先后通过 OFDC 认证的农场和加工厂已经超过 300 家。

OFDC 根据国际有机农业运动联盟组织的有机生产加工的基本标准，参照并借鉴欧盟委员会有机农业生产规定以及其他国家如德国、瑞典、英国、美国、澳大利亚、新西兰等有机农业协会或组织的标准和规定，结合中国农业生产和食品行业的有关标准，于 1999 年制定了 OFDC《有机产品认证标准》（试行），2001 年 5 月由国家环境保护总局发布成为行业标准。1999 年 3 月，中国农业科学院茶叶研究所成立了有机茶研究与发展中心（OTRDC），专门从事有机茶园、有机茶叶加工以及有机茶专用肥的检查和认证，2003 年该中心更名为"杭州中农质量认证中心"，并获得国家认证认可监督管理委员会的登记。通过该中心认证的茶园和茶叶加工厂已经超过 200 家。

根据农业部（现"农业农村部"）"无公害食品行动计划"关于绿色食品、有机食品、无公害食品"三位一体，整体推进"的战略部署，按照农业部的要求，中国绿色食品发展中心于 2002 年 10 月组建了"中绿华夏有机食品认证中心（COFCC）"，并成为在国家认监委登记的第一家有机食品认证机构。COFCC 根据 IFOAM 基本标准以及欧、美、日等国家和地区标准制订的《有机食品生产技术准则》，列入 2003 年农业部行业标准制定项目，并在全国培训了 76 名有机食品检查员（包括实习检查员），同时 COFCC 为扩大企业的影响力，增加农产品的出口创汇，积极开展对外合作，已经和欧洲的 SGS、日本的 JONA 签署了全面合作协议，120 多家企业通过 COFCC 的认证。

三、规范阶段（2003 年至今）

本阶段以 2002 年 11 月 1 日开始实施的《中华人民共和国认证认可条例》的正式颁布实施为起点，有机食品认证工作由国家认证认可监督管理委员会统一管理，进入规范化阶段。有机食品认证机构的认可工作最初由设在国家环保总局的"国家有机食品认证认可委员会"负责。根据 2002 年 11 月 1 日开始实施的《中华人民共和国认证认可条例》的精神，国家环保总局正在将有机认证机构的认可工作转交国家认监委。到目前为止，经国家认监委认可的专职或兼职有机认证机构总共有 8 家。国家认监委于 2003 年组织有关部门进行有机食品国家标准的制定以及"有机产品认证管理办法"的起草工作。

目前，在中国开展有机认证业务的还有几家外国有机认证机构，最早的是 1995 年进入中国的美国有机认证机构"国际有机作物改良协会（OCIA）"，该机构与 OFDC 合作在南京成立了 OCIA 中国分会。此后，法国的 ECOCERT、德国的 BCS、瑞士的 IMO 和日本的 JONA 和 OMIC 都相继在北京、长沙、南京和上海建立了各自的办事处，在中国境内开展了数量可观的有机认证检查和认证工作，国外认证机构认证企业数超过 500 家。

第五节　我国有机畜牧业的发展背景

尽管有机农业有众多定义，但其内涵是统一的。有机农业是指遵循可持续发展原则，按照有机农业基本标准，在生产过程中完全不用人工合成的肥料、农药、生长调节剂和家畜饲料添加剂，不采用基因工程技术及其产物的农业生产体系。其核心是建立和恢复农业生态系统的生物多样性和良性循环。有机农业系统旨在保持和提高土壤肥力和保护生态环境。在农业和环境的各个方面，充分考虑土地、农作物、牲畜、水产和蜜蜂等的自然生产能力，并致力于提高食物质量和环境水平。有机农业生产遵循可持续发展的原则，在生产过程中尽量减少外部投入物。

中国是世界上最早的文明古国之一，也是世界农业起源的中心之一，早在 3 000 年前我国就有了生态的概念。如《周礼·夏官·职方氏》中就具体指出古九州的自然环境、农业生产布局和畜牧业的发展方向。其中记载有："东南曰扬州……其畜宜鸟兽，其谷宜稻。正南曰荆州……其畜宜鸟兽，其谷宜稻。河南曰豫州……其畜宜六扰，其谷宜五种。正东曰青州……其畜宜六扰，其谷宜四种。正西曰雍州……其畜宜牛马，其谷宜黍稷。东北曰幽州……其畜宜四扰，其谷宜三种。河内曰冀州……其畜宜牛羊，其谷宜黍稷。正北曰并州……其畜宜五扰，其谷宜五种。"这种详细的文献记载，清楚地描述了人们在当时的情况下，对各个地方资源环境背景下所适宜的农业生产活动的一种合理安排。但由于各种各样的原因和受制于人们认识条件的限制，直到 20 世纪初期，人们对农业生态与环境的问题认识上，仍然未能形成比较完善系统的思想。直到第二次世界大战后，随着人口压力的扩大、资源消耗的快速递增以及人类活动对环境负面影响因素的增加，农业生产中的生态问题才受到重视。

第二次世界大战以来，以高能耗为特征的所谓"石油农业"，在通过投入大量的机械、化肥、农药等换取农业高产的同时，对资源、环境造成了严重影响，带来了资源枯竭、能源紧张、环境污染、土壤理化性状恶化、肥力下降、土肥严重流失等农业生产环境的破坏和恶性循环，农业生产投入与产出比日益增高，生产利润日趋下降。而据大量资料表明，我国农业自 20 世纪 70 年代以来也开始进入了石油农业时代。据统计，1982 年我国谷物播种面积平均 1 公顷实际消耗石油能源总量为 1.488×10^{10} 焦，比美国 1985 年的水平还要高出 17%，如果按生产千克谷物所消耗的工业能源进行对比，则比美国还高 24%。

严酷的现实告诉人们，石油是不可再生能源，有限度地使用石油，在一定程度上可以提高农业劳动生产率，通过对生产过程的能量追加而从自然中换取更多产品。但过分依赖石油，使生物生长过程的化学循环受到严重干扰，则不能维持农业生产的稳定与持久。因此，如何充分、合理利用自然资源，保护环境和农业生态的稳定与持续发展，成为当代世界农业发展上的重大问题。面对这些困境，许多有识之士先后从理论和实践上为农业发展探寻出路。1970年，"有机农业"一词被美国土壤学家提出后，很快受到生态学家、农学家的重视。1981年，英国农业学家将生态农业明确定义为"生态上能自我维持，低输入，经济上有生命力，在环境、伦理和审美方面可接受的小型农业"。

从20世纪80年代开始，在众多研究机构、大学和地方政府的帮助和参与下，中国各地启动并组织了生态农业运动，在全国各地建立了数千个生态农业示范村和数十个生态县，还研究并推广了形式多样的生态农业建设技术，这些都为中国的有机农业也为有机畜牧业的发展奠定了坚实的基础。

从宏观层面来看，我国生态畜牧业提出的背景主要表现在以下几个方面。

一、人口增长速度过快，人均自然资源占有量逐步减少

我国现有人口超过13亿人，且每年仍以1.1%的速度在不断增长。尽管我国肉类产量和禽蛋产量名列世界第一，但肉、蛋、奶的人均占有量与发达国家相比，还存在很大差距。如新西兰年人均牛肉192.67千克，羊肉154.64千克，美国人均禽肉水平55.64千克，丹麦人均猪肉水平297.69千克，荷兰人均鸡肉38.07千克，而我国2005年人均猪肉38.32千克、牛肉5.44千克、羊肉3.33千克、禽肉11.2千克、禽蛋22.02千克。然而，我国要增加畜禽产品的有效供给所需的自然资源却面临着日益短缺的威胁，可利用的饲草饲料和水资源严重不足。目前，我国人均土地面积0.8公顷，仅为世界人均水平的30%，人均耕地0.08公顷，仅为世界平均水平的1/4，且还在以每年26.7万公顷的速度锐减；人均草地面积只有世界平均水平的32%左右。随着我国耕地和草地面积的不断减少，包括饲料粮在内的粮食播种面积也处于不断下降之中，导致牲畜饲草饲料供给不足，人畜争粮矛盾日益突出。此外，我国畜牧业发展所需的水资源也十分紧缺。据资料统计，全国农业用水每年缺300亿立方米，由于水资源短缺，我国平均每年受旱农田约2 000万公顷，减产粮食约200亿千克，有8 000多万农民和4 000万头牲畜缺乏足够的饮用水。这种状况形成了对畜牧业发展的严重制约。

二、生态环境不断恶化，严重威胁土地生产力水平

在过去侧重于数量增长的粗放型增长方式为主的年代，重开发而轻保护的行为导致了对畜牧业生态环境的严重破坏。我国每年由于水土流失而流失的土壤总量达50吨，约占全球年流失量的20%，居世界首位，每年流失的土壤养分相当于全国化肥产量的1/2，肥力低下的中低产田已占全国耕地面积的2/3。此外，草场退化、沙化、盐碱化加剧。我国共有天然草地约3.93亿公顷，占国土面积的41.41%，仅次于澳大利亚，位居世界第二，温带草原共2.67亿公顷，约占国土面积的1/9。但在畜牧业长期发展过程中，重量轻质，盲目增加牲畜数量，草原超载平均达36.1%，草原生产力大幅度下降，载畜量严重降低。目前，我国平均产草量较20世纪50年代减少了30%~50%，严重地区达60%~80%，1公顷草地可饲养羊的数量由20世纪50—60年代的22.39个羊单位下降到11.28个羊单位。"三化"面积已超过80%，并且每年仍以4.42万公顷的速度发展，仅温带草原中，不合理开垦的草原就有667万公顷，沙化、退化、碱化的草地达0.67亿公顷。生态环境的恶化已经严重地影响了土地生产力水平，影响了土地产出能力，这种态势如果不加扭转，则不仅影响现在的畜牧业发展，而且对人类自身的未来也会形成巨大的负面影响。

三、畜牧业发展中的负外部性问题日渐突出，环境污染不断加重

在过去传统农业时代，由于养殖规模较小和生产力水平较低，基于环境所存在的自净能力，畜牧业与环境之间的矛盾冲突尚不明显。但新中国成立后，尤其是 21 世纪以来，规模化生产的迅速发展，带来了数量巨大的粪便、污水、恶臭、粉尘、病原微生物、噪声等排放物，这些排放物极易对土壤、水质、空气造成污染，并导致畜禽传染病和寄生虫病的传播和蔓延，使某些人畜共患的烈性传染病直接危害人的健康。据测定，一个年出栏 10 万头的猪场，每小时可向大气排放 159 千克氨、14.5 千克硫化氢、25.9 千克粉尘和 15 亿个菌体，这些物质的污染半径可达 4.5~5.0 千米。而近年来禽流感、"疯牛病"、口蹄疫等畜禽疫病时有发生，并由此而对人类自身造成财产、健康和生命安全的影响，就是畜牧业发展中的负外部性问题。目前，我国畜牧业发展中的畜禽排放物不断增加，对环境的污染程度也在不断加重。如果不能采取有效的措施来防止畜禽排泄物的肆意污染，则对人类的健康卫生状况势必造成严重的不良影响，并由此而反作用于畜牧业的发展过程之中，最终对畜牧业本身的持续发展形成不利作用。

四、畜产品污染较重，市场竞争力较弱

近年来，随着畜牧业的迅猛发展，动物疫情日趋增多和严重化。据全国畜禽疫病普查数据显示，我国共有各类畜禽疫病超过 100 种，近 30 多年来，新增加的畜禽疫病就达 37 种。畜禽疫病已成为影响我国畜牧发展的一个巨大障碍，每年仅猪鸡因病死亡的直接经济损失为 260 亿元以上。据非典型调查推算，我国每年畜禽死亡头数占总存栏数的比例为猪 10%~12%，鸡 20%~30%、牛羊 5%~8%；而发达国家中，猪的年死亡率一般控制在 5% 以下，鸡 10% 以下，牛羊 3% 以下。由于疫病形势严峻，为了减少损失，在畜牧业生产中，用于畜禽疫病预防疫苗、饲料添加剂、环境消毒药等和治疗的药物用量巨大，加之相关标准（兽药、饲料和食品）不健全、检测手段和设备落后、监管不严以及生产和流通过程中的经济利益驱动等主客观原因，导致畜产品中药物、饲料添加剂、农药以及工业有毒物质含量超标，畜产品污染较重，市场竞争力下降，给畜牧业的可持续发展带来严重危害。据统计，1999 年 8 月至 2000 年 1 月不到半年的时间内，我国向美国出口的食品因药物残留超标被美国食品与药物管理局扣留达 613 批；2002 年 1 月，欧盟以我国出口的禽肉、龙虾制品中农药残留、药物残留及微生物超标为由，全面禁止我国动物源性食品输入。受此影响，2002 年 1—4 月我国冻鸡出口量仅为 6.73 万吨、价值 1.01 亿美元，同比分别减少了 46.2% 和 42.4%。畜产品安全已成为影响出口贸易的严重问题。

在上述背景下，继续沿用传统的畜牧业发展方式，不仅不利于畜牧业本身的发展，而且容易造成对环境、资源和人类健康卫生状况的恶性作用，最终形成对国民经济发展能力的严重制约。因此，转换畜牧业发展方式，关注畜牧业发展中的生态问题，构建有机畜牧业的发展模式，将显得十分必要、必然和迫切。

第六节　我国发展有机畜牧业的重要意义

自改革开放以来，我国农业与农村经济获得了前所未有的快速发展，国民经济基础更加稳固，尤其是自 21 世纪以来，农产品数量更加充裕，种类更加丰富，居民生活更加殷实。

在这种情况下，农业与农村经济出现了必须向纵深发展的内在要求，拓展农业发展空间，拓宽农村经济发展领域，几乎成为各地和各级政府的现实需求。随着社会的进步和经济的快速发展，畜牧业也在不断发展，而畜牧业的发展不止满足了社会的发展需求、丰富了畜牧业产品，伴随着畜牧业的规模化发展而来的污染也在逐年的增加，这种情况直接影响了我国的农产品在世界贸易组织下的形象，最主要的是我国人民的身心健康受到了潜在的威胁，也对农民的积极生产带来了影响，严重威胁到我国农业方面的效益。我国未来的畜牧业发展不仅要满足当前社会的需求量，更要不断地提高质量。近年来，在国际上有巨大影响的绿色有机畜牧业成为未来畜牧业发展方向，同时也为我国未来畜牧业发展指明了方向。

有机畜牧业生产是因为畜牧污染所生产的食品对人类的生产生活带来了十分严重的影响，且畜牧生产在逐渐地脱离原有的农业生态系统模式，农民需要新的生产方式，因此绿色有机的畜牧业发展就为现如今迷茫的我国畜牧业提供了发展方向。目前我国的畜牧污染主要存在3个方面：一是在畜牧生产的过程中，畜禽食品加工及流通过程对畜禽产品产生了污染；二是在畜牧生产的过程中对环境产生的空气污染、水系污染和畜禽类药品及添加剂残留；三是包括狂犬病、布鲁氏杆菌病、囊虫病等，甚至还有一些具有更大的潜在性的危险性新型传染病滋生变异。因此，能够保证食品安全、减少畜牧污染、遵循生态变化规律的畜牧业生产方式就成为现如今畜牧业发展的必要。

一、有机畜牧业是畜牧业发展过程中所追求的更高层次

在人类发展过程中，畜牧业始终伴随着人类的发展而发展，在原始社会，以狩猎为表现形式的畜牧业便开始产生并形成。进入封建社会，由于农耕文化的产生和对动力需要的增强，以养殖大型牲畜来取得役力用于农耕，养殖小型家畜以获得肉蛋奶皮毛等用于改善生活的养殖型畜牧业便获得较快发展。进入现代社会，尤其是市场经济时代，以增强资源利用而获得最大产出的强度索取性畜牧业获得了较好发展。但随着人口的增加、社会需求水平的提高和资源环境压力的增大，这种强度索取性的畜牧业发展出现了前所未有的问题，如引发了资源与环境的退化、降低了产品质量、影响了居民卫生与健康等，导致了畜牧业本身发展上的危机。在这种情况下，必须重新定位畜牧业发展所必须选择的方式，有机畜牧业便应运而生。

有机畜牧业是一种定位于多个目标，耦合多元价值畜牧业，把市场的目标、环境的目标、社会的目标、畜牧业生产主体的目标高度地关联在一起，既考虑了市场的选择结果，也体现了社会发展的内在需求，是一个把畜牧业发展过程中的生态价值、经济价值与社会价值衔接并且高度联结起来的新型畜牧业。因而，它既不是传统农业时代的以低循环、低效益和低产出为基本特征的畜牧业，也不是石油农业时代的以高消耗和高产出为基本特点的畜牧业，而是一种在可持续发展农业时代所追求的更加关注生态环境、关注资源循环利用和高效转化、关注居民卫生健康的畜牧业。这种畜牧业无疑是畜牧业发展过程中所必须追求的更高层次。

二、有机畜牧业是实现畜牧业可持续发展的最佳方式

生命周期理论告诉我们，任何一种事物或者产业，必然存在着一个类似于生物世界里的生命周期，不管是长是短，都会有一个由产生、成长、成熟、衰落和消亡的过程。但为了不断延伸事物的生命周期，就必须采取有利于推进其不断发展的方法，不断植入新的要素，寻

求新的路径。在畜牧业发展过程中，同样也存在着这一规律。生态型畜牧业的发展，就是一种适应现代畜牧业发展并追加了许多要素的新型畜牧业，是有利于延伸畜牧业生命周期，并且在可以预期的时间范围内，尽可能使其走上可持续发展道路的畜牧业。它糅合了新的价值观，将自然世界的一些法则植入畜牧业产业发展之中，并且把畜牧业自身的发展与自然环境和社会环境高度地衔接在一起，实现了有机的统一。而这种统一是唯一一种能将属于社会经济层面上的产业与自然物质世界的发展及其生命延续联结在一起，从而最终使其走上可持续发展的道路的一种内在选择，也是截至目前所能够看到的一种理想选择。

三、有机畜牧业有利于第一性生产与第二性生产的良好衔接

我国是一个农业资源极度稀缺的国家。人均耕地面积、林地面积、淡水资源量等均与世界平均水平差距甚远。同时我国又是一个正处于快速工业化进程中的国家，对各种资源的需求和消耗数量较大。所以，如何在发展过程中处理好资源供需之间的矛盾，便成为能否实现社会经济可持续发展的关键所在。从农业产业内部来看，种植业与畜牧业之间存在着极强的关联关系。畜牧业是基于种植业第一性生产基础上，只有种植业的发展，才能为畜牧业尤其是集约型畜牧业的发展创造良好条件。而在第一性生产中，有许多可以为牲畜所转化的植物，包括籽粒、秸秆、叶蔓等资源，只要方法得当，就能够使绝大多数的第一性产品转化为动物性产品。基于对生态环境、市场需求和社会发展等问题的考虑与关注，生态畜牧业在资源转化问题上特别注重多级利用，以促使经济系统对环境负面影响的最小化，同时实现对人类社会经济发展物质支撑强度的最大化。对于这一目标，只有在确保第一性生产系统能够良好循环的情况下，借助于现代科学技术来最大限度地将第一性生产的产品转化为第二性生产的产品，才能在自然生态系统良好运转的过程中，实现经济系统的高效运转，也才能有利于实现对人类社会发展的良好推动。这种将第一性生产与第二性生产相互关联起来，同时又将经济目标糅合进去的做法，只有在有机畜牧业中才能更好地实现。

四、有机畜牧业是增强畜牧业国际竞争力的重要选择

根据系统论的观点，一个开放的系统是最具有生命力的系统，它能够不断吸纳新的要素和新的能量，不断赋予系统的活力。相反，封闭的系统必然是一个不断衰减的系统，从而是一个缺乏活力和生命的系统。我国自改革开放以来，之所以能够取得令世界所瞩目的发展成就，就在于打破了原来的封闭系统，重新构造了具有开放特征的新的社会经济系统。在这个系统中，面对着许许多多的竞争单元和竞争对象。虽然竞争是激烈的，但在竞争中能够获得锻炼和提升，而这种锻炼有利于系统的更新与发展。自实施改革开放政策以来，中国的经济获得了前所未有的快速发展，畜牧业发展也成绩斐然，到年，肉、蛋、奶与年相比，年均增长速度分别达到了、和，其中肉类和蛋类产量水平分别占到了世界总量的和，位居世界第一位。这种成绩的取得就在于我国国民经济系统的开放。而要维持乃至扩大这样的成绩，必然需要坚定不移地推动系统在更大程度、更大规模上的开放。这就意味着面对国际市场是我国畜牧业今后发展所不能回避的重要选择。而国际市场的竞争性决定了畜牧业发展所必须选择的发展形态，尤其是我国加入世界贸易组织（WTO）以后，这种开放的格局更要求畜牧业发展符合国际规范和国际规则，否则就步履艰难。这已经从近年来畜产品在国际市场上所经常受到的各种壁垒限制并给畜牧业发展带来极大约束的情况中窥见一斑。为此，发展有机畜牧业，对增强我国畜产品国际竞争力，进而在更为开放的系统环境中赢得自己的地位并游刃

有余，是实现我国畜牧业可持续发展的重要选择。

五、发展有机畜牧业有利于保护环境和保障居民健康

在有机畜牧业的系列目标中，对环境的保护和居民健康的关注，是其中最为重要的一个方面。它与环境资源之间呈现着良性互动关系，在利用环境资源并取得产品产出的同时，也培育着资源并反馈于环境之中。如果将资源环境当作一个遵循自然法则的固定系统，那么生态型畜牧业就是一个人工的具有能动性的动态系统，两个系统的整合赋予了环境系统以生命活力。因为生态型畜牧业对环境系统的反馈往往呈现出正向作用，它既给环境资源系统带来了外部的物质追加，如硬件设施的建设、人工能量的补充，又引导着环境资源系统的发展方向，使其与畜牧业之间更加有机地融合在一起而更富有生命活力。此外，生态型畜牧业除了使环境资源系统运转更加顺畅以外，还以其能够营造的良好环境、生产的高质量产品而有益于保障居民的健康，并最终按照符合人类社会发展意愿的方向不断演进。这是确保一个产业能够持续发展的关键所在，也是一个产业本身所必须蕴含的社会责任。因为在市场经济的条件下，产业发展的内在规律取决于市场需求，取决于消费者的需求意愿，而当今消费者需求中的环保要求与产品品质已经日益走向主流，只有当畜牧业发展关注到这些层次并且把这些层次作为主流发展方向的时候，才顺应了消费者，从而顺应了市场走向。而有机畜牧业发展的本质及其立足点，就是根基于此。因此，主动地选择有机畜牧业的发展，不仅有利于与环境资源系统之间形成良性的互动关系，而且对居民卫生健康也能够形成有效的保障。

第二章 青海省有机畜牧业发展背景

第一节 青海省情简介

青海省位于祖国西部，世界屋脊青藏高原的东北部，因境内有国内最大的内陆咸水湖——"青海湖"而得名，简称"青"。青海是长江、黄河、澜沧江的江河源头，又称"三江源"，素有"中华水塔"之美誉。青海年产水量 629 亿立方米，是我国最大的产水区、水源涵养区和重要的生态屏障（长江总水量的 25%、黄河总水量的 49%、澜沧江总水量的 15% 都来自这一地区，湿地面积达 800 多万公顷，居全国之首。青海的物种丰富，是青藏高原珍贵的种质资源和高原基因库，是世界上高海拔地区生物多样性最集中的地区，被誉为"高寒生物自然种植资源库"。

青海省地理位置介于东经 89°35′～103°04′、北纬 31°36′～39°19′，全省东西长 1 200 多千米，南北宽 800 多千米，总面积 72.23 万平方千米，占全国总面积的 1/13，面积排在新疆、西藏、内蒙古之后，列全国各省、自治区、直辖市的第 4 位。青海北部和东部同甘肃省相接，西北部与新疆维吾尔自治区相邻，南部和西南部与西藏自治区毗连，东南部与四川省接壤，是联结西藏、新疆与内地的纽带。全省平均海拔 3 000 米以上，海拔在 3 000 米以下地区的面积为 11.1 万平方千米，占全省总面积 15.9%；海拔 3 000 米以上地区面积为 61.13 万平方千米，占全省总面积 84.1%；海拔 5 000 米以上地区面积为 5.4 万平方千米，占全省总面积 7.8%。全省地势总体呈西高东低，南北高中部低的态势。

全省辖 2 个地级市、6 个自治州、6 个市辖区、3 个县级市、27 个县、7 个自治县、3 个县级行委。2017 年年末，全省常住人口 598.38 万人，共有 54 个民族，少数民族人口 285.49 万人，占 47.71%。

2018 年全年青海省实现生产总值 2 865.23 亿元，按可比价格计算，比 2017 年增长 7.2%。分产业看，第一产业增加值 268.10 亿元，增长 4.5%；第二产业增加值 1 247.06 亿元，增长 7.8%；第三产业增加值 1 350.07 亿元，增长 6.9%。第一产业增加值占全省生产总值的比重为 9.4%，第二产业增加值比重为 43.5%，第三产业增加值比重为 47.1%。人均生产总值 47 689 元，比 2017 年增长 6.3%。

第二节 青海畜牧业发展概况

近年来，青海畜牧业紧紧抓住国家支持青海藏区经济社会发展的难得机遇，认真贯彻党中央、国务院和省委、省政府关于加强畜牧业和牧区工作的一系列方针政策和措施，根据全省"四区两带一线"和"四个发展"战略，以畜牧业增效和农牧民增收为目标，围绕牧区草地生态畜牧业建设和农区规模养殖工作重点，突出青海高原地方特色，不断转变畜牧业生产经营方式，推动高原特色青海特点的现代畜牧业的健康发展，全省畜牧业综合生产能力和畜产品供给能力有效提升。2018 年年末全省牛存栏 514.33 万头，比 2017 年年末下降 5.9%；羊存栏 1 336.07 万只，下降 3.7%；全年全省牛出栏 135.59 万头，比 2017 年增长 2.6%；羊出栏 748.10 万只，增长 3.0%；全年全省肉类总产量 36.53 万吨，增长 3.5%，其中牛肉 12.85 万吨，羊肉 12.68 万吨[124-125]。

畜牧业各项事业取得长足进展：经过全省上下一致努力，生态畜牧业逐步成为全省发展共识，以生态畜牧业为内核的高原特色现代畜牧业发展思路进一步明晰，畜牧业发展方向更加符合全省和各地实际；传统畜牧业向现代生态畜牧业转型和尝试取得进展，畜牧业发展方式取得重大转变，农业农村部正式将青海省设立为全国草地生态畜牧业试验区；畜牧业发展速度适度加快，初步走向稳步发展与跨越发展的协调统一；全省畜牧业由单纯重视数量增加逐步迈向生态、生产、生活协调统一发展，更加注重发展的质量；畜牧业生产更加注重市场需求，产业化步伐明显加快，发展空间都得到有效拓展；以牧区生态畜牧业和农区规模养殖建设为切入点，现代畜牧业发展的要素通过各类项目得到有效整合，畜牧业发展的基础进一步夯实，全省畜牧业持续、稳定发展。畜牧业发展的主要成就如下。

一、先行先试，草地生态畜牧业建设成效显著

青海省在全国牧区率先探索并实践草地生态畜牧业建设，以股份制、联户制为主体，大户制、代牧制为补充的生态畜牧业经济合作社模式逐步形成，牧业组织化程度显著提升，为全国草地畜牧业科学发展积累了宝贵经验。全省共组建生态畜牧业合作社 961 个，入社牧户达 11.5 万户，牧户入社率达 72.5%；累计整合牲畜 1 015 万头只、牲畜集约率达 67.8%，流转草场 2.56 亿亩、草场集约率达到 66.9%；牧业经济快速发展，牧区六州农牧业增加值达到 118.6 亿元，比 2010 年的 74.6 亿元增加 44 亿元，增长 21.7%，年均递增 6.8%，高于同期全省农牧业增加值递增速度；牧民收入持续增加，牧区六州农牧民人均纯收入达到 6 266 元，比 2010 年时的 4 062 元增加 2 204 元，增长 54.3%，年均递增 15.5%，高于同期全省农牧民增幅；认真落实了草原生态补奖政策，组织实施了草原生态保护和建设工程，全省累计核减牲畜 570 万羊单位，补播退化草地 822 万亩，治理黑土滩草地 548.13 万亩、沙化草地 54.78 万亩，草原鼠害防治 9 200 万亩、草原毒草防治 215 万亩，天然草场产草量亩产平均增加 19.4 千克。

二、科学布局，农区现代高效畜牧业快速发展

全省农区全面推进"牧减农补"战略调整，以扩规模、推标准、促循环为重点，发挥政策拉动作用，着力提高畜禽规模化养殖水平，提升了农区畜牧业综合生产能力，全省农区初步形成了沿 109 国道至日月山川水地区为主的奶牛产业带、沿黄河湟水流域浅脑山地区为主的肉牛及肉羊产业带和沿黄河湟水流域瘦肉型商品猪及蛋肉鸡产业带，适度规模以上的养殖场数量达到 2 000 余家，其中通过省级认定的标准化养殖场数量达到 1 001 家，年产肉量 8.96 万吨、牛奶产量 5.96 万吨、禽蛋产量 2.02 万吨，分别占全省总产量的 22.8%、23.9%、68.9%，产业聚集程度明显提高，规模养殖比重达到 45%。通过加快种植业结构调整优化，不断扩大饲草饲料种植规模，有力地推动了畜牧业生产方式和增长方式转变，牧繁农育、山繁川育、西繁东育等异地育肥齐头并举；183 个养殖场建设了沼气综合利用工程，率先在全国研发了牛羊粪便无害化处理设备并在 12 家奶牛养殖场推广应用；成功引进了 7 家有机肥加工企业，年加工能力达到 31 万吨，农牧交互地带草畜结合更加紧密，种草养畜、

草畜联动、农牧结合的循环农牧业发展初现端倪。

三、优化配置，现代畜牧业发展基础进一步夯实

近年来全省累计投入 20 多亿元实施了一系列草地生态保护工程，通过草原建设、退牧还草、牧草良种补贴等项目实施，以及人工种草、草场治理、病虫鼠害防治、黑土滩治理等手段，使全省草原生态环境退化的趋势得到了一定程度的遏制，饲草饲料产业得到了较快发展。全省人工饲草地保留面积达到 669 万亩，占全省草地面积的 1.22%，年产鲜草 496 万吨；建成牧草繁育基地 5 个，共 18.9 万亩，年生产各类优良牧草种子 1 557.75 万千克。认证有机草场 4 500 万亩，全国最大的有机畜产品基地正在形成。通过农作物秸秆综合利用和配合饲料入户，饲草料利用效率得到有效提升。设施畜牧业、畜牧业良种工程、草地围栏、动物疫病防控等基础设施建设项目顺利实施，畜牧业生产条件得到进一步改善。以 2011—2015 年为例：全省建成牧区标准畜用暖棚 4.23 万幢，建设养畜配套畜棚 10 611 户，休牧围栏草地 2 740 万亩。通过落实中央畜牧良种补贴等惠牧政策，藏羊、牦牛本品种选育和畜禽品种改良进程顺利加快，畜禽良种繁育体系不断完善，良种化水平提升。全省通过优化畜种结构带动畜牧业生产结构调整，建成牦牛、藏羊种畜场 30 个，推广牦牛种公牛 2.72 万头、改良牦牛 91.5 万头，推广绵山羊种公羊 6.4 万只，藏羊选育 130 万只，完成肉（奶）牛改良 50 万头。同时，青海省着力推进海北高原现代生态畜牧业示范区、海南生态畜牧业可持续发展实验区和西宁与海东国家级现代农业示范园区建设，围绕肉、奶、绒毛和饲草等畜牧业优势产业，大力培育畜牧业龙头企业，国家级畜牧业龙头企业达到 11 家（2013 年数据），省级龙头企业 42 家，经工商部门登记并在农牧部门备案的畜牧业专业合作社达到 3 355 家，家庭牧场 680 个，畜牧业产业化经营和农牧民组织化水平明显提升。

四、综合施策，现代畜牧业保障体系建设全面推进

放牧藏羊高效养殖、牦牛半舍饲养殖、藏羊两年三胎等一批影响牧区畜牧业转型的关键技术取得突破，牛、羊、饲草料等特色优势产业科技创新平台初步建成，技术推广应用渠道进一步畅通，实用技术推广应用面不断扩大。"良种、良料、良法"进一步紧密结合，玉米全膜双垄栽培、牧草混播、青贮和氨化、经济杂交、牛羊育肥等实用先进技术普及率不断提高，推进了种草养畜和标准化、规模化生产水平提升。全省兽医管理体制改革稳步推进，兽医工作体系逐步健全，初步构建了行政管理、监督执法和动物防疫技术支撑体系。新型兽医制度已经建立，执业兽医和官方兽医队伍建设稳步推进，兽医队伍信息管理逐步形成。兽医工作制度不断完善，全面推行动物防疫责任制，形成了强制免疫、监测预警、应急处置、流行病学调查、检疫监督、动物标识和疫病追溯、防疫督查等管理制度。成功应对了玉树强烈地震等重大自然灾害的灾后防疫，有效控制了口蹄疫、高致病性禽流感等重大动物疫情，阻击了小反刍兽疫等外来动物疫病传入，形成了一整套应对重大动物疫情的防控机制。全省动物疫病防治基础不断强化，动物疫病监测诊断、检疫监督、兽药监察基础设施得到明显改善。全省初步形成了省、州、县、乡四级农产品质量安全监管体系，358 个涉农乡镇已全部挂牌建立乡镇农产品质量安全监管站，建立各级农产品质量安全质检机构 27 个。全省共制修订农牧业地方标准 41 项，扶持了 15 个标准化生产基地，"三品一标"认证总量突破了300 个，认证企业突破 100 家，注册农畜产品商标 2 360 件，获中国驰名商标农畜产品 17件、青海省著名商标农产品 56 件。到 2014 年，全省已建成省、州（市）、县、乡四级畜牧

兽医技术推广体系，形成各级畜牧兽医推广机构 424 个，建成各级畜禽改良站 320 个，年推广肉（奶）牛冻精 36 万支，年肉羊改良达到 98 万只以上。通过实施农村牧区劳动力培训阳光工程、职业农牧民培训工程、农牧民培训绿色证书工程，完成农牧民技能培训 21 万人（次），农牧民实用技术骨干培训 3 万人（次），培养了一大批懂技术、会经营、善管理的新型农牧民。

第三节　青海发展有机畜牧业的必要性

一、有利于落实国家大政方针

发展有机畜牧业，是符合我国自党的十八大以来，党中央、国务院把生态文明建设作为推进"五位一体"总体布局和协调推进"四个全面"战略布局的重大决策部署；是符合习近平总书记 2016 年 8 月视察青海时提出的"青海最大的价值在生态、最大的责任在生态、最大的潜力也在生态"和"扎扎实实推进生态环境保护"的重大要求；是符合原青海省委书记王国生提出的"努力实现从经济小省向生态大省、生态强省转变"的治青理政思路；是符合国家乡村振兴战略和青海省委十三届四次全会提出的"坚持生态保护优先、推动高质量发展、创造高品质生活"的"一优两高"战略部署，也是对国家和省委农牧业高质量发展的不断深化和具体写照。

二、有利于保护"中华水塔"

"中华水塔"又称"三江源地区"，总面积 36.3 万平方公里（1 公里＝1 千米），约占青海省总面积的 50.4%。是长江、黄河和澜沧江的源头汇水区、是国家淡水资源的重要补给地、是国家重要的生态安全屏障，哺育了中国近一半的人口，支撑了江河流域的经济社会发展，孕育了高原独特的生物区系和珍贵的高寒生物自然种质资源，有"高原基因库"之称。其独特的生态系统不仅直接影响着我国天气、气候的形成与演变，而且对东亚甚至北半球的大气环流都有着极其重要的影响，又有"地球之肾"之称。青海发展有机畜牧业，抓紧建立起与资源环境承载力相匹配的农牧业可持续发展模式，极大地减少农牧业面源污染，能更好地保护"三江源地区"的生态环境，力求在三江源头描绘出一幅天蓝、水清、草绿的美丽画卷。

三、有利于蓄积生态价值

青海虽然是一个经济小省，但却是名副其实的生态大省。据国家林业局生态监测评估中心和中国科学院等单位对青海生态系统服务价值及生态资产评估项目核算得出：2012 年青海生态资产总值高达 18.39 万亿元，三大重点生态功能区资产为 15.19 万亿元，每年度提供的生态服务价值达 7 300.77 亿元，人均服务价值为 12.74 万元，是当年青海省人均 GDP 的近 4 倍（2012 年青海人均 GDP 为 3.30 万元），明显高于全国人均 GDP（3.84 万元）。青海省每年为下游地区提供 4 724 亿元的生态服务价值，输送 600 多亿立方米的源头活水，发挥着水土保持、防风固沙和固碳释氧的作用。据有关研究，青海草地、林地每年可固定碳 2 800 万～3 000 万吨，每年碳汇收益可达 2.8 亿美元。青海发展有机畜牧业，不仅不会引发青海生态环境问题，而且会更好地保护与修复生态环境，为青海省及我国其他省区释放出更多的生态红利。

四、有利于实现经济转型发展

青海地处中国内陆边远地区，交通不便、信息闭塞、社会发育程度相对滞后，农牧业生产方式较为落后，规模化集约化经营程度不高。将青海建设成为全国重要的绿色有机农畜产品生产基地，这既能保障农畜产品质量安全，改善与保护生态环境，增加旅游业收入，又能极大减少农业面源环境污染问题，扭转落后生产方式带来的经济效益低下与农牧业转型发展难题，对推动农牧业提质增效、农牧民持续增收、农牧区全面进步具有重要意义。根据青海省统计局发布的统计数据显示：2012—2018 年青海省接待国内外游客稳步增长，年均增长率达到 17.7%，截至 2018 年全省共接待游客 4 204.38 万人次，实现旅游收入 466.3 亿元，占本年度全省 GDP（2 865.23 亿元）的 16.27%。青海省全境建设绿色有机农畜产品生产基地，这既能引导广大农牧民群众树立绿色发展理念，践行绿色生产、出行和生活方式，还能在国内外树立绿色发展形象，实现经济转型高质量发展，也可为全国其他地区发展绿色有机农畜产业提供青海智慧。

五、有利于实施乡村振兴战略

青海省地区为中国西部落后地区，近 2/3 的区域是国家深度贫困地区，近九成的境内面积是限制开发和禁止开发区域，外加资源相对较少，工业化发展滞后等因素，致使广大农牧民群众脱贫压力较大。通过发展有机畜牧业，依托青海独特的生态环境和特色农牧业资源优势，把绿色优质"产出来"、把质量安全"管出来"、把特色品牌"树起来"，扩大绿色有机农畜产品供给，促进农牧业高质量发展，集中打造一批"青字号"农牧业特色品牌，逐渐形成农畜产品优质优价机制，让溢出价值惠及更多农牧民群众，筑起青海乡村振兴、农牧业高质量发展的新高地。

六、有利于人民群众健康消费

近年来，畜产品安全问题已成为畜牧业发展的一个重要问题。农药、兽药、饲料及添加剂、动物激素等的使用，对畜牧业生产和畜产品数量的增长发挥了积极作用，但也给动物性食品安全带来了隐患。畜产品因兽药残留和其他有害有毒物质超标造成肉类的污染和引发中毒事件时有发生。随着人民生活水平的不断提高，对食品质量的要求越来越高，消费安全、无污染的有机畜产品已成为人民健康消费的必然选择。

七、有利于畜牧业提质增效

有机畜牧业生产的是纯天然畜产品，产品符合人类对食品安全的需求，顺应了人们对健康的追求，今后有机畜产品的需求量将越来越大。随着人民群众对畜产品质量安全需求的提高，有机畜牧业将是今后的发展方向。青海天然草地面积大，生产环境洁净，有得天独厚的发展有机畜牧业的优越条件，通过发展有机畜牧业，可加快青海省草地畜牧业的转型发展，形成高产、优质、高效、生态、安全、市场竞争力强的优势特色产业，促进牧民就业增收，满足城乡居民食品结构升级需要。特别是在新常态下，发展有机畜牧业可以实现青海农牧业由单一的种植养殖、生态看护向生态、生产、生活良性循环发展，有利于融入"一带一路"发展倡仪的需要，有利于树立青海高原品牌和增强畜产品的国内国际竞争力，促进畜牧业提质增效。

八、有利于实现畜牧业的可持续发展

青海省有天然草地面积6.29亿亩，大部分草原生态环境洁净，无污染或污染少，将无污染草原资源优势合理区划，发展有机畜牧业，并加以保护和利用，既能合理开发利用资源，又能进入良好的生态循环，将会产生显著的生态、经济和社会效益。发展有机畜牧业是畜牧业实现可持续发展的最佳路径，如果只有生态保护，而没有畜牧业生产方式的变革，即使草原生态得以改善和恢复，还会在利用中再度被破坏。发展有机畜牧业既能够促进畜牧业经济发展，又能有效保护草原生态，实现畜牧业可持续发展。同时，有机畜牧业在整个生产过程中不使用化学合成药物，减少了药物对环境和人类的危害，同时注重资源的内部循环，最大限度地利用了资源，有利于畜牧业的持续健康发展。

第四节　青海发展有机畜牧业的主要优势

一、区位优势

青海地处青藏高原腹地，是我国大江大河的发源地和重要的生态安全屏障，高寒缺氧，日夜温差大，太阳辐射强度高，病源微生物相对较少，被联合国教科文组织誉为"世界四大无公害超净区"之一。天然草场大多分布在海拔2 800米以上，受工矿、城镇、人类活动等的干扰因素较小，自然环境洁净。境内大山大川众多、交通不发达，疫病传播能力弱，生产方式较为传统，疫病防控相对容易和药物使用量较少等先天优势，赋予青海牧业特有的高原魅力。天然草地绝大多数地区的土壤、水质、牧草、环境空气质量等符合发展有机畜牧业和产品生产环境质量要求，是发展有机畜牧业的理想基地。2018年年底，全省已有12个县域获得有机畜牧业认证，有机畜牧业认证环境监测面积达到6 916.31万亩，认证有机牦牛121万头，占全省牦牛总存栏的25.16%，有机藏羊325万只，约占全省藏羊总存栏的26.64%。

二、资源优势

青海草地资源丰富，得天独厚。全省草地总面积为6.32亿亩，其中，天然草地面积6.29亿亩，天然草地可利用面积5.80亿亩，天然草地可利用面积占全省土地总面积的55.5%。牧草种类繁多且营养价值高，天然草地有9个大类、7个亚类、28个草地组、173个草地型，牧草在青草期营养成分含量高，具有粗蛋白质高（6%~25%）、粗脂肪高（2%~18%）、无氮浸出物高（36%~58%）和粗纤维低（30.5%以下）的特点。草地畜牧业是青海的传统优势产业和基础产业，青海被称为"世界牦牛之都"和"中国藏羊之府"，是全国最大的牦牛肉、藏羊肉和牦牛绒、优质地毯毛的生产基地，牦牛、藏羊肉肉质安全、口感优良、食无膻味，且蛋白质高、脂肪少、胆固醇含量低，享誉国内外，是发展有机畜牧业的特殊资源优势。

三、政策优势

党中央国务院对青海等省藏区的经济社会发展十分重视，先后下发了多项支持藏区社会经济发展的政策文件。《中共中央国务院关于加快推进生态文明建设的意见》明确把生态文明建设作为加快转变经济发展方式，全面建成小康社会的重大举措。《国务院办公厅关于加快转变农业发展方式的意见》提出把转变发展方式、发展适度规模经营作为当前和今后一个时期加快推进农业现代化的根本途径。2017 年中央一号文件提出"推进农业清洁生产，推行高效循环生态种养业"。青海省委省政府下发《关于加快推进生态畜牧业建设的意见》，省第十二次党代会明确提出"打造高原生态有机品牌，提高农畜产品附加值"。这一系列政策和措施，将为青海省有机畜牧业发展带来重大机遇。

四、群众优势

青海省自 2008 年确立"生态立省"战略后，全省各级政府部门积极入位，主动作为，坚持走以保护草原生态环境为前提，以科学合理利用草原资源为基础，以推进草畜平衡为核心的生态畜牧业道路。2014 年农业部正式将青海省设立为"全国草地生态畜牧业试验区"，也是全国第一个草地生态畜牧业试验区。现已建成 961 个生态畜牧业合作社，实现草场与牲畜等生产要素的极大整合，覆盖全省纯牧业村和半农半牧业村，这将为实施绿色有机农畜产品示范省建设奠定工作抓手与平台，也为适度组织化生产管理和科技成果转换应用提供组织保障。青海是多民族聚集区域，民族宗教文化根深蒂固，宗教生态理念较为超前，群众参与生态保护与建设的积极性较强。近几年，青海在蔬菜、枸杞、牛羊肉等领域持续发展绿色有机农畜产品，致使农牧民群众对发展有机畜牧业认可度高，发展主观能动性强。

五、市场优势

近年来，有机畜产品在美国、欧盟、日本等发达国家和地区需求旺盛，供不应求。我国也是潜在的有机畜产品消费大国，有机畜产品市场前景广阔、发展潜力巨大。随着消费者对食品质量、环保健康的日益重视，绿色、有机畜产品正逐渐成为消费新宠，有机畜产品市场销售量逐年增长，销售价格平均高于普通畜产品 2 倍以上。特别是牦牛和藏系羊主要分布在我国高海拔地区，由于受草场资源量与气候条件限制而数量不多，加之牦牛与藏系羊生长缓慢，牦牛肉与藏系羊肉也日渐成为稀缺资源，消费者认同度越来越高，价格逐年攀升，前景看好。青海地处西北地区中心，是承东启西、连接南北的重要交通枢纽，是我国东西方经贸往来的重要支点，同时青海也是我国与中亚、南亚各国开展贸易的桥梁和纽带。青海是国家实施"一带一路"经济发展中的重要节点，在"一带一路"中有着重要地理和区位优势，随着国家"一带一路"共享经济的推进，将有效带动青海有机畜牧产业发展，国内、国际市场的渠道和空间将进一步拓展。

第五节　青海有机畜牧业发展概况

一、发展现状

青海省是全国五大牧区之一。也是我国重要的畜产品出口生产基地之一。畜牧业是青海省国民经济的重要支柱，其产值在全省占有相当大的比重，是牧区 60 多万少数民族人民赖以生存和发展的主要经济来源。草场面积达 3 858.73 万公顷。占全省面积的 53.6%。其中可利用的草场面积 3 345.07 万公顷。约为全国可利用草场面积的 15.2%，大部分位于平均海拔 3 500 米以上的青藏高原，放牧着藏系绵羊和牦牛等特有的畜种，存栏数 2 400 多万头

（只），其中牦牛存栏数居全国第一位，占世界总存栏数的1/3。

有机畜牧业作为有机农业的重要组成部分，经过多年的发展取得了初步成绩。2001年3月，青海省青藏高原有机（天然）畜产品生产基地在青海省海南藏族自治州的河卡镇成立，基地总面积达到23.72万公顷，基地存栏牛2.5万头、羊15万只。约200家牧户成为基地的首批成员，2002年获得OFDC的有机认证。2005年10月被国家环境保护总局命名为"国家级有机食品生产基地"，是国家第二批认证的和西北唯一的国家级有机食品生产基地。从2016年开始。基地进行套餐式认证（每3年认证1次，每年接受1次检查）。经过几年的努力和拼搏，现在基地内部质量管理体系、产品质量跟踪管理体系、数据库等基础工作皆已健全。基地所在河卡镇10个村的2 000户农牧民已全部成为基地成员，实现了从传统畜牧业向有机畜牧业的转化。2007年8月，青海省黄南藏族自治州河南蒙古族自治县有机畜牧业生产基地通过北京中绿华夏有机食品认证中心的基地、生产、贸易3个认证，共认证天然草场面积62.13万公顷，共有牦牛、藏羊79万头（只），成为全国已通过认证基地面积最大、参与有机养殖牧户最多、存栏牧畜最多的有机畜牧业生产基地。基地内草地生态环境良好，草高而密，营养丰富，属纯天然、无污染、无公害、原生态，是青海省生态保护最好、最美的草原；牦牛肉、羊肉更是肉品中的上乘，不仅适口性好、无膻味，且高蛋白、高能量、低脂肪，可提高人体免疫力，适宜开发有机食品和高新生物制品。被列为有机畜牧业生产基地后，当地牛羊肉的价格比普通牛羊肉提高20%～30%，实现了牧业增效、牧民增收、生态保护、多方共赢。

二、存在问题

（一）对有机畜牧业认识滞后

目前人们对发展一般绿色食品、无公害食品已有共识，但对发展有机食品以及市场条件下高品位稀缺商品的特殊竞争力认识不足。加之实行以草定畜后在短期内有可能造成部分牧民群众实际收入的下降等因素，发展有机畜牧在一定程度上会有阻力。

（二）缺少有机畜产品加工龙头企业

有机畜产品属较高端消费市场，强势龙头企业是发展有机畜牧业的依托和载体。从青海省已通过有机畜产品生产基地认证的兴海县河卡镇和河南县的运行情况看，由于没有高资质有机畜产品加工企业参与，产品仍以活牛、活羊等初级产品为主，不能体现有机食品的价值和农牧民增收。

（三）畜产品质量控制体系不完善，专业技术人才缺乏

目前，广大牧区社会化服务体系不健全。畜产品质量标准检验检测体系建设严重滞后。畜产品市场体系和信息体系不完善，特别是动物防疫体系建设十分薄弱。加上专业技术人员缺乏，致使推广先进实用技术的难度很大，制约着畜牧业快速健康发展。

（四）牧民缺乏有机畜牧业生产的相关知识

有机畜牧业生产看似传统的畜牧业生产，但其实质是利用已取得的畜牧科技成果，对传统畜牧业进行改造，通过科学的管理方式、标准化生产和规范性操作所形成的高技术含量的

产业。由于目前对青海省牧民缺乏从事有机畜牧业生产所必需的相关技术、技能培训和配套服务，真正实现有机畜牧业生产尚有许多困难。

第六节　青海牦牛藏羊产业发展状况

青海省是全国五大牧区之一，畜牧业是支柱产业，牦牛、藏羊因其对高寒地区自然环境独特的适应性，一直是青海省发展高原特色现代畜牧业的重点，而因牦牛、藏羊群体数量大、分布广、资源丰富、类型多样等特点，其产业发展具有得天独厚的优势。首先，青海省牦牛、藏羊数量大，优势明显。世界现有牦牛头数约1 500万头，我国是世界牦牛的发祥地，有牦牛1 400多万头，而青海存栏牦牛约450万头，不仅占全国牦牛总数的1/3，且远高于四川、甘肃、新疆等其他产牦牛的省区，由此，青海牦牛存栏数量位居世界第一。同时，青海省绵羊存栏约1 296万只，其中藏羊约1 085万只，相较于西藏、甘肃、四川等其他产区存栏数量上占据优势，居中国第一。其次，青海省牦牛、藏羊分布广，生态类型多。牦牛生态类别多，包括高原型、环湖型、白牦牛、祁连牦牛、雪多牦牛等以及世界上第一个人工培育的牦牛新品种——大通牦牛等多个品种和类型，且在全省藏区六州和东部农区均有分布。青海藏羊也有高原藏羊、山谷藏羊、欧拉羊、贵德黑裘皮羊、扎什加羊等类型和品种，遗传资源十分丰富。

近年来，随着传统畜牧业向现代畜牧业的不断转型，青海省农业农村厅立足资源优势，重点打造和发展具有青海特点、高原特色的牦牛、藏羊产业，同时，积极响应青海省十二次党代会中提出的"全面打造世界牦牛之都，中国藏羊之府"品牌的战略，通过开展牦牛、藏羊本品种选育、良种推广，产品资源研究、开发利用，资源的深度宣传等工作，采取多项举措，积极推动青海省牦牛、藏羊产业健康可持续发展，打造"一都一府"品牌，产业发展现状和势态良好。据统计数据显示，青海省2014年的牛肉产量和牛奶产量分别为14.4万吨和38.72万吨，而牦牛肉产量和奶产量分别为10.95万吨和13.81万吨，分别占全省牛肉产量和牛奶产量的76.04%和38.71%；2014年青海省绵羊肉、毛产量分别为11.66万吨和1.85万吨，而藏羊肉、毛产量分别为9.3万吨和1.65万吨，分别占全省绵羊肉、毛产量的79.76%和89.19%。

同时，青海省牦牛、藏羊产品加工企业发展较迅速，产品研发力度较大，品牌市场接受度较好。据调查，全省有肉食加工企业476家，其中熟食加工企业256家，规模以上企业4家；乳制品加工企业18家，规模以上企业8家；毛绒制品加工企业5家，规模以上企业2家。肉食品开发主要系列品种有藏牦牛肉干、分割肉、烧牦牛肉、烧牦牛腱子、手抓烤羊腿、羊蝎子、牛蹄、羊蹄等多个大类和上百个品种；奶制品行业也涌现出"阿米雪""小西牛""圣湖""黑帐篷"等多个品牌，以及牦牛酸乳、奶粉、奶片、奶酪、酥油、曲拉等产品。此外，牦牛、藏羊绒毛制品开发系列品种也有"雪舟""藏羊"等多个品牌，以及绒毛针织系列服装、毛毯、粗纺毛（绒）纱、洗净绒等多种产品，产品畅销全国各地，远销欧美和东南亚地区。同时，通过"牦牛藏羊高效养殖"、农牧业产业技术体系建设等一系列重大项目的实施，青海省不断加大对牦牛、藏羊生产的技术投入，加大采用先进、科学的饲养管理方法，加强畜牧业生产的整个产业链研究和技术推广工作，使暖棚养畜、半舍饲、青贮饲料等技术在牦牛、藏羊生产中得到应用，关于牦牛、藏羊的高原适应机制、遗传资源、动物营养等重点领域内，一批国内领先、国际先进成果相继在青海省问世，牦牛、藏羊产业科技创新也得到了较快的发展。

2008年，青海省委省政府提出"生态立省"战略，全省牧区开始走草地生态畜牧业建设道路，现已实现纯牧业村和半农半牧业村草地生态畜牧业合作社全覆盖。2001年，青海省海南州兴海县河卡镇成立高原绿色有机农畜产品认证基地，2002年获得OFDC认证，2005年被国家环境保护总局命名为"国家级有机食品生产基地"，并先后在河南、甘德等6县启动了有机畜产品基地建设。2013年，涉及10个行政村331.56万亩草地的兴海县"河卡有机畜牧业科技示范园区"建成并被评为省级农业科技园区。2014年年底，黄南州河南、泽库两县1860万亩草地161万头（只）牲畜通过国家有机认证。果洛州甘德县1010万亩草场上的20多万头（只）活体牦牛藏羊取得了国家有机认证。青海绿草源、台湾启龙奶业、雅克牧业、可可西里、金草原、佰盈丰等知名企业先后引进入驻。2019年年底已认证有机食品企业14家，产品数140个，认证有机牛羊达285.3万头（只）、草场6000多万亩，其中中绿华夏公司已认证2700多万亩。年加工有机牛羊肉1300吨，全国最大的有机畜牧业生产基地正在形成。

尤其是近几年来，人们对生活品质的要求越来越高，国家对于食品健康安全也越来越重视，伴随着无公害食品行动计划在全国范围内的全面实行，以及人们的环保意识和对食品质量安全的重视，有机畜牧业的发展变得越来越重要。全面发展有机畜牧业使农产品质量安全水平的提高、城市及乡村消费者权益的保障以及农产品市场竞争力的增强，得到了政府以及各个部门的高度关注。在有关部门以及各级政府的大力支持下，有机畜牧业具有非常大的发展前景。近几年来，我国高原地区由于其天然特点使其有机畜牧业的发展上具有明显的优势，现在高原地区的有机畜牧业建设工作正在稳步地向前推进，并且众多的有机生态畜牧合作社也在飞速的发展过程中。在不断的研究过程中，牦牛、藏羊畜种也得到了有效改良，其生产性能以及生活能力也得到了大幅提高，十分有助于高原有机畜牧业的发展。

第 二 篇

重大实践

第一章 推进牧区生态畜牧业建设

第一节 先行先试牧区生态畜牧业建设

2008 年以前，由于牲畜无序发展，青海省 90% 以上的草场出现不同程度退化，与 20 世纪 80 年代相比，草场单位面积产草量下降 10%~40%。2008 年全省牧区人口达 75 万人，是新中国成立初期的 3.4 倍，人均拥有草场面积从 2 158 亩锐减到 635 亩。2000 年前青海省牧民人均收入一直高于农民人均收入，2001 年开始低于农民收入，到 2011 年仅为 4 278.8 元，较全省平均水平低 330 元。2008 年，省委、省政府确立了"生态立省"的发展战略，作出了发展草地生态畜牧业的重大决断，并提出了"以保护草原环境为前提，合理利用草地资源为基础，转变生产经营方式为核心，组建生态畜牧业合作社为切入点，建立草畜平衡机制为手段，从机制体制上创出一条草食畜牧业可持续发展的路子"的生态畜牧业发展思路，开始了生态畜牧业建设与探索征程。10 年来，青海生态畜牧业建设跨过了 4 个阶段。

2008—2010 年，为初步试点阶段。省委在 2008 年 1 月召开的省十一届人大一次会议上，提出实施"生态立省"战略，省农牧厅于 3 月印发了《关于开展生态畜牧业建设试点工作的意见》，选择在牧区 6 州的 7 个纯牧业村开展试点，为全省生态畜牧业建设摸索路子、总结经验。经过 2 年试点，以合作社为平台实行牲畜、草场股份制经营；以草场流转、大户规模经营、分流牧业人口，促进资源合理配置；以联户经营、分群协作、优化产业结构，保护草原生态。试点扩大到 30 个县，为牧区落实党的政策、破解草畜矛盾、发展地方经济起到了改革助推作用。

2011—2012 年，为探索推进阶段。按照《青海省国民经济和社会发展第十二个五年规划纲要》，大力推进环湖地区现代生态畜牧业，积极发展青南地区草地生态畜牧业，促进草场使用权流转，引导牧户规模经营，加快草原畜牧业向集约型转变，提高畜牧业生产效益。到 2012 年年底，实现了 883 个纯牧业村生态畜牧业合作社全覆盖。以梅陇生态畜牧业合作社为代表的一些建设经验初步形成，发展基础进一步夯实。

2013—2014 年，为提高完善阶段。2013 年以来，全省加快推进生态畜牧业合作社规范化发展，择优扶持 100 个省级生态畜牧业合作社，遴选 100 名大学生村官领办生态畜牧业合作。2014 年 6 月，农业部批准青海省为"全国草地生态畜牧业试验区"，青海生态畜牧业进入了一个全新的发展阶段，并取得了重要实质性进展。全省生态畜牧业合作社数量达到 961 个，牧户入社率达到 72.5%，牲畜整合率达到 67.8%，草场整合率达到 66.9%，探索出"股份制""联户制""大户制""代牧制"等多种生态畜牧业建设模式，理顺草地畜牧业生产关系，加快转变发展，从体制机制上闯出了一条符合青海实际的草地畜牧业发展新路子。尤其 2014 年汪洋副总理在青海调研时，对生态畜牧业发展给予了充分肯定。

2015—2018 年，为巩固提升阶段。按照"先行试点、示范推广、全面提升"的"三步走"发展战略，提出了创新六大机制、凝练三大模式、建设八项制度，利用 6 年时间在牧区 6 州通过集中建设和政策匹配，重点建设 100 个以上生态畜牧业股份合作制合作社，84 个试点社基本完成股份改造任务，大部分合作社实现年底分红。梅陇、拉格日等 6 个合作社被授予"全国草地生态畜牧业试验区建设创新示范基地"。2019 年，生态畜牧业入选"中国'三农'创新榜"，这是青海省农牧工作也是全国的牧区和畜牧业工作第一次入列创新榜单。藏羊、牦牛是草原畜牧业的主要畜种，青海省素有"世界牦牛之都"和"中国藏羊之府"之称，但由于传统畜牧业生产方式落后，特色畜牧业的品牌效应并未显现，资源优势未能有效转化为经济优势。草原严重超载、草畜矛盾突出，生态不断恶化，分散养殖与大市场的矛盾日益尖锐等现实问题严重束缚了牧区经济的发展。

"凤凰涅槃、浴火重生"。针对严峻形势，为破解草原生态保护和畜牧业经济发展矛盾，促进草原畜牧业可持续发展，省委、省政府立足省情，果断决策，于 2008 年作出了发展生态畜牧业的重大部署，确定了"以保护草原环境为前提，合理利用草地资源为基础，转变生产经营方式为核心，组建生态畜牧业合作社为切入点，建立草畜平衡机制为手段，从机制体制上创出一条草食畜牧业可持续发展的路子"的工作总体思路，从此掀开了全省生态畜牧业建设与探索的伟大征程。经过 6 年时间的积极探索，到 2014 年全省牧区组建生态畜牧业合作社 883 个，实现了纯牧业村全覆盖，探索出了适宜牧区生产发展的"股份制""联户制""代牧制"等生态畜牧业建设模式，从体制机制上初步闯出了一条符合青海实际的草地畜牧业发展新路子。

2014 年 6 月，农业部正式将青海省设立为"全国草地生态畜牧业试验区"，明确提出了"解放思想，深化改革，创新机制，努力探索推进传统草原畜牧业转型升级的有效路径"的建设要求。根据农业部要求和省委省政府部署，试验区明确提出"以改革创新为驱动，以转变草地畜牧业发展方式为主线，以创新草地生态畜牧业发展机制为重点，以实现草原保护、牧业增效和牧民增收为目标，以探索草地畜牧业转型升级的有效路径作为核心任务"。确定了利用 6 年时间，按照"先行试点、示范推广、全面提升""三步走"发展战略，提出了创新六大机制、凝练三大模式、建设八项制度，在牧区 6 州通过集中建设和政策匹配，重点建成 100 个以上生态畜牧业股份合作制合作社，作为典型引领。通过创新体制机制，努力闯出一条地域特色鲜明、利于示范推广、政策体系配套、扶持方式科学、管理机制灵活的草地生态畜牧业发展新路子，形成一批可复制推广的经验模板。实践证明：青海的草地生态畜牧业建设完全符合党的十八大以来党中央、省委一系列决策部署，有力推进了传统畜牧业转型升级，促进了牧区全面发展。

第二节 奋力推进全国草地生态畜牧业试验区建设

一、高位推进，强化顶层设计

省委、省政府多次就试验区建设提出明确要求；省人大专门听取汇报，组织人员进行督查指导；省政府出台了《关于推进全国草地生态畜牧业试验区建设的意见》；农业部批复了《青海全国草地生态畜牧业试验区建设总体规划》；省委农办印发了分工意见；省农牧厅制定了工作方案、绩效考核办法等系列配套措施。全省上下多措并举，通过召开启动会、推进会、观摩会、研讨交流会等方式，明确责任目标，层层传导压力；确定 6 家省级涉农科研教育单位联点支持 6 州建设；每州树立一个股份制合作社建设样板，作为试验区建设创新示范基地，学有榜样、看有典型；380 余名各级干部、技术人员和大学生村官帮带合作社发展；128 个牧业乡镇，21.09 万户、82.49 万牧业人口融入试验区试点建设。以试验区为载体、以合作社为基础、以创新为特征的新一轮生态畜牧业建设高潮在青海广大牧区全面掀起。

在试验区建设过程中，农业部从草原生态补奖绩效奖励补助、草牧业试点、牛羊养殖大县补助、畜禽良种补贴等方面给予了大力支持。计划司、畜牧业司、农经司等从多层面给予了指导帮助。

二、注重创新，强化工作举措

一是创新建设理念。在认真总结了 2008 年以来开展试点、推广工作经验的基础上，形成了以贵在责任、贵在实干、贵在创新"三个贵在"和坚持走草地生态畜牧业的发展方向绝不动摇，坚持全面推进生态畜牧业建设的决心绝不动摇，坚持指导思想、目标、路径、措施绝不动摇，坚持州、县、乡人民政府责任主体、乡政府是第一责任人的组织领导机制绝不动摇，坚持牧业村生态畜牧业合作社一村一社、共同发展的基本组织形式绝不动摇的"五个绝不动摇"为内核的试验区工作理念。二是创新工作氛围。主流媒体报道 280 多次；省、州、县试验区微信信息平台吸纳各级干部、技术人员、合作社理事长等 680 多人随时交流信息；藏汉双语宣讲、制作动漫展示等为全省试验区建设蓄积了正能量。各地的典型做法和重要工作进展得到快速传播扩散。三是创新资金支持。采取"集中建设"和"谁先整合资源谁先得到扶持"的建设方针，突出建设质量和效益，省级财政累计投入 3.059 亿元。各州、县利用州县财政支农、省外援建等资金达 3.4 亿元以上，撬动了社会资金、金融资金的大量投入，确保了试验区建设健康有序发展。四是创新配套举措。注重绩效考核，以评促建，形成从省到州到县到乡到合作社的五级考核体系。对州县主管领导、农牧局长、试验区办、合作社理事长等分层次展开多轮培训。对 100 个试点社在高效养殖等技术配套、有机品牌建设、牲畜保险试点、融资平台担保、气象水利服务等方面给予了全方位倾斜扶持。

三、扶持引导，股份合作制模式基本形成

对生态畜牧业合作社通过进行综合评价排序，遴选群众积极性高、县乡政府主动、排序靠前的 100 个合作社作为试点合作社，以股份制改造为抓手，强力推进转型升级、提质增效。经过 3 年的试验、探索，100 个试点社股份制取得实质性进展，67 个合作社完成股份制改造，集中打造了泽库县拉格日合作社、天峻县梅陇合作社、祁连县达玉合作社等一批股份改造到位、内生动力强劲、经营组织有方、群众持续增收的发展典型，产生较好的示范带动效应。以草定畜、草畜平衡为核心，草地牛羊入股、牲畜分群饲养、草地划区轮牧、社员分工分业、收益按股分红、按劳计酬为内涵的股份合作制模式基本形成，为全省试验区建设提供了可复制推广的草地畜牧业转型升级经验。

四、制度保障，民主管理成为常态

从强化合作社的组织基础入手，把制度建设作为生态畜牧业股份制合作社发展的根本。建立健全了成员（代表）大会、理事会、监事会"三会"制度，配套制定了社员管理制度、财务管理制度、组织活动制度、档案管理制度、民主监督制度、收益分配制度等一系列规章制度，严格实行社务公开、财务公开，确保了"成员地位平等，实行民主管理"，形成了风险同担、利益共享的共同体。如天峻县梅陇合作社在运行过程中，重大事项均采用"四议

两公开"制度，即理事会提议，村党支部、理事会、监事会商议，三委会（党支部、村委会、村民监督委员会）审议，成员代表大会决议，确保了社员的民主权利，增强了合作社的凝聚力、向心力。

第三节　股份合作助推生态畜牧业建设取得实质进展

青海省坚持生态、生产、生活"三生"共赢协调发展，坚持"接二连三"三产融合，试验区建设取得显著成效。

一、畜牧业生产要素有效整合

全省生态畜牧业合作社达到 961 个，实现牧区和半农半牧区全覆盖。入社牧户达 11.5 万户，入社率达 72.5%；整合牲畜 1 015 万头只，牲畜集约率达 67.8%；流转草场 2.56 亿亩，草场集约率达到 66.9%。

二、组织化程度大幅提升

生态畜牧业建设有效处置了生产力和生产关系的矛盾，生产资料和劳动力组织化程度明显提高。目前，全省 961 个生态畜牧业合作社中 65% 以上均开办有不同规模的特色畜产品、民族工艺品加工等产业，以及从事劳务输出、经营宾馆餐饮、洗车行、出租车、畜产品销售等。劳动力实现了优化配置，分工分业，一、二、三产业融合发展的模式初步形成。

三、生产经营方式全面创新

合作社转变了传统畜牧业生产方式，通过实行分群饲养、划区轮牧、种草养畜，彻底改变了过去牲畜"夏壮、秋肥、冬瘦、春死"的恶性循环。依托生态畜牧业合作社平台，良种繁育，牦牛藏羊高效养殖等技术得到快速、高效推广。2012—2015 年 3 年期间，拉格日合作社牦牛良种率从 6% 提高到 70%，母畜比例由 45% 上升到 65%，藏羊羊羔专群饲养当年体重达到 35 千克以上，母羊实现了"两年三胎"均衡生产。

四、牧民收入持续增长

2016 年，6 州农牧民人均收入达 8 519 元，同比增加 747 元，增长 9.6%，增幅高于全省平均水平。100 个试点合作社社员人均收入 10 362 元，比 6 州农牧民平均水平高 1 843 元，高出 21.63%。拉格日生态畜牧业合作社 2016 年总收入 948.5 万元，纯收入 493.6 万元，分别比 2012 年的 175 万元和 51 万元增长 4.4 倍和 8.7 倍，合作社社员人均收入 12 448 元，比 2012 年的 2 512 元增加 9 936 元。

五、精准脱贫效果显著

合作社通过实行统一经营、按股分红的运行机制，建立定型量化的扶贫帮困制度，加快了脱贫致富步伐。贫困户加入合作社后普遍通过项目配股、劳力培训就业等政策手段，与其他牧户一起参与生产和分配，享受到股权收益，实现了稳定脱贫。2008 年以前，梅陇村是全县 62 个牧业村中最贫困的村，共有 32 户贫困户。成立生态畜牧业合作社后，2015 年已全部实现脱贫。生态畜牧业股份制合作社，已成为牧区脱贫致富的重要途径和有效手段。

六、生态转好

改善草原生态环境，实现"三生"共赢。通过生态畜牧业改革建设，各生态畜牧业股份制合作社坚持以草定畜、草畜平衡的原则，有效解决超载放牧和维护生态环境之间的矛盾，草原生产能力和生态环境不断好转。组建季节性养殖场 232 个，冬季集中育肥出售牛羊 45 万头（只）以上，减轻了天然草场的压力，人工草地面积达到 170 万亩，实现了"减畜不减效，减畜不减收"。比如，近 5 年来拉格日村草场划产量提高 10.5%，植被覆盖度从 60%提高到 80%。生态畜牧业的发展在维持草地生态系统平衡的基础上，实现了生产、生活、生态"三生"共赢。

第二章　完善牦牛藏羊生产标准

第一节　农业标准管理体系概况

自 1988 年全国人大颁布《中华人民共和国标准化法》（简称《标准化法》）、1990 年国务院颁布《中华人民共和国标准化法实施条例》（简称标准化法实施条例），我国的标准化工作进入依法推进的新阶段。按现行法律法规规定，我国标准层级分为国家标准、行业标准、地方标准和企业标准，按性质分为强制性标准和推荐性标准。国家标准由国家质检总局（标准委）负责，行业标准由相关行业部门（含部委撤销后的协会）负责。标准化的内涵主要包括标准的制定、实施和监督。但是，根据《中华人民共和国药品管理法》《中华人民共和国环境保护法》《兽药管理条例》《农业转基因生物安全管理条例》，药品、环保和兽药、兽药残留及检测方法、农业转基因生物安全评价等标准分别由药监、环保、农业部门制定、实施和监督，且药品和兽药相关标准只设国家标准，不设行业标准和地方标准，属于《标准化法》之外的特例。

一、我国农业标准化工作体系建设情况

（一）农业系统标准化管理机构建设情况

种植、畜牧、兽医、渔业等各行业、各地农业部门在机关和事业单位都设立或明确标准管理机构。农业部科技发展中心、全国农业技术推广服务中心、农业部优质农产品开发服务中心、全国畜牧总站、中国兽医药品监察所、动物检疫所、中国农业科学院、中国水利水电科学研究院、中国热带农业科学院、中国船舶检验局都有专门处室负责标准工作。经中编办批准，中国农业科学院成立了农业质量标准与检测技术研究所，并加挂农业部农产品质量标准研究中心的牌子，承担农产品质量安全、农业标准与检测技术研究、风险评估等工作。各地农口厅局也明确由市场处或科技处承担本行政区域的农业标准化工作，北京、江苏、浙江、上海、河南、重庆、云南等各省级农业科学院相继成立农业质量标准研究所（中心）。

（二）农业标准化工作队伍建设情况

先后筹建了饲料、种子、动物防疫、转基因、水产、畜牧等专业性的全国标准化技术委员会，成立了全国兽药残留专家委员会。为落实《中华人民共和国农产品质量安全法》中"把风险评估作为标准制修订的前提和基础"的规定，提高标准科学水平，2007 年农业部成立了国家农产品质量安全风险评估专家委员会。此外，为强化农兽药残留监控体系建设，在全国建设了一批农兽药残留实验室和检测中心，提高了药物残留研究和检测能力。目前，以科研、教学、管理、技术推广机构为基础，以标准化技术委员会、国家农产品质量安全风险评估专家委员会、中国国际食品法典委员会农业专家工作组为骨干的农业标准化队伍初步建立。

二、我国农业标准化体制建设中的问题

（一）管理体制不顺

农业标准工作的管理主体多，职责交叉现象普遍，已经成为主要障碍因素之一。我国农业标准管理体制脱胎于计划经济条件下的政府体制，产、加、销分段，内、外贸分割，多部门共管，部门间协调成本高，缺乏有效的制约机制，导致农业标准频繁出现交叉、重复和矛盾的情况。目前，农业部、商务部、卫生部、工商总局、质检总局、食药局等部门间职责很难界定、标准范围不明晰，导致都在管但又难以真正管到位。比如，我国农药的登记审批、制定农药使用间隔期、指导农民安全合理使用农药、控制农产品质量等工作由农业部主管，但按照1990年国务院分工，农药残留限量标准由卫生部制定，与国家标准化管理委员会共同发布。在实践中，有些农药残留限量指标片面强调施用农药可能带来的危害，而忽略农药在农业生产中无法替代的作用，农业部门提出的意见很难被采纳，结果是部分限量规定与生产实际脱节，给农业生产和国际贸易带来不利影响。另外，在黄花菜二氧化硫指标、藻类产品中有机砷的指标、茶叶中的铅限量指标都先后出现严重危及产业发展的事例。

（二）运行机制不畅

1. 国家标准和行业标准之间缺乏统一

目前来看，统一国家层面的标准特别是强制性标准，已经成为共识，但如何统一，由谁牵头统一，如何建立合作与制约的机制，是分歧的焦点。国家标准化管理委员会组织制定和发布的标准为"国家标准"，国务院各行政主管部门制定和发布的标准为"行业标准"。目前国家标准的立项和审批过程完全由国标委操作，国标委与国务院各行政部门间既无合作机制，也无制约机制，导致一些标准不能反映行业管理部门及相关利益方的意见，一些标准出台后严重制约产业发展，如国标委在农业部发布实施了一系列无公害食品标准后，不征求农业部门意见，组织地方技术监督部门人员制定了《GB 18406.1—2001农产品安全质量无公害蔬菜安全要求》等8项针对无公害食品的强制性国家标准，这些标准的技术指标与农业部无公害食品行业标准间出入很大，致使生产者无所适从，也给农业部无公害食品认证工作带来很大困难。我们认为，现行的"行业标准"是国务院各行业主管部门根据行业管理和产业发展需要制定的、在全国范围内统一执行的技术要求，属于中央政府行为，应具有与"国家标准"同等效力。

2. 强制性标准和技术法规间缺乏衔接

我国是WTO正式成员，履行约定是每个成员国的义务。国际上，强制性技术要求均由政府相关部门制定并发布为技术法规。而在我国，这类技术要求却存在两种形式，一种是各政府部门发布的法律法规和部门规章，属于政府法律法规体系；另一种则是强制性标准。强制性标准虽由各政府部门组织制订，除了少数几类标准外，基本上无权发布。这类标准目前独立于政府法律法规体系之外，也游离于行政主管部门之外。这也是造成目前强制性标准间、标准与政府部门的政令间交叉、矛盾的原因之一。

三、当前农业标准化管理体制现状

国务院新的"三定方案"已经出台，国家质检总局、国家标准化管理委员会、卫生部、

农业部等农业标准化相关部门职能已经确立。

（一）关于国家质检总局职能

国办发〔2008〕69号文规定，国家标准由国家质检总局管理的国家标准化管理委员会统一立项、审查、编号、发布。其中，工程建设、食品安全、兽药、环境保护、农业转基因生物安全评价的国家标准，分别由国务院有关行政主管部门提出立项计划并组织制订，国家标准化管理委员会组织相关国家标准之间、国家标准与国际标准、行业标准、地方标准之间的衔接审查并统一编号，联合发布（法律另有规定的从其规定）。

（二）关于卫生部职能

国办发〔2008〕81号文规定，卫生部承担食品安全综合协调、组织查处食品安全重大事故的责任，组织制定食品安全标准，负责食品及相关产品的安全风险评估、预警工作，制定食品安全检验检测资质认定的条例和检验规范，统一发布重大食品安全信息。上述工作由卫生部食品安全综合协调与卫生监督局负责。

（三）关于农业部职能

国办发〔2008〕76号文规定，农业部会同有关部门指导农业标准化、规模化生产。承担提升农产品质量安全水平的责任。依法开展农产品质量安全风险评估，发布有关农产品质量安全状况信息，负责农产品质量安全监测。提出技术性贸易措施的建议。制定农业转基因生物安全评价标准和技术规范。参与制定农产品质量安全国家标准并会同有关部门组织实施。指导农业检验检测体系建设和机构考核。依法实施符合安全标准的农产品认证和监督管理。组织农产品质量安全的监督管理。制定兽药质量、兽药残留限量和残留检测方法国家标准并按规定发布。拟订有关农业生产资料国家标准并会同有关部门监督实施。其中，农产品质量安全监管局承担组织开展农产品质量安全风险评估和提出技术性贸易措施建议的工作；承担拟订农产品及相关农业生产资料国家标准的有关工作；承担组织实施农产品质量安全监测和信息发布的工作；承担组织、指导农业检验检测体系建设和机构考核工作；承担依法实施符合安全标准的农产品认证和监督管理的有关工作；承担组织农产品质量安全监督管理的有关工作。

（四）相比原"三定方案"的主要变化

一是原由农业部编号发布的转基因生物安全评价标准和技术规范将由国家标准化委员会统一编号发布，但标准计划的提出和制定职能仍在农业部。二是农业部职能里没有了关于制定行业标准的描述，但在农业机械化管理司的职能里有"承担拟订农机作业规范和技术标准的工作"的描述。若按《标准化法》和《标准化法实施条例》的规定，农业部仍可制定发布行业标准。三是农业标准化生产由种植业、畜牧业、渔业等业务司局具体指导，即农业标准的组织实施工作将不再由农业部标准化主管部门负责。

（五）仍未解决的问题

国办发〔2008〕81号文规定，在食品安全监管的职责分工上，"卫生部牵头建立食品安全综合协调机制，负责食品安全综合监督。农业部负责农产品生产环节的监管。国家质量监督检验检疫总局负责食品生产加工环节和进出口食品安全的监管。国家工商行政管理总局负责食品流通环节的监管。国家食品药品监督管理局负责餐饮业、食堂等消费环节食品安全监管。"虽然对原体制进行了一定程度的调整，采用了"一部门综合协调，多部门分工负责"的思路，但"分段管理"的模式基本未变，特别是国家标准与行业标准之间、强制性标准与技术法规之间的矛盾仍未解决，标准之间交叉、重复、矛盾的问题一定时期内还将存在，现有的矛盾和冲突等根本性问题还将继续。但食品与农产品概念难以区分，农业部与卫生部的协调任务仍然很重。

第二节　我国农业标准的应用情况

近年来，随着全社会对农业标准化和农产品质量安全工作的日益重视，农业标准体系不断健全，农业标准化实施示范规模不断扩大，农业标准化工作成效显著。

在标准制定方面，目前农业部已组织制定发布农业国家标准和行业标准 8 000 余项，推动制定地方标准和技术规范 18 000 多项，基本建立了一套与国际接轨的农产品质量安全技术标准体系。标准化实施示范方面，近年来一大批园艺作物标准园、畜禽养殖标准化示范场、水产标准化健康养殖示范场和农业标准化示范县得以创建。截至 2013 年年底，农业部在全国范围内组织创建了国家级农业标准化示范县（场）639 个，三园两场 5 000 个，实施标准化生产的农田已达到 5 亿亩。同时，"三品一标"认证数量不断增长，农产品质量安全水平稳中有升，农业标准的作用加快显现。据估算，实施农业标准化，每年给我国新增产值总计达 40 亿元以上。目前我国农业生产指导基本实现了有标可依，农产品质量安全监管基本依靠标准推行全程管理理念，通过标准调节国内外贸易。

一、我国农业标准化实施中存在的问题及原因分析

（一）在标准的总体数量上还存在不足

第一，我国农兽药残留标准数量存在较大缺口。突出表现在登记产品无限量标准、禁限用农药无限量标准、检测方法标准不配套等方面。以农药残留限量为例，截至 2013 年，我国已批准 463 种农药在 175 种农产品中使用，禁限用农药 51 种，应制定 7 490 多项农药残留限量标准，但现仅制定 387 种农药的 3 650 项限量标准。

第二，农产品产前、产中、产后全过程监控标准严重缺乏。客观上，2006 年《农产品质量安全法》和 2009 年《食品安全法》颁布实施以来，为切实履行法定职责，农业标准制修订专项经费大幅向农产品质量安全标准倾斜，其他行业标准制修订工作进度明显放缓。农产品生产、加工和储运环节涉及的品种、产地环境、生产加工过程控制、产品以及物流标准没有成批配套，农产品全程产业链缺乏系统有效的技术指导和控制规范。无标可依、有标难依导致的农业生产过程无所适从、分散低效等诸多问题，严重制约着农业标准化的深入实施。

（二）在标准的科学性和先进性上还有待提高

虽然标准在制定过程中经过试验验证，但毕竟是在特殊条件下局部的试点，标准的科学性、先进性与编制人员水平和当时科技发展水平等因素密切相关，同时社会生产总是在发

展，技术总是在进步。目前，我国现行的有些标准的科学性确实不高，因此缺乏实施的基础。例如2013年发生的农夫山泉"标准门"事件，天然饮用水标准之争实际上是地方标准与国家标准之间的冲突和差异，农夫山泉罐体上所标注的浙江《瓶装饮用天然水》标准（DB33/383—2005）是质量标准，其中的部分要求确实低于国家生活饮用水卫生标准，这主要由制标理念和制标技术多方面原因导致。

（三） 在标准的适用性和可操行性上还需加强

部分标准脱离生产实际，在实际生产过程中令使用者无从下手，还需要转换成操作手册或明白卡才能够使用，在可操作性上还不能够满足普通农业生产者的需求。这主要是由于在标准制修订制度中对这方面要求不足。

（四） 在标准的可获得性上存在很大差距

标准信息下行通道狭窄，用户无法及时查到最近标准，信息可获得性较差。农业标准的使用者主要包括两类：生产经营主体（主要包括农民、专业种养大户、家庭农场、农民专业合作社等农业经营组织、企业等）和政府监管部门、质检机构。拿专业技术水平和信息化水平较高的质检机构人员的情况来说。目前，农业系统质检机构数量已达到2 273个，从业人员2.3万人，农产品检测能力有了大幅提升；例行监测范围已扩大到全国153个大中城市、5大类产品、103个品种、87项参数，抽检样品近4万个，基本覆盖主要城市、主要农产品产区及大宗农产品。在实际操作中，由于标准制定部门多，标准信息分散，信息传递不及时、不快捷、不准确，查找标准难、选用标准难、更新标准难成为各级质检机构面临的最为现实的问题，为农产品质量安全监管和标准化实施应用带来障碍。

二、关于加快推进标准实施应用的对策建议

（一） 进一步完善农业标准体系

以强化国家层面的国家标准和行业标准为重点，在比对参照国际标准的基础上，从满足重点行业生产、监管、贸易的实际需要出发，以生产加工环境要求及分析测试、种质要求及繁育检验评价、农业投入品质量要求及评价、农业投入品使用、动植物疫病防治、生产加工规程及管理规范、产品质量要求及测试、安全限量及测试、产品等级规格、包装标识、贮藏技术等全过程为链条进一步完善我国农业标准体系。国家层面标准重点突出农兽药残留限量及检测方法、产地环境控制、农产品质量要求以及通用生产管理规范等标准。农产品生产技术规范、操作规程类标准由地方标准来配套，使每个县域、每个基地、每个产品、每个环节、每个流程都有标可依、有标必依。

（二） 健全和完善农业标准技术推广体系

一是宣传和贯彻农产品标准化知识。通过报纸、广播、电视等各种媒体和方式，大力宣传标准化在农业中的作用，促进农民的观念转变和思想更新，增强农民的标准化知识培训，使他们掌握与其相关的农业标准化基本知识。

二是建立标准化推广网络。充分利用现有农业技术推广体系，发挥各级农业技术推广人员主力军的作用，并以此为主干，在全省建立市有示范区、县有示范乡、乡有示范村、村有

重点示范户的标准推广网络，让农民看到农产品标准化的效益。

三是充分发挥龙头企业的带动性。加大农业产业化经营力度，充分利用龙头企业的带动作用，把成千上万农户的生产经营引导到农业标准化轨道上来，从而加快农业标准化进程。

（三）加强农业标准实施应用监督检查力度

健全的农业标准监督体系建设涉及检验检测、质量监督、行政执法和立法保护等机构相互配合。各级质量监督管理部门及相关部门应严格把关，加强对农业生态环境监测和农产品的安全性检测，抓好标准实施情况的监督，实行严格的责任制和检查督办制，建立较为完善的农业生产资料、农副产品和农业生态环境等方面的监测网络。

（四）加强农业标准化信息体系建设

加强农业标准化信息体系建设，更好地做好农业标准信息公开，提高农业标准化服务水平，有效解决公众查标准难、用标准难的现实问题，是解决农业标准实施应用"最后一公里"问题的关键。一是要尽快完善中国农业质量标准网的政务服务和社会服务功能，将网站建设成为全国农业质量标准工作的权威门户。二是要开发标准信息系统。立足标准信息源头，着眼公共服务，建立起集质量标准信息动态发布、意见征求、文本推送、标准宣贯、意见反馈、统计分析于一体，数据准确、推送快捷、使用方便、服务高效的标准信息系统。三是逐步将各地农业地方标准纳入农业部的标准信息系统，形成"一个平台、分布对接，整合资源、集中服务"的标准信息服务新机制。

第三节　牦牛藏羊生产的主要标准

（一）相关标准

结合实际，突出特色，高质量编制的工作要求，对全国现行有效的牦牛国家、行业、地方标准进行梳理。目前全国有 85 项牦牛标准，其中青海省 33 项，为最多。根据牦牛产业发展的实际需求，结合已有的牦牛研究与推广科技成果，拟定第一批牦牛生产与加工标准 10 项，其中 6 项由青海省畜牧兽医科学院牵头，并联合中国农业科学院北京畜牧所、甘肃农业大学、青海百德投资发展有限公司、青海五三六九生态牧业科技有限公司承担；3 项由青海大通牛场承担。目前 9 项标准已全部通过专家审定，即将发布。同时，由青海省畜牧兽医科学院牵头，联合青海省牛产业科技创新平台、青海牦牛产业联盟制定的"牦牛健康养殖蠕虫与外寄生虫病防治技术规范"团体标准已于 2018 年 10 月 24 日通过，2019 年 1 月 4 日由中国兽医协会正式发布。这是青海省第一个牵头制定的国家层面的团体标准。青海省畜牧兽医科学院承担完成的 7 项标准为：牦牛胴体分级标准、牦牛胴体分割标准、牦牛肉质量规格标准、牦牛屠宰技术规程、牦牛屠宰副产品整理技术规程、出栏牦牛适度补饲技术标准、牦牛健康养殖蠕虫病与外寄生虫病防治技术规范。10 项标准中 5 项为生产标准、5 项为加工标准。2019 年 6 月提交了 7 项标准的行业标准征求意见稿至农业农村部，开始征求行业专家的意见。

截至 2019 年 8 月，全国现行有效的国家、行业、团体、地方等各类牦牛相关标准 97项，其中国家标准 4 项，行业标准 8 项，团体标准 5 项，地方标准 80 项。

国家标准 4 项

序号	标准编号	标准名称
1	GB/T 12412—2007	牦牛绒
2	GB/T 24865—2010	麦洼牦牛
3	GB/T 25734—2010	牦牛肉干
4	GB/T 35936—2018	牦牛毛

行业标准 8 项

序号	标准编号	标准名称
1	FZ/T 71007—2017	粗梳牦牛绒针织绒线
2	FZ/T 73014—2017	粗梳牦牛绒针织品
3	NY 1658—2008	大通牦牛
4	NY 1659—2008	天祝白牦牛
5	NY/T 2766—2015	牦牛生产性能测定技术规范
6	NY/T 2829—2015	甘南牦牛
7	SB/T 10399—2005	牦牛肉
8	SN/T 4397—2015	出口食品中牦牛源性成分的检测方法实时荧光 PCR 法

团体标准 5 项

序号	标准编号	标准名称
1	T/CXDYJ0004—2019	巴氏杀菌有机牦牛乳、灭菌有机牦牛乳
2	T/CXDYJ0003—2019	发酵有机牦牛乳
3	T/CXDYJ0002—2019	有机牦牛乳粉
4	T/CXDYJ0001—2019	有机生牦牛乳
5	T/CVMA2—2018	牦牛健康养殖蠕虫病与外寄生虫病防治技术规范

青海方面相关主要的地方标准

序号	标准号	标准中文名称	发布日期	实施日期	地区
1	DB63/T 277—2005	青海牦牛	2005/9/30	2005/11/1	青海
2	DB63/T 1649—2018	大通牦牛健康标准	2018/3/22	2018/6/22	青海
3	DB63/T 1651—2018	牦牛串换检疫技术规范	2018/3/22	2018/6/22	青海
4	DB63/T 1586—2017	牦牛衣原体病防治技术规范	2017/6/20	2017/9/20	青海
5	DB63/T 1502—2016	牦牛种牛标识和建档立卡规程	2016/5/20	2016/6/1	青海
6	DB63/T 1501—2016	放牧牦牛规模化生产出栏技术规程	2016/5/20	2016/6/1	青海
7	DB63/T 1500—2016	牦牛种畜场布鲁氏菌病净化技术规范	2016/5/20	2016/6/1	青海
8	DB63/T 1250—2014	地理标志产品大通牦牛肉	2014/3/3	2014/3/15	青海
9	DB63/T 1243—2013	牦牛种公牛选育技术规程	2013/9/29	2013/10/20	青海

（续表）

序号	标准号	标准中文名称	发布日期	实施日期	地区
10	DB63/T 1244—2013	无公害牦牛生产基地建设规范	2013/9/29	2013/10/20	青海
11	DB63/T 1220—2013	白牦牛饲养技术规范	2013/9/6	2013/10/15	青海
12	DB63/T 1165—2012	牦牛犊保育技术规程	2012/12/4	2013/1/1	青海
13	DB63/T 1164—2012	母牦牛体况评分标准	2012/12/4	2013/1/1	青海
14	DB63/T 1080—2012	牦牛选育基地建设规范	2012/4/10	2012/5/1	青海
15	DB63/T 1079—2012	牦牛人工授精技术操作规程	2012/4/10	2012/5/1	青海
16	DB63/T 1169—2012	牦牛健康养殖寄生虫病防治技术规范	2012/12/4	2013/1/1	青海
17	DB63/T 1162—2012	冷季母牦牛妊娠期和哺乳期补饲技术规程	2012/12/4	2013/1/1	青海
18	DB63/T 1163—2012	牦牛体外受精胚胎生产技术操作规程	2012/12/4	2013/1/1	青海
19	DB63/T 1041—2011	大通牦牛细管冷冻精液	2011/12/19	2012/2/1	青海
20	DB63/T 1028—2011	无公害放牧牦牛生产技术规程	2011/12/19	2012/2/1	青海
21	DB63/T 946—2010	牦牛皮蝇病防治技术规程	2010/12/31	2011/2/28	青海
22	DB63/T 924—2010	绿色食品牦牛生产技术规程	2010/8/4	2010/8/15	青海
23	DB63/T 782—2009	牦牛犊饲养管理技术规范	2009/3/30	2009/4/30	青海
24	DB63/T 781—2009	牦牛犊肉	2009/3/30	2009/4/30	青海
25	DB63/T 704—2008	高寒牧区牦牛冷季补饲育肥技术规程	2008/5/21	2008/6/30	青海
26	DB63/T 609—2006	高寒人工草地牦牛放牧利用技术规程	2006/11/20	2007/1/1	青海
27	DB63/T 607—2006	高寒草甸牦牛放牧利用技术规程	2006/11/20	2007/1/1	青海
28	DB63/T 546.5—2005	牦牛杂交利用技术规范	2005/9/30	2005/11/1	青海
29	DB63/T 546.2—2005	青海牦牛生产性能测定技术规范	2005/9/30	2005/11/1	青海
30	DB63/T 546.3—2005	青海牦牛繁殖技术规范	2005/9/30	2005/11/1	青海
31	DB63/T 546.1—2005	青海牦牛饲养管理规范	2005/9/30	2005/11/1	青海
32	DB63/T 546.4—2005	青海牦牛选育技术规范	2005/9/30	2005/11/1	青海
33	DB63/T 462—2004	牦牛寄生虫病防治技术规范	2004/3/3	2004/4/15	青海

　　初步统计，目前，涉及牦牛的各类标准超过 100 多项，而与青海省直接相关的有 50 余项，其中，地方标准 41 项，农业行业标准 7 项，国家标准 4 项，进出口标准 1 项。

　　对标梳理目前全国现行有效的牦牛各类标准 85 项。其中国标只有 4 项，占标准总数的 4.7%；行业标准 8 项，占标准总数的 9.4%；地方标准 73 项，占标准总数的 85.88%。

（二）健全牦牛藏羊标准体系

　　在目前压缩国家标准发布数量，提倡团体标准的政策背景之下，标准升级国标的工作任务具有相当大的难度。标准编制承担工作组积极与国家、省标准管理部门联系、沟通，进一步了解政策，通过直接与"中国标准 2035"高层次调研组的交流，担任国家标准委推进工作组成员，承担国家青藏高原牦牛标准化技术推广与服务平台建设任务，牵头制定全国牦牛扶贫标准，参加国家标准培训班。在知名专家与行业管理部门的指导下，2020 年标准建设的思路愈加明晰，行业标准、团体标准是制定牦牛标准类型的主攻方向，力争产品类标准升级。推进牦牛标准体系建设，抓好牦牛标准化综合体建设。在青海省农业农村厅及质检局的协调下，已将6个牦牛标准积极纳入农业农村部的行业标准申报。

为进一步加大牦牛标准制定工作，青海省在2018年年底由省政府研究成立了青海省牦牛产业发展标准制定工作领导小组（青政办〔2018〕125号），由省政府办公厅和省农牧厅牵头，省发展改革委、经济和信息化委、省教育厅、省科技厅、省财政厅、省国土资源厅、省环境保护厅、省商务厅、省工商局、省质监局、省食品药品监管局等部门共同发力研究解决标准制定中的重大问题，协调解决牦牛产业发展标准制定工作中存在的突出问题，研究制定牦牛产业发展标准。设养殖组、加工组两个大组，遗传与繁殖、营养与饲料、疫病控制、屠宰加工、设施配套、粪肥利用、产品加工8个小组展开工作，邀请国内外知名专家40多名组成技术支撑专家共同参与。青海五三六九生态畜牧业科技有限公司、青海可可西里实业开发集团有限公司、青海西北骄天然营养食品有限公司、青海夏华清真肉食品有限公司、青海省亿达畜产肉食品有限公司、青海裕泰畜产品有限公司、青海百德投资发展有限公司等省内主要龙头企业全面加盟参与。

2019年度，青海省对《无公害藏羊生产基地建设规范》《柴达木绒山羊健康标准》《肉羊生产综合体规划》等295项青海省地方标准开展了实施评估和复审工作。经审核，决定继续有效115项标准并更新标准编号，废止119项标准，需要修订61项标准。

截至目前，青海省已制修订《牦牛标准化生产基地建设规范》《牦牛全程饲养管理技术规范》《高寒人工草牦牛放牧利用技术规程》《牦牛种公牛选育技术规程》《牦牛犊保育技术规程》《牦牛人工授精技术操作规程》《牦牛粪污资源化利用技术规范》《牦牛胚胎快速冷冻保存及解冻技术操作规程》等43项相关地方标准，其中绿色标准2项（《绿色食品牦牛生产技术规程》《绿色食品牦牛肉胴体生产技术规范》），已废除19项，尚未制定牦牛有机方面的标准。

青海省已制修订《青海藏羊饲养管理技术规范》《青海藏羊繁育技术规范》《高寒牧区藏羊冷季补饲育肥技术规程》《青海藏羊生产性能测定技术规范》《青海藏羊胚胎玻璃化冷冻制作规程》《藏羊细管冷冻精液生产技术规程》等16项相关地方标准，其中绿色标准1项（《绿色食品藏羊生产技术规程》），已作废5项，尚未制订藏羊有机方面的标准。

第三章　加快绿色有机畜牧生产步伐

第一节　扩大绿色有机认证规模

青海牦牛、藏羊是全国五大牧区之一，主要畜种，在全省经济社会中起着重要的基础性作用。同时，也是农牧民脱贫致富的主要产业，为保障市场优质牦牛藏羊肉供给、农牧民增收作出了重要贡献。因此，青海有着"世界牦牛之都""中国藏羊之府"的美称。数据显示，2018 年年底，青海省存栏牦牛 481 万头、藏羊 1 220 万只，能繁母牛 240 万头、能繁母羊 701 万只，年出栏牦牛 14.6 万头、藏羊 706.9 万只，年产牦牛肉 13.2 万吨、藏羊肉 12.3 万吨。近年来，随着国家"一带一路"建设的深入实施，旅游产业等社会经济的发展，青海省牦牛、藏羊知名度不断提升，市场接受度越来越好。此次，青海省结合绿色有机农畜产品示范省建设，全面推进牦牛藏羊原产地可追溯工程，这对牦牛藏羊产业发展、实现优质优价、打造"青字号"特色品牌具有重大意义。

2014 年，全省通过有机畜产品生产认证的草场达 2 192 万亩，认证有机牛羊 196 万头（只），并将有机畜牧业生产基地延伸至果洛州甘德县、海西州天峻县、海北祁连县、果洛甘德等县。

全省有机畜牧业逐年发展，生产条件逐渐改善，生产规模不断扩大，生产能力不断提高。现全省实施有机畜牧业的有泽库、河南、甘德、兴海、天峻、祁连县和大通牛场，共 6 县 1 场。现已经取得国家有机认证的草地面积为 6 800 多万亩，占全省可利用草地面积的 11.7%。认证牦牛 120 多万头，占全省牦牛总量的 25.3%。认证藏羊 280 多万只，占全省藏羊总量的 22.2%。全省主要畜产品生产企业取得有机认证牦牛和藏羊肉 3.2 万吨，占全省牛羊肉总产量的 11%。青海已成为国内取得草地有机认证面积和动物活体最多的省份和最大的有机畜牧业生产基地。

截至 2019 年 4 月，全省通过有机畜牧业认证县 12 个，建设有机生态畜牧业生产基地 63 个，创建生态牧场 13 个，为打造牦牛藏羊可追溯体系奠定了坚实的基础。全省有效使用无公害农产品、绿色食品、有机农产品标志和地理标志农产品 935 个。其中，无公害农产品 340 个（产地 155 个）；绿色食品和绿色生产资料 407 个；有机农产品 129 个；地理标志农产品 59 个。全省有机畜牧业认证环境监测面积达到 461.08 万公顷。

第二节　加快青海绿色有机认证

一、产业化发展初具规模

通过培育股份制合作社，组建农牧民合作组织和专业协会，推行"公司+合作社+牧户"的有机畜牧业产业化发展模式，不断加强管理水平，产业化发展初具规模。青海省获得有机认证的各类农牧民专业合作社950家，占全省总数的17%。有机牛羊肉认证产品达到100多个，组建有机畜产品加工企业30家，其中8家加工企业取得有机加工认证。按照"示范创建、园区引领、科技支撑、牧企对接、规范养殖，强县富民"的发展思路，已取得有机认证的重点县都把创建各类有机产业示范园作为促进有机畜牧业发展的重要内容予以高度重视，取得了显著成效。各县所建示范园区，吸引了省内外国家级、省级农牧业产业化龙头企业15家入驻园区，围绕有机肉食品、乳制品加工、草产品、有机肥生产等产业，在联牧民、拓市场、完善和延伸产业链等方面发挥着积极的作用。目前各类示范园区已形成有机肉食品1.8万吨，乳制品3 000吨，草产品近2万吨，有机肥15万吨的综合生产加工能力。

二、生产经营方式不断转变

2008年以来，草地生态畜牧业建设取得重大进展，组建了883个生态畜牧业合作社，实现了牧业村的全覆盖，特别是以股份制为主导的生态畜牧业合作社蓬勃发展，草地畜牧业组织化能力大幅提升，划区轮牧和牛羊组群养殖成为现实，畜牧业初步实现从单家独户经营向适度规模经营转变，从单纯依靠数量型增长向依靠科技、依靠组织管理创新和依靠集约化经营转变。各县根据各自的特点，积极探索各种生产经营管理模式。兴海县按照"企业加工+专业合作社+专业服务队+牧民"的联动运作模式，打造集收购、屠宰、生产、加工于一体的综合性有机加工生产基地，参与牧户从最初的200户发展到2 993户。河南与泽库县也积极探索符合县情实际的"公司+合作社+牧户""龙头企业+基地+牧户"的产业化模式。许多县还积极推进以股份制、联户制为主体，大户制、代牧制为补充的多元化经营管理模式。截至2015年，青海省有机和生态畜牧业合作社流转草原9 225万亩，占全省可利用草原面积的15.9%。有机畜牧业示范县取得认证的草场、耕地、牲畜集约率，平均达到该县的65%、61%和64%。收入分配方式也由过去的单纯按劳分配的旧格局开始转变为以劳动、草场、资本、技术、管理等生产要素参与分配的新格局，并探索出用工按劳取酬、利润按股分红为主的分配模式。通过合作社统一组织销售农畜产品总产值达到11.6亿元，农牧民专业合作社可分配盈余达到4.6亿元，按股分红总额达到2.4亿元，有效地促进了有机畜牧产业发展。

三、产品可追溯体系初步建立

目前，青海省各有机畜牧业发展县已完成县域内各主要牲畜的建档立卡、编号工作，建立了较为完善的有机畜牧业数据信息系统。在主要县已建成有机产品追溯体系和平台的基础上，依托青海大学、青海省畜牧兽医科学院、青海省农牧业市场信息中心等单位，建立了省级有机产品追溯平台，并对已建平台进行了整合升级改造。全省有机畜牧业产品追溯体系平台初步建成。各主要县的重点牲畜已经完成或正在完成新一代二维码标识（耳标）的佩戴工作，并录入追溯系统数据库中。初步形成了有机畜产品养殖、屠宰、批发、零售、消费环节全程控制的追溯管理。

四、市场开拓初显端倪

在大力宣传有机畜牧业知识的同时，各县充分利用各种媒体为有机畜牧业发展营造良好氛围，并树立形象促进招商引资和不断开拓市场。青海省积极组织畜产品展销会、洽谈会、产品发布会等促销活动多年，通过借助有机食品博览会、绿博会等平台，积极组织引导农牧企业"走出去、引进来",建立了名优特畜产品展示平台和异地宣传展示窗口,加大有机畜产品的对外宣传推介力度,倾力打造了"世界牦牛之都,中国藏羊之府"地域特色品牌。各县先后与浙江海亮集团、山东高宁公司、黑龙江大庄园集团、上海新御农产品有限公司等十多家企业达成合作协议。在上海、北京等地开设了青海特色农畜产品营销中心并经营专卖店8家,为全省有机农畜产品进入首都和"长三角"等市场搭建了平台,提升了产品在全国的知名度和影响力。

五、人才培养逐步加强

取得有机认证的各县先后编制出《有机畜牧业基本知识》《有机质量管理手册》《有机食品生产加工操作规范》等技术资料,发放到各乡镇和牧户,有效地宣传普及了有机畜牧业知识。同时,各县积极实施有机养殖明白人和经纪人培养计划。近3年,仅黄南州、海北州等地参加各类有机畜牧业生产知识培训的养殖基地负责人、合作社理事长、牧民群众等达5 000人次;河南县还建立健全牧户电子档案,做到了每户有1名有机养殖明白人,每村有2~3名牧民经纪人。全省每年安排专项培训资金,举办全省农牧系统、拟认证企业、内部检查员培训班,累计培训500多人次。编印了《青海有机畜牧业培训手册》《有机畜牧业生产技术规范》等。通过各种培训,有机生产的理念和操作规范更加深入人心,农牧民环境意识得到加强。通过培训有70%以上的牧民对有机畜牧业有了最基本的了解,有意愿发展有机畜牧业的牧民占被调查人数的88%。

第三节 加快动物防疫体系建设

一、重大动物疫病防控工作

一是加强了基础免疫。"十三五"期间,青海省累计免疫猪、牛、羊口蹄疫分别达到604.66万头、7 440.06万头和14 129.44万只,免疫高致病性禽流感2 019.16万羽,免疫猪瘟585.58万头、免疫高致病性猪蓝耳病586.05万头、免疫新城疫2 174.87万羽,小反刍兽疫4 603.86万只,按照要求应免尽免。免疫密度达100%。二是扩大防治效果考核。在做好基础免疫的同时,加强以免疫抗体为主的防治效果考核,已形成省、州、县、乡四级考核体系,涵盖规模养殖场、专业合作社、养殖小区、屠宰场、交易市场、散养户等场所的猪、牛、羊、禽等。检测考核病种有口蹄疫、禽流感、新城疫、猪瘟、高致病性猪蓝耳病、小反刍兽疫和布病、包虫病等,对检测未达到相关要求的地区、畜禽、病种加强补免工作,抗体水平符合农业农村部的相关要求。

二、人畜共患病防控

一是扎实开展畜间包虫病防治专项行动。十三五期间全面实施犬驱虫、羊免疫、健康教育和牛羊病害脏器及犬粪无害化处理"四位一体"防治策略,在玉树、达日和玛沁等14个县(市)开展了畜间包虫病防治示范县创建活动,以及在刚察、祁连、玉树等地畜间包虫病防治现场观摩会,组织制作藏汉双语宣传手环、宣传手册和防治技术手册,建立"青海兽医卫生"微信平台,启动百万包虫病防治知识宣传卡进户工程。发放防治宣传卡95万份、宣传手册5万册、防治知识30问4.5万份;发放光盘650张、宣传片1 000张;发放宣传手环 30 000 个，宣传围裙、纸杯、无纺袋等 4 万份；发送畜间包虫病防治 26 字诀公益短信 750 多万条，《青海日报》等刊登畜间包虫病防治宣传稿件 10 期。累计登记家犬 201 万条次，调查流浪犬 19.7 万条次，驱虫 2 211.98 万条次，流浪犬处置 5.73 万条，屠宰监测牛 4.84 万头，羊 10.04 只，调拨疫苗 3 896 万头份，免疫羊 2 075.28 万只次，检测免疫抗体样品 13 912 份。举办培训班人员达 68 余万人次。二是启动畜间布病专项行动。按照"分区域防控、免疫与监测相结合、检疫与监督相结合"的原则，对海北、海南、海西、黄南、玉树和果洛等州进行牛羊布病免疫接种，累加免疫牛羊 4 937.83 万头只，免疫抗体监测 20 000 份以上。

三、地方性疫病防控

在开展重大动物疫病防控、人畜共患病防治的同时，对牛出血性败血症、牛副伤寒、羊链球菌病、羊痘、羊肠毒血症、羊快疫、羔羊痢疾、肉毒梭菌病、羊大肠杆菌病、仔猪副伤寒等地方流行性动物疫病开展计划免疫，"十三五"期间，累计免疫牛出血性败血症等动物疫病 3 742.65 万头只次，犊牛副伤寒 258 万头只次，羊三联 568.5 万头只次，羊四联 5 525.29 万头只次，羊痘 5033.99 万头只次，羊大肠杆菌病 644.72 万头只次，羊链球菌 332.33 万头只次，羊黑疫 614.7 万头只次，肉毒梭菌 950.85 万头只次，猪三联 229.34 万头只次，仔猪副伤寒 60.55 万头只次，炭疽 2 458.22 万头只次，加大放牧地区牛羊寄生虫病防治技术推广工作。

四、兽医实验室管理与建设

一是改善了兽医实验室软硬件设施。通过加大基础设施建设，改善了实验室硬件设施条件，配置了相应的仪器设备，建立和完善实验室生物安全体系文件和制度，建立健全生物安全组织机构，强化生物安全意识和操作技能培训考核，定期开展实验室生物安全监督检查等，使实验室管理体系逐步完善，提升了兽医实验室生物安全管理水平，形成了较为完善的省、州、县三级兽医实验室管理体系，其间未发生过兽医实验室生物安全事故或事件。二是加强技术人员培训，提高技术人员综合素质。举办重大动物疫情应急演练，实验室检测能力比对，开展兽医实验室检测技能竞赛等多种形式活动，将比对范围覆盖了全省兽医系统 47 个市、县级实验室；强化岗位练兵，技术人员检测能力显著提高。三是全面推进了各级兽医室的考核。狠抓了全省各级兽医实验室考核工作，全省已完成 41 个兽医实验室的考核，其中：省级 1 个、市（州）级 8 个、县（市）级 32 个；西宁市和乐都、湟中、大通、民和等实验室已通过第二轮考核。兽医实验室能力水平的提高为青海省有效防控动物疫病、保障畜牧业健康发展和维护公共卫生安全提供了强有力的技术保障和支持。

五、动物疫病监测工作

一是监测能力得到进一步提升。建立了以省、市（州）、县（市）三级动物疫控中心为主体、8 个动物疫情测报站为辅助的分工明确、布局合理的动物疫情监测体系，8 个市（州）动物疫控中心全部能够开展病原学和分子生物学监测，39 个县（市）动物疫控中心全部能够开展血清学监测工作。二是监测数量大幅增加。"十三五"期间，全省各级动物疫控机构对口蹄疫、高致病性禽流感等 25 种动物疫病累计完成监测数量近 150 万头份，平均每年完成监测 30 万头份，监测病种和监测数量均较十二五期间有大幅增加。三是监测预警水平得到加强。采用创新"定点、定时、定量和定性"的定点监测模式，每月对检测出的病原阳性畜及时进行扑杀和无害化处理，对检测出的抗体下降畜群及时进行补针，确保免疫保护；每年年底召开全省动物疫病监测总结与风险分析会议，研判疫情发生风险和形势，为宏观制定防控策略提供技术支撑。四是马传贫、马鼻疽消灭成果持续巩固。"十三五"期间，连续多年采样监测，累计检测马属动物血清1.5万余份，均未检出阳性马属动物，马传贫、马鼻疽消灭成果得到持续巩固。

六、动物防疫体系建设

动物防疫专用设施建设"十三五"期间，在全省24个市县、137个乡镇共开展了1 846套动物防疫栏的建设，购置了疫苗冷藏箱、机动喷雾器和免疫注射器等设施设备，已完成1 231套注射栏的建设任务并投入使用；完成了省级动物疫病预防控制中心实验室的改造升级，优化了实验室布局，将检测区和辅助区进行了有效隔离，购置了相应的仪器设备。全面配合推进"互联网+"动物标识和疫病可追溯体系、防疫数据平台在"互联网+"高原特色智慧农牧业大数据平台的融合运行，积极参加部省绿色有机农畜产品示范省建设中10个县市牦牛藏羊追溯体系建设工作。依托大数据、云存储随时掌握春秋动物疫病免疫进展，开展线上督促，提高信息传递的及时性、准确性，全面提升兽医信息化能力。

七、狠抓兽医队伍建设

一是坚持按制度办事。各地积极按照《青海省官方兽医能力建设管理办法》组织开展日常检疫执法人员能力建设外，把完善和规范业务档案建设作为提升能力的突破口，全面开展了业务档案质量提升活动。通过整理业务档案和补全资料，各地普遍反映收效很大，业务档案管理有明显进步，干部对检疫执法工作认识更加清晰。二是坚持"走出去、请进来"的培训原则，加强业务骨干培养。组织全省兽医人员分别参加省外和省内举办的官方兽医培训班、肉品检疫检验高级培训班、公路运输防疫执法培训班、检疫电子管理、查办案件、业务档案、兽医处方笺使用、犬免疫证明应用、网络答题等师资培训班。三是加强岗位练兵。结合岗位练兵，按期完成了官方兽医年度资格审查工作，全省现有官方兽医2 274人，其中新增人员582名，离岗人员258名。成功组织举办了全省第六届、第七届动物检疫技能大比武，有10名同志和22名同志分别荣获了"全省动物检疫技术标兵""全省动物检疫技术能手"称号，6名同志荣获"全省技术状元""全省优秀选手""全省女职工建功立业标兵"和"全省青年岗位能手"等荣誉称号。四是加强实战锻炼。从各地抽调190人次业务骨干，组织参加全省动物防疫"双随机"执法检查、年度绩效考核、案卷评审以及春、秋两季动物防疫联查等活动，从实战中锻炼了队伍；全国第一届生猪屠宰检疫技能大赛，青海在全国32支参赛队96名选手中获得总成绩第18名，其中理论总成绩名列全国第4名，1名同志获得全国竞赛个人三等奖的佳绩。

第四章　开展粪污废弃物资源化利用

在我国经济发展新形势下，居民生活质量获得显著改善，市场对奶、蛋、肉食品的需求量持续增加，带动了我国畜禽养殖行业的快速发展，规模化养殖场的数量不断增加，养殖废弃物对生态环境的影响也持续加剧，如何处理养殖产生的粪污和污水，已经成为当前畜禽养殖业有序开展的核心问题。资源化利用技术可以将废弃物变为可利用资源，在缓解养殖业发展与生态环境保护矛盾的同时，降低养殖成本、提升养殖效益，对促进我国畜禽养殖业的生态化发展具有积极意义和重要价值。推进畜禽粪污综合利用，推广污水减量、厌氧发酵、粪便堆肥等生态化治理模式，建立第三方治理与综合利用机制。完善病死畜禽无害化处理设施，建成覆盖饲养、屠宰、经营、运输整个链条的无害化处理体系。

第一节　粪污资源利用顶层设计

2019年以来，青海省通过多项举措，不断推进畜禽养殖废弃物资源化利用工作，取得了显著成效，全省畜禽养殖废弃物资源化利用率达到80%以上。一是争取财政资金2 343万元，在民和、乐都、河南3县（区）开展畜禽养殖废弃物资源化利用整县试点建设，开展不同畜禽、不同规模、不同模式的畜禽粪污处理技术示范和典型培育，探索建立了"养殖—有机肥生产—种植—养殖"的良性循环链，提高了粪污处理利用水平。二是投资550万元，在海西、海南、海北禁养区外省级认定的110个畜禽规模养殖场实施粪污资源化利用设施设备提升改造，目前，各地正在制订项目实施方案。三是联合省生态环境厅印发了《关于切实做好畜禽养殖废弃物资源化利用工作的通知》，组织开展了畜禽粪污资源化利用工作专项督查，督促各地加快粪污处理设施建设，确保达到环保要求。四是在四川农业大学通过理论授课与现场教学相结合的方式举办了青海省畜禽养殖废弃物治理及资源化利用高级研修班，开阔了青海省相关工作人员视野。五是成立了畜禽养殖废弃物资源化利用科技创新联盟，开启了青海省抱团推进养殖废弃物资源化利用的新时代。

附1：　　　　　《国务院办公厅关于加快推进畜禽养殖废弃物
资源化利用的意见》
（国办发〔2017〕48号）

近年来，我国畜牧业持续稳定发展，规模化养殖水平显著提高，保障了肉蛋奶供给，但大量养殖废弃物没有得到有效处理和利用，成为农村环境治理的一大难题。抓好畜禽养殖废弃物资源化利用，关系畜产品有效供给，关系农村居民生产生活环境改善，是重大的民生工程。为加快推进畜禽养殖废弃物资源化利用，促进农业可持续发展，经国务院同意，现提出以下意见。

一、总体要求

（一）指导思想

全面贯彻党的十八大和十八届三中、四中、五中、六中全会精神，深入贯彻习近平总书记系列重要讲话精神和治国理政新理念新思想新战略，认真落实党中央、国务院决策部署，统筹推进"五位一体"总体布局和协调推进"四个全面"战略布局，牢固树立和贯彻落实创新、协调、绿色、开放、共享的发展理念，坚持保供给与保环境并重，坚持政府支持、企业主体、市场化运作的方针，坚持源头减量、过程控制、末端利用的治理路径，以畜牧大县和规模养殖场为重点，以沼气和生物天然气为主要处理方向，以农用有机肥和农村能源为主要利用方向，健全制度体系，强化责任落实，完善扶持政策，严格执法监管，加强科技支撑，强化装备保障，全面推进畜禽养殖废弃物资源化利用，加快构建种养结合、农牧循环的可持续发展新格局，为全面建成小康社会提供有力支撑。

（二）基本原则

统筹兼顾，有序推进。统筹资源环境承载能力、畜产品供给保障能力和养殖废弃物资源化利用能力，协同推进生产发展和环境保护，奖惩并举，疏堵结合，加快畜牧业转型升级和绿色发展，保障畜产品供给稳定。

因地制宜，多元利用。根据不同区域、不同畜种、不同规模，以肥料化利用为基础，采取经济高效适用的处理模式，宜肥则肥，宜气则气，宜电则电，实现粪污就地就近利用。

属地管理，落实责任。畜禽养殖废弃物资源化利用由地方人民政府负总责。各有关部门在本级人民政府的统一领导下，健全工作机制，督促指导畜禽养殖场切实履行主体责任。

政府引导，市场运作。建立企业投入为主、政府适当支持、社会资本积极参与的运营机制。完善以绿色生态为导向的农业补贴制度，充分发挥市场配置资源的决定性作用，引导和鼓励社会资本投入，培育发展畜禽养殖废弃物资源化利用产业。

（三）主要目标

到2020年，建立科学规范、权责清晰、约束有力的畜禽养殖废弃物资源化利用制度，构建种养循环发展机制，全国畜禽粪污综合利用率达到75%以上，规模养殖场粪污处理设施装备配套率达到95%以上，大型规模养殖场粪污处理设施装备配套率提前一年达到100%。畜牧大县、国家现代农业示范区、农业可持续发展试验示范区和现代农业产业园率先实现上述目标。

二、建立健全畜禽养殖废弃物资源化利用制度

（四）严格落实畜禽规模养殖环评制度

规范环评内容和要求。对畜禽规模养殖相关规划依法依规开展环境影响评价，调整优化畜牧业生产布局，协调畜禽规模养殖和环境保护的关系。新建或改扩建畜禽规模养殖场，应突出养分综合利用，配套与养殖规模和处理工艺相适应的粪污消纳用地，配备必要的粪污收集、贮存、处理、利用设施，依法进行环境影响评价。加强畜禽规模养殖场建设项目环评分类管理和相关技术标准研究，合理确定编制环境影响报告书和登记表的畜禽规模养殖场规模标准。对未依法进行环境影响评价的畜禽规模养殖场，环保部门予以处罚。

（五）完善畜禽养殖污染监管制度

建立畜禽规模养殖场直联直报信息系统，构建统一管理、分级使用、共享直联的管理平台。健全畜禽粪污还田利用和检测标准体系，完善畜禽规模养殖场污染物减排核算制度，制定畜禽养殖粪污土地承载能力测算方法，畜禽养殖规模超过土地承载能力的县要合理调减养殖总量。完善肥料登记管理制度，强化商品有机肥原料和质量的监管与认证。实施畜禽规模养殖场分类管理，对设有固定排污口的畜禽规模养殖场，依法核发排污许可证，依法严格监管；改革完善畜禽粪污排放统计核算方法，对畜禽粪污全部还田利用的畜禽规模养殖场，将

无害化还田利用量作为统计污染物削减量的重要依据。

（六）建立属地管理责任制度

地方各级人民政府对本行政区域内的畜禽养殖废弃物资源化利用工作负总责，要结合本地实际，依法明确部门职责，细化任务分工，健全工作机制，加大资金投入，完善政策措施，强化日常监管，确保各项任务落实到位。统筹畜产品供给和畜禽粪污治理，落实"菜篮子"市长负责制。各省（区、市）人民政府应于2017年年底前制订并公布畜禽养殖废弃物资源化利用工作方案，细化分年度的重点任务和工作清单，并抄送农业部备案。

（七）落实规模养殖场主体责任制度

畜禽规模养殖场要严格执行环境保护法、畜禽规模养殖污染防治条例、水污染防治行动计划、土壤污染防治行动计划等法律法规和规定，切实履行环境保护主体责任，建设污染防治配套设施并保持正常运行，或者委托第三方进行粪污处理，确保粪污资源化利用。畜禽养殖标准化示范场要带头落实，切实发挥示范带动作用。

（八）健全绩效评价考核制度

以规模养殖场粪污处理、有机肥还田利用、沼气和生物天然气使用等指标为重点，建立畜禽养殖废弃物资源化利用绩效评价考核制度，纳入地方政府绩效评价考核体系。农业部、环境保护部要联合制定具体考核办法，对各省（区、市）人民政府开展考核。各省（区、市）人民政府要对本行政区域内畜禽养殖废弃物资源化利用工作开展考核，定期通报工作进展，层层传导压力。强化考核结果应用，建立激励和责任追究机制。

（九）构建种养循环发展机制

畜牧大县要科学编制种养循环发展规划，实行以地定畜，促进种养业在布局上相协调，精准规划引导畜牧业发展。推动建立畜禽粪污等农业有机废弃物收集、转化、利用网络体系，鼓励在养殖密集区域建立粪污集中处理中心，探索规模化、专业化、社会化运营机制。通过支持在田间地头配套建设管网和储粪（液）池等方式，解决粪肥还田"最后一公里"问题。鼓励沼液和经无害化处理的畜禽养殖废水作为肥料科学还田利用。加强粪肥还田技术指导，确保科学合理施用。支持采取政府和社会资本合作（PPP）模式，调动社会资本积极性，形成畜禽粪污处理全产业链。培育壮大多种类型的粪污处理社会化服务组织，实行专业化生产、市场化运营。鼓励建立受益者付费机制，保障第三方处理企业和社会化服务组织合理收益。

三、保障措施

（十）加强财税政策支持

启动中央财政畜禽粪污资源化利用试点，实施种养业循环一体化工程，整县推进畜禽粪污资源化利用。以果菜茶大县和畜牧大县等为重点，实施有机肥替代化肥行动。鼓励地方政府利用中央财政农机购置补贴资金，对畜禽养殖废弃物资源化利用装备实行敞开补贴。开展规模化生物天然气工程和大中型沼气工程建设。落实沼气发电上网标杆电价和上网电量全额保障性收购政策，降低单机发电功率门槛。生物天然气符合城市燃气管网入网技术标准的，经营燃气管网的企业应当接收其入网。落实沼气和生物天然气增值税即征即退政策，支持生物天然气和沼气工程开展碳交易项目。地方财政要加大畜禽养殖废弃物资源化利用投入，支持规模养殖场、第三方处理企业、社会化服务组织建设粪污处理设施，积极推广使用有机肥。鼓励地方政府和社会资本设立投资基金，创新粪污资源化利用设施建设和运营模式。

（十一）统筹解决用地用电问题

落实畜禽规模养殖用地，并与土地利用总体规划相衔接。完善规模养殖设施用地政策，提高设施用地利用效率，提高规模养殖场粪污资源化利用和有机肥生产积造设施用地占比及规模上限。将以畜禽养殖废弃物为主要原料的规模化生物天然气工程、大型沼气工程、有机肥厂、集中处理中心建设用地纳入土地利用总体规划，在年度用地计划中优先安排。落实规模养殖场内养殖相关活动农业用电政策。

（十二）加快畜牧业转型升级

优化调整生猪养殖布局，向粮食主产区和环境容量大的地区转移。大力发展标准化规模养殖，建设自动喂料、自动饮水、环境控制等现代化装备，推广节水、节料等清洁养殖工艺和干清粪、微生物发酵等实用技术，实现源头减量。加强规模养殖场精细化管理，推行标准化、规范化饲养，推广散装饲料和精准配方，提高饲料转化效率。加快畜禽品种遗传改良进程，提升母畜繁殖性能，提高综合生产能力。落实畜禽疫病综合防控措施，降低发病率和死亡率。以畜牧大县为重点，支持规模养殖场圈舍标准化改造和设备更新，配套建设粪污资源化利用设施。以生态养殖场为重点，继续开展畜禽养殖标准化示范创建。

（十三）加强科技及装备支撑

组织开展畜禽粪污资源化利用先进工艺、技术和装备研发，制修订相关标准，提高资源转化利用效率。开发安全、高效、环保新型饲料产品，引导矿物元素类饲料添加剂减量使用。加强畜禽粪污资源化利用技术集成，根据不同资源条件、不同畜种、不同规模，推广粪污全量收集还田利用、专业化能源利用、固体粪便肥料化利用、异位发酵床、粪便垫料回用、污水肥料化利用、污水达标排放等经济实用技术模式。集成推广应用有机肥、水肥一体化等关键技术。以畜牧大县为重点，加大技术培训力度，加强示范引领，提升养殖场粪污资源化利用水平。

（十四）强化组织领导

各地区、各有关部门要根据本意见精神，按照职责分工，加大工作力度，抓紧制定和完善具体政策措施。农业部要会同有关部门对本意见落实情况进行定期督查和跟踪评估，并向国务院报告。

国务院办公厅

2017 年 5 月 31 日

附2：

青海省人民政府办公厅
关于加快推进畜禽养殖废弃物资源化利用的实施意见
青政办〔2017〕206 号

各市、自治州人民政府，省政府各委、办、厅、局：

为贯彻落实《国务院办公厅关于加快推进畜禽养殖废弃物资源化利用的意见》（国办发〔2017〕48 号）精神，深入推进全省畜禽规模养殖废弃物资源化利用，有效防治养殖污染，保护和改善环境，加快畜牧业转型升级，促进全省绿色发展和生态文明建设，经省政府研究同意，现提出以下实施意见。

一、总体要求

（一）指导思想

深入贯彻落实党的十九大精神，以习近平新时代中国特色社会主义思想为指导，牢固树立创新协调绿色开放共享的新发展理念，坚持保供给与保环境并重，坚持就地消纳、绿色循环、综合利用，坚持政府支持、企业主体、市场运作、社会参与，坚持有序发展与依法治理、源头控制与资源利用、优化布局与结构调整、政策引导与市场配置相结合，以畜牧养殖大县和规模养殖场为重点，以就地就近用于农村能源和农用有机肥为主要处理方向，健全制度体系，强化责任落实，完善扶持政策，加强科技支撑，严格执法监管，扎实有序推进畜禽养殖废弃物资源化利用工作，为实施乡村振兴战略提供有力支撑。

（二）基本原则

——统筹协调，有序推进。坚持保生态保供给保安全统筹协调，奖惩并举，疏堵结合，加快畜牧业转型升级和绿色发展，保障畜产品稳定有效供给。

——创新机制，明确责任。加快培育新主体、新业态和新产业，创新畜禽废弃物综合利用产业发展机制，严格落实地方政府属地管理责任和规模养殖场主体责任，全面推进区域畜禽粪污污染防治工作。

——分类指导，循环发展。根据不同区域、不同畜种、不同规模，积极发展生态循环畜牧业，合理布局畜禽规模养殖场，大力倡导为养而种、为种而养，鼓励并支持粪肥还田利用，推进种养循环发展。

——政策引导，科技支撑。建立企业投入为主、政府适当支持、社会资本积极参与的运营机制，培育发展畜禽养殖废弃物资源化利用产业。围绕重点问题和关键环节，加强技术攻关和新技术转化，加快提升科技支撑能力。

（三）工作目标

到2020年，建立科学规范、权责清晰、约束有力的畜禽养殖废弃物资源化利用制度，构建种养循环发展机制。全省畜禽规模养殖场废弃物资源化利用率达到75%以上，污水处理率达到85%以上，污水重复利用率达到70%以上，规模养殖场粪污设施装备配套率达到95%以上，大型规模养殖场粪污处理设施装备率达到100%。

二、重点区域及技术模式

（一）重点区域

以畜牧大县和省级畜禽规模养殖场为重点。主要在湟水河、黄河、浩门河流域，109国道沿线的西宁市大通县、湟中县、湟源县，海东市平安区、乐都区、互助县、民和县、化隆县、循化县，黄南州同仁县、尖扎县，海西州都兰县，海南州贵德县、贵南县、共和县，海北州海晏县、门源县、祁连县实施。

（二）技术模式

结合青海省畜禽养殖实际资源环境要求，以源头减量、过程控制、末端利用为核心，因地制宜，总结凝练技术模式并加以推广。重点推广以下模式。

1. 固体粪便集中加工利用模式

在农区、半农半牧区的大型规模养殖场或养殖场相对集中地区，采取有机肥和生物质煤炭加工方式进行集中处理。有机肥加工：依托大型规模养殖场或第三方服务机构，集中收集周边养殖场固体粪便，统一氧堆肥无害化处理后，加工成有机肥，就地归田或出售。生物质煤炭加工：以污粪、秸秆等农业废弃物作为原材料，通过专用设备经过粉碎、压缩处理等工艺，压制成可直接燃烧的固体燃料。

2. 粪污全量收集集中处理模式

在畜禽养殖密集区域组建以规模养殖场、有机肥加工企业、社会化服务组织等为主体的粪污集中处理中心，集中收集并通过氧化塘贮存对粪污进行无害化处理，在施肥季节进行农田利用。

3. 水肥一体化利用模式

在周边有一定耕地的规模养猪、奶牛场，养殖污水通过氧化塘贮存进行无害化处理储存后，在农田、蔬菜规模种植基地需肥和灌溉期间，将无害化处理的污水与灌溉用水按照一定比例混合，进行水肥一体化施用。

4. 粪便垫料回用模式

在周边有一定耕地的大型奶牛规模养殖场，粪污进行固液分离，固体粪便经高温快速发酵和杀菌处理后作为牛床垫料，污水贮存后作为肥料进行农田利用。

三、重点任务

（一）建立科学的环境准入体系

各地要严格落实畜禽养殖环境影响评价制度，划定畜禽规模养殖区域，对畜禽规模养殖相关规划依法依规开展环境影响评价，优化布局，协调规模养殖和环境保护间关系。新建或改扩建畜禽规模养殖场，要合理选址，突出养分综合利用，配套与养殖规模和处理工艺相适应的粪污消纳用地，配备必要的粪污收集、贮存、处理、利用设施，依法进行环境影响评价，对未严格依法进行环境评价的要严厉处罚。

（二）建立属地管理责任制度

各级政府对本行政区域内的畜禽养殖废弃物资源化利用工作负总责，结合实际，依法明确部门职责，细化任务分工，健全工作机制，加大资金投入，完善政策措施，强化日常监管，确保各项任务落实到位。统筹畜产品供给和畜禽粪污治理，落实"菜篮子"市长负责制。各市（州）政府于2018年2月底前制定并公布畜禽养殖废弃物资源化利用工作方案，细化年度重点任务和工作清单，并抄送省农牧厅备案。

（三）完善规模养殖场主体责任制度

畜禽规模养殖场要严格执行《环境保护法》《畜禽规模养殖污染防治条例》《大气污染防治行动计划》《水污染防治行动计划》《青海省水污染防治方案》《土壤污染防治行动计划》《青海省土壤污染防治方案》等法律规章，切实履行环境保护主体责任，建设污染防治配套设施并保持正常运行，或委托第三方进行粪污处理，确保粪污资源化利用和污染物达标排放。

（四）健全绩效评价考核制度

以规模养殖场粪污处理、有机肥还田利用等指标为重点，建立畜禽养殖废弃物资源化利用绩效评价考核制度，纳入各级政府绩效评价考核体系。农牧与环保部门联合制定具体考核办法。各市（州）政府要对本行政区域内畜禽养殖废弃物资源化利用工作开展考核，定期通报工作进展，层层传导压力。强化考核结果应用，建立激励和责任追究机制。

（五）完善畜禽养殖污染监管制度

建立畜禽规模养殖场直联直报信息系统，构建统一管理、分级使用、共享直联的管理平台。健全畜禽粪污还田利用和检测标准体系，制定畜禽养殖粪污土地承载能力测算方法，畜禽养殖规模超过土地承载能力的县要合理调减养殖总量。实施畜禽规模养殖场分类管理，对设有固定排污口的畜禽规模养殖，依法核发排污许可证，依法严格监管；改革完善畜禽粪污排放统计核算方法，对畜禽粪污全部还田利用的畜禽规模养殖场，将无害化还田利用量作为统计污染物削减量的重要依据。

（六）构建种养循环发展机制

科学编制种养循环发展规划，结合粮改饲项目，实行以地定畜，精准规划引导畜牧业发展。加强粪肥还田技术指导，确保科学合理施用。大力发展有机肥加工，扶持建设区域性有机肥加工厂。培育壮大多种类型的粪污处理社会化组织，实行专业化生产，市场化运营。以乡镇或中心区域为主，建设大型蓄粪池，与有机肥加工企业联动联营，建立畜—粪—肥—草—畜循环产业链，探索种养结合绿色发展新机制。加快畜牧业生产方式转变，促进畜牧业生产和生态保护协调发展，加快形成农牧结合、种养循环发展的产业格局。

四、主要措施

（一）强化组织领导

各地各有关部门要高度重视畜禽粪污处理工作，统一思想，提高认识，明确目标任务，制订实施方案，确保按时限完成工作。各地要成立由农牧、环保、发改、公安、财政、国土、住建、工商等部门参加的畜禽养殖污染治理工作领导小组，建立联动机制，形成工作合力。充分利用电视、报刊、网络等多种媒体，广泛宣传畜禽养殖废弃物综合利用的经验和做法，提高社会各界对畜禽养殖污染防治重要性的认识，增强环保意识，调动社会各方面参与污染防治的积极性。

（二）强化转型升级

围绕供给侧结构性改革，提升特色畜牧业发展水平。鼓励各地因地制宜开展畜禽粪污资源化利用示范创建活动，支持规模养殖场圈舍标准化改造和设备更新，配套建设粪污资源化利用设施，提升粪污处理利用设施装备水平。围绕源头减排、恶臭消除、污水处理、还田利用等关键环节开展科技攻关，集成推广畜禽养殖废弃物综合利用技术，开发安全、高效、环保新型饲料产品，积极推广饲料科学配方、高效饲养技术等，提高生产效率，降低污染物排放量。做好畜禽粪污综合利用和病死畜禽无害化处理，促进畜牧业生产和生态环境保护协调发展。

（三）强化政策支持

国土资源部门要按照《土地管理法》等法律法规规定，对畜禽养殖粪污无害化处理设施建设用地予以保障。从事畜禽养殖粪污无害化处理的个人和单位，享受国家规定的办理有关许可、用电等优惠政策。畜禽养殖场、养殖小区的畜禽养殖污染防治设施运行用电，执行农业用电价格。农业机械管理部门要将符合要求的畜禽粪污处理设备纳入农机购置补贴范围。全面启动有机肥补贴政策，实施有机肥替代化肥行动。金融机构要拓宽金融支持领域，加大对畜禽粪污无害化处理企业的贷款扶持力度。加强资金整合，逐步建立各级财政、企业、社会多元化投入机制。

（四）坚持试点先行

以黄河、湟水河、浩门河、109国道沿线为重点，选择6个县开展不同畜禽、不同规模、不同模式的畜禽粪污处理试点创建。各试点县要紧密结合本地实际，以种养结合为路径，以绿色生态为导向，探索建立粪污资源化利用有效治理机制、市场运营模式、责任监督制度和政策引导企业主体的可持续发展机制，为全省总结凝练可复制易推广的粪污资源化利用主导模式，不断提高粪污处理利用水平。

（五）坚持"三保"并重

坚持保供给、保生态、保安全并重，统筹推进，协调发展。要在发展中解决粪污污染问题，通过推进粪污资源化利用，实现畜牧业更高质量的发展，用绿色发展的办法推动畜牧业提档升级。不能无视养殖污染而单纯追求畜牧业发展，也不能不顾历史发展阶段和基本条件，对养殖场一关了之、一禁了之。做好统筹协调，从工作规划、年度安排、政策设计、投资安排各个方面，做到保供给和保环境的协调平衡，畜牧业转型升级与粪污资源化利用统筹推进。坚持"为养而种""为种而养"，实现新型的种养结合、农牧循环的发展关系。全面落实畜禽粪污资源化利用地方政府属地管理和"菜篮子"市长负责制两个责任，确保保生态与保供给协调发展。

（六）实行精细管理

以农牧业大数据平台为依托，严格畜禽规模养殖场备案管理，建立规模养殖场废弃物处理和资源化数据库。完善技术、设备的组装配套，引导规模养殖场不断完善精细化管理制度，推行标准化、规范化饲养。推广散装饲料和精准配方，提高饲料转化效益。采用先进适用生产技术，加强养殖全程监控，通过管理提效益。严格执法监管，把畜禽养殖污染物排放作为经常性监督检查的重要内容。逐步建立监督监测、信息发布制度，加强日常抽查检测，定期公布检测结果。

青海省人民政府办公厅

2017 年 11 月 28 日

（发至县人民政府）

附 3：

青海省人民政府办公厅

关于印发青海省畜禽养殖废弃物资源化利用

工作考核办法的通知

青政办〔2018〕126 号

各市、自治州人民政府，省政府各委、办、厅、局：

《青海省畜禽养殖废弃物资源化利用工作考核办法》已经省政府同意，现印发给你们，请认真遵照执行。

青海省人民政府办公厅

2018 年 8 月 29 日

（发至县人民政府）

青海省畜禽养殖废弃物资源化利用工作考核办法

第一条认真贯彻落实党中央、国务院关于加强畜禽养殖废弃物资源化利用工作的决策部署，强化地方人民政府组织领导和监督管理责任，根据农业农村部、生态环境部《畜禽养殖废弃物资源化利用工作考核办法（试行）》（农牧发〔2018〕4 号）要求，结合青海省实际，制定本办法。

第二条本办法考核对象为各市（州）人民政府。省农牧厅、省环境保护厅会同省考核办组织实施考核工作。

第三条工作坚持目标导向、问题导向和结果导向，遵循客观公正、突出重点、奖惩分明、注重实效的原则，对畜禽养殖废弃物资源化利用工作进行综合评价。

第四条考核内容主要是畜禽养殖废弃物资源化利用重点工作开展情况与工作目标完成

情况。

第五条各级人民政府对本行政区域内的畜禽养殖废弃物资源化利用工作负总责。各市（州）人民政府要依据国家确定的总体目标，制定本地区工作方案，将目标、任务逐级分解到县（市、区、行委）人民政府，把重点任务落实到相关部门、畜牧大县，确定年度目标，合理安排重点任务和实施进度，明确配套政策、资金来源、责任部门和保障措施等。

第六条对各地2017年至2020年畜禽养殖废弃物资源化利用工作情况进行年度考核，结合2020年度考核对"十三五"期间工作目标和重点工作完成情况进行终期考核。考核采用评分法。

第七条依照以下程序开展。

（一）自查评分。各市（州）人民政府按照考核要求，对畜禽养殖废弃物资源化利用情况进行全面自查和自评打分，形成年度自查报告按时报送省农牧厅和省环境保护厅。

（二）实地检查。省农牧厅和省环境保护厅组成考核工作组，对各市（州）采取听取汇报、核查资料、现场检查和明察暗访等方式，全面核实了解有关情况，并形成书面报告报送省人民政府。

（三）综合评价。根据日常监督检查、畜禽规模养殖场直联直报信息系统数据、实地检查、自查评分情况，按照考核指标作出综合评价，形成考核结果并报送农业农村部。

第八条评分按照《考核指标及评分细则》进行（详见附件）。考核满分100分，结果分为优秀（85分及以上）、合格（60分及以上）、不合格（60分以下）三个等级。

第九条考核结果经省人民政府审定后，省农牧厅会同省环境保护厅向各市（州）人民政府通报，向社会公开。考核结果作为相关资金分配的参考依据。

第十条通过年度考核的市（州）人民政府，省人民政府约谈市（州）人民政府及相关部门负责人，提出整改意见，责令限期整改。

第十一条市（州）人民政府对所提供材料和数据的真实性、准确性负责。对在考核中弄虚作假的，依法依纪追究有关单位和人员责任。在考核过程中发现违纪问题需要追究问责的，按相关程序移送纪检监察机关办理。各县（市、区、行委）人民政府在进行自评自查时，不得以各种名义干扰影响养殖场实体的正常生产经营活动。

第十二条市（州）人民政府应参照本办法规定制定本地区的考核办法，对本行政区域内畜禽养殖废弃物资源化利用工作进行考核。

第十三条养殖废弃物资源化利用工作考核纳入全省年度目标责任（绩效）考核指标体系，同步进行考核。考核结果按一定比例折算后计入全省目标责任（绩效）考核总分。

第十四条本法由省农牧厅、省环境保护厅负责解释。

附4：
考核指标及评分细则

一、重点工作开展情况（50分）

1. 组织领导（10分）。成立市（州）政府负责同志牵头的畜禽养殖废弃物资源化利用领导机构，协调农牧、发展改革、财政、环保、国土、住建、金融、保险等部门依法履行职责。市（州）党委或政府主要负责同志每年至少主持召开1次会议，专题研究有关工作。市（州）政府逐级与县（市、区、行委）政府签订畜禽粪污资源化利用工作目标责任书。

计分方法：省农牧厅、省环境保护厅根据综合评价结果赋分。

2. 扶持政策（20分）。出台市（州）级畜禽粪污资源化利用扶持政策，支持规模养殖场、第三方机构粪污处理设施建设,对畜禽粪污收贮运、畜禽粪肥施用等生产进行补贴,总量不低于当年省级畜禽粪污资源化利用资金规模。

计分方法:各市(州)畜禽粪污资源化利用资金以各级财政资金为主,省级资金规模不在计分范围内。每低1个百分点扣1分,扣完为止。

3. 政策落实(10分)。落实畜禽粪污收贮运、畜禽粪肥施用等相关补贴政策。

计分方法:省农牧厅、省环境保护厅根据综合评价结果赋分。

4. 执法监管(10分)。落实畜禽规模养殖环评制度,对新建、改建、扩建畜禽规模养殖场依法进行环境影响评价。对未依法进行环境影响评价的、污染治理设施不正常运行的或排放不达标的畜禽规模养殖场依法予以查处。畜禽规模养殖场实施排污许可证管理,具体管理要求按照国家和全省排污许可证申请与核发相关文件执行。

计分方法:省环境保护厅、省农牧厅根据综合评价结果赋分。

二、工作目标完成情况(50分)

(一)畜禽粪污综合利用率(25分)。

1. 指标解释:畜禽粪污综合利用率指用于有出气条件的沼气、堆(沤)肥、沼肥、肥水、商品有机肥、垫料、基质等并符合有关标准或要求的畜禽粪污量,占畜禽粪污产生总量的比例。

2. 计分方法:2017年畜禽粪污综合利用率达到60%以上,2018年达到64%以上,2019年达到68%以上,2020年达到75%以上,得20分,达不到年度目标的,每低1个百分点扣4分,扣完为止。

3. 数据来源:农业农村部行业统计数据(畜禽规模养殖场直联直报信息系统)。

(二)规模养殖场粪污处理设施装备配套率(20分)。

1. 指标解释:配套建设粪便污水贮存、处理、利用设施并通过当地县级畜牧、环保部门验收的畜禽规模养殖场占畜禽规模养殖场总数的比例。委托粪污处理中心全量收集处理的,有协议且正常运行的,可视为已配套粪污处理设施。牧区放牧养殖不纳入考核范围。

2. 计分方法:2017年规模养殖场粪污处理设施装备配套率达到60%以上,2018年达到70%以上,2019年达到80%以上,2020年达到95%以上,得20分,达不到年度目标的,每低1个百分点扣2分,扣完为止。大型规模养殖场粪污处理设施装备配套率未达到100%的,每低1个百分点扣1分,扣完为止。

3. 数据来源:农业农村部行业统计数据(畜禽规模养殖场直联直报信息系统)。

(三)果菜茶有机肥替代化肥示范县有机肥施用比例(5分)。

1. 指标解释:指果菜茶有机肥替代化肥示范县有机肥施用比例。

2. 计分方法:果菜茶有机肥替代化肥示范县,完成有机肥施用比例的不增加分数;示范县未完成指标任务的扣2分,扣完为止。

3. 数据来源:农业农村部行业统计数据。

三、加减分

1. 考核年度畜禽粪污综合利用率提高8个百分点以上的加2分,提高7个百分点以上的加1.5分,提高6个百分点以上的加1分。

2. 考核年度粪污处理设施装备配套率提高15个百分点以上的加2分,提高13个百分点以上的加1.5分,提高10个百分点以上的加1分。

3. 果菜茶有机肥替代化肥示范县省上每年只有个别项目县,不作为所有县考核指标来设置，考核时只作为减分项来对待，完成指标不增加分数，完不成指标扣减相应分数。

4. 畜禽养殖废弃物综合利用和防治工作被省有关部门督办、约谈的，每件扣1分。

四、否决项

考核期内发生特别重大、重大畜禽养殖污染突发事件的，考核结果评定为不合格。畜禽养殖污染突发事件分级按照《国务院办公厅关于印发国家突发环境事件应急预案的通知》（国办函〔2014〕119号）有关规定确定。

五、名词解释

1. 规模养殖场：根据《青海省畜禽标准化规模养殖场认定管理办法》（青农牧〔2017〕369号）文件要求，通过省级认定的规模养殖场。

2. 大型规模养殖场：指按设计规模，生猪年出栏≥2 000头，奶牛存栏≥1 000头，肉牛年出栏≥200头，肉羊年出栏≥500只，蛋鸡存栏≥10 000只，肉鸡年出栏≥40 000只的养殖场。

附件5：

青海省关于加强畜禽养殖业污染防治工作实施意见，青海省畜禽养殖污染防治工作，根据国务院《关于加快推进畜禽养殖废弃物资源化利用的意见》（国办发〔2017〕48号）精神，结合青海省畜禽养殖废弃物治理实际情况，现就禁养区内的畜禽养殖清养关停工作制定以下实施意见。

一、明确整改目标

畜牧业是青海省农村牧区经济发展的重要支柱。畜禽养殖为城乡居民肉蛋奶供应提供了有力保障，为提高广大居民的生活水平和质量发挥了不可替代的重要作用。近年来，青海省畜禽养殖业取得了快速发展，2016年年底，全省已建成各类适度畜禽养殖场（小区）2 800个，养殖规模逐年增加，实现了农业增效和农民增收，也随之带来了大量的面源污染问题，并呈现出日益严重的趋势。

加强畜禽养殖污染防治，对于有效削减污染物排放，进一步改善农村生态环境质量和农民生产生活条件，推进生态循环农业建设，有效解决土壤板结、酸化，提高农产品品质和附加值都具有十分重要的意义。为此，全省上下必须不断增强责任意识，高度重视畜禽养殖污染防治工作，严格落实国务院颁布《畜禽规模养殖污染防治条例》，以改善城区环境面貌和群众生产生活条件为根本出发点，以建立规范化畜禽养殖污染防治长效机制为目标，扎实推进各项污染防治和管理措施，严格环境执法，完善畜禽养殖环保设施，全面加强畜禽养殖污染防治和资源循环利用，促进畜禽养殖业健康协调发展。到2018年年底，全省现有70%以上规模化畜禽养殖环境污染要得到有效治理。

二、清养关停方式

近年来，各地在治理畜禽养殖污染的过程中存在工作方式简单、片面的现象，影响到产业发展和养殖户的收益。盲目扩大畜禽养殖"禁养区"范围，采取一禁了之、一拆了之的简单化方式，统筹发展生产和保护环境的关系，导致部分养殖场户的利益受到损害。各地要根据国办《意见》，对禁养区关停并转的养殖场采取统筹兼顾、有序推进，奖惩并举、疏堵结合。一是科学划定禁养区，防止盲目扩大禁养范围。环保部、农业部联合制定下发了《畜禽养殖禁养区划定技术指南》，各地要实事求是，科学分析，按照标准划定。国务院办公厅印发了《"菜篮子"市长负责制考核办法》，要以此督促地方政府落实"菜篮子"市长负责制，避免只要环境不要生产的片面做法。二是该禁的要坚决禁，要给予合理补偿。禁养区主要包括饮用水水源保护区、自然保护区的核心区和缓冲区、风景名胜区、城镇居民区、文化教育科学研究区等。在这些区域从事畜禽养殖，对周边居民、环境影响比较大，要坚决拆除搬迁。各地要充分照顾到养殖场户的合法利益，给予合理的补偿。涉及搬迁的养殖户，地方政府要积极协助落实养殖用地，指导养殖场户按环保的要求来发展生产。三是支持养殖场户转型升级，实现绿色发展。畜禽养殖污染是畜牧业发展中出现的问题，对于畜禽养殖场的环保问题，要以支持和鼓励养殖场转型升级、可持续发展来解决。要给予一定的过渡期，通过政策和资金的支持，引导养殖场户发展种养循环、提升粪污资源化利用的能力，以实现生产和环境的协调发展。

三、整治关停方式

各地新建、改建、扩建畜禽养殖场需配建雨污分离、暗道引流污水系统、干湿分离"三防"、污水尿液处理贮存池、堆粪场和堆粪遮雨棚等五项设施设备达到环保要求。畜禽粪便要采取有机肥加工、制作生物燃料、还田利用等主要进行方式消纳。

（一）整治范围及目标

1. 整治范围：全省禁养区内通过省级认定的畜禽规模养殖场。

2. 整治目标：协助环保部门2017年10月底科学合理完成畜禽养殖禁养区划定的方案，确保禁养区内群众反响强烈的畜禽养殖场（户）在2018年7月底前逐步实现关停禁养。

（二）奖补办法

畜禽养殖污染治理的基本原则是"谁污染，谁治理"，但考虑到养殖场的实际情况，应对关停场（户）存栏畜禽给予适当的经济奖补，具体奖补办法如下。

1. 牛：肉牛（出栏）2 000元/头、奶牛（产奶）2 500元/头、牦牛（出栏）2 000元/头。

2. 羊：适龄母羊300元/只、种公羊500元/只、肉羊（出栏）400元/只。

3. 生猪：肉猪（100斤以上）100元/头，仔猪（100斤以内）300元/头，能繁母猪800元/头、公猪1 500元/头。

4. 家禽：肉鸡40日龄以下5元/只，40日龄以上10元/只；蛋鸡60日龄以下5元/只，60日龄以上至产蛋10元/只，产蛋期15元/只。

（三）支付方式

对划定在禁养区内畜禽养殖场（户）逐步进行整治，通过与养殖场法人协商，经相关部门工作人员验收合格后20个工作日内支付总补偿金的60%，剩余40%作为保证金，于2018年12月底之前予以支付。

四、因地制宜，加快治理

按照《国务院畜禽规模养殖污染防治条例》第三章第二十五条"因畜牧业发展规划、土地利用总体规划、城乡规划调整以及划定禁止养殖区域，或者因对污染严重的畜禽养殖密集区域进行综合整治，确需关闭或者搬迁现有畜禽养殖场所，致使畜禽养殖者遭受经济损失的，由县级以上地方人民政府依法予以补偿。"的规定，并充分考虑历史原因等因素，对处于禁养区的畜禽规模养殖场，应给予政策补偿。各地要认真调查核实，确保各项数据的准确性、真实性，必须坚持实事求是的原则，按实际完成环节和内容兑付补偿资金。对禁养区需整治的畜禽规模养殖场已享受过其他拆迁补助的，不再享受此次关停部分补助。任何单位或个人不得弄虚作假，截留、挪用、骗领政策支持资金，若有违反，坚决追究单位或个人责任。

（一）认真调研，摸清现状。环保部门要会同农牧等部门组织开展辖区内畜禽养殖企业（场）和养殖专业户环境状况调查，逐个摸清畜禽养殖企业（场）养殖种类、规模、与敏感目标距离、污染治理设施建设和污染物排放情况，为治理提供基础资料。

（二）依托环保，分类指导。对全省1 413个标准化规模养殖场，以"五查、五核"为重点，进行全面检查。对发现的问题建立"环保销号"台账，办结一件、销号一件。

（三）农牧结合，循环利用。从养殖场标准化建设、农牧结合制度创新入手，落实畜禽养殖粪污消纳，鼓励引导养殖场发展有机肥加工、制作生物燃料、还田利用等方式，加快推进禁养区内畜禽养殖废弃物资源循环利用步伐。

（四）完善机制，长效管理。充分发挥基层组织的作用，积极探索环保网格化管理模式，定期或不定期开展检查，及时发现上报畜禽养殖污染问题。环保、农业部门要建立联合工作机制，既分工又合作，加强管理，发挥作用。对群众反映的畜禽养殖污染问题要及时处理，维护群众环保权益。

五、工作措施

为确保禁养区内养殖场整改和产业发展，各地、各部门要高度重视，作为一项重要工作来抓，建立健全工作机制，认真履行职责，落实具体措施，有序推进各项工作。

（一）强化组织领导。各地区、各有关部门要高度重视畜禽粪污处理工作，统一思想，提高认识，明确目标任务，制订实施方案，确保按时限完成工作。为切实落实《方案》相关要求，各地要成立由农牧、环保、发改、财政、住建、工商、土地、公安等部门参加的畜禽污染治理工作领导小组，建立联动机制，形成工作合力。建立省、州（市）、县一盘棋工作机制，实现上下联动、无缝衔接，共同推进禁养区内畜禽养殖场粪污资源化利用工作。

（二）工作步骤。各地农牧部门要会同相关部门进一步调查、核实辖区内禁养区畜禽规模养殖场的相关情况，加大宣传力度，着力提高群众及养殖业主对禁养区畜禽规模养殖场整治工作的重要性认识，广泛争取群众及养殖业主对整治工作的支持。及时动员养殖场业主签订禁养区畜禽规模养殖场整治协议，督促整治对象主动、及时处置清空所有存栏畜禽，并拆除养殖圈舍设施，指导、协助有条件的养殖场进行转产或迁建。要坚持"整治完成一家、验收一家、补偿一家"原则，及时组织验收（按养殖场实际完成的整治内容逐一验收），验收合格后，按要求拨付补偿资金。

（三）创建试点任务。以沿黄河、湟水河流域为重点，选择海晏县、湟源县、大通县、平安区、尖扎县、贵德县6县整县推进，先行先试。创建试点县主推4种技术模式，创建示范县每个县主推1~2种技术模式。全面提高规模养殖场粪污综合利用率，率先实现种养结合农牧循环发展。各地在结合本地区畜禽养殖实际情况和资源环境要求，以源头减量、过程控制、末端利用为核心，因地制宜，总结凝练技术模式并加以推广。大通县要推广固体粪便集中加工利用模式、粪污全量收集集中处理模式、水肥一体化利用模式、粪便垫料回用模式；海晏县、湟源县、尖扎县、贵德县、平安区以四种模式为主，根据本地区畜禽养殖实际情况和资源环境要求，推广其中一种模式。

（四）推进粪污处理及利用设施升级改造。各地结合区域资源禀赋和畜牧业经营方式特点，围绕源头减排、恶臭消除、污水处理、还田利用等关键环节开展科技攻关，集成推广畜禽养殖废弃物综合利用技术。积极健全"五项"设施、"五项"手续。"五项"设施，即雨污分离设施、暗道引流污水系统、干湿分离"三防"设施、污水尿液处理贮存池、堆粪场和堆粪遮雨棚；"五项"手续，即养殖场环保手续、土地审批手续、动物防疫条件合格手续、建设手续、省级认定的标准化规模养殖场手续。提高生产效率，降低污染物排放量。支持规模养殖场和有机肥加工企业改造升级粪污处理和利用设施，全面提升畜禽粪污处理水平。改进推广节水设备，实现雨污分离，降低污水产生量。推广干清粪工艺，实现干湿分离。完善粪污收集、输送、储存设施设备，增强粪污处理能力。

（五）强化宣传引导。各地要充分利用各种途径开展多形式的宣传教育，动员和引导养殖场（户）积极配合开展整治工作，及时发布中央及省级财政畜禽粪污资源化利用补助政策，释放积极引导信号，营造全社会推动畜禽粪污资源化利用的良好氛围。

第二节　加快实施粪污利用项目

2019 年，青海省畜禽养殖废弃物资源化利用项目资金安排 1 000 万元，在全省 7 个县市开展粪污资源化利用工作。通过项目实施，探索建立适合当地养殖特点、经济高效实用的畜禽废弃物综合利用主导技术模式、市场运营模式、政策支持体系和责任监督制度，形成一批全省可复制推广的废弃物综合利用模式、经验。项目县畜禽规模养殖场粪污处理设施装备配套率达到 85% 以上，畜禽粪便综合利用率达到 75% 以上。

截至 2019 年底，实施情况如下。

地区	项目实施单位	项目内容	实施情况
海西州-格尔木市	格尔木市农牧局		实施中
海西州-德令哈市	德令哈市农牧局	新建硬化场地，购置加工自动清粪机，圈舍雨污分离，暗道引流污水系统等	完成
海北州-门源县	门源县畜牧兽医站	30 家规模养殖场各建设 400 米² 粪污处理棚，用 12 螺纹钢筋混凝土构筑，顶棚为单层两面彩钢板雨污分流设施	在实施中
海南州-贵德县	贵德县畜牧兽医站	新建粪污堆粪场 29 个，每个堆粪场 125 米（宽 10 米×长 12.5 米×29 个），共计 3 625 米；购置 1 200 型点水切式固液干湿分离机 1 台	正在施工
海东市-民和县	民和回族土族自治县畜牧兽医站	建设发酵车间及生产车间、成品库	该项目现正在公开招标程序中
海东市-乐都区	乐都区畜牧兽医站	修建发酵棚，修建加工厂房、购置粪污加工设备	在实施中
青海省	畜牧总站	畜禽养殖废弃物物资化利用制度和标准化体系建设、粪污处理与资源化利用现场观摩会。组织农牧部门技术人员，举办全省畜禽养殖粪污资源化利用培训班	在实施中

设备采购中标情况表（包一）

序号	产品名称	品牌	规格型号	生产厂家	数量单位	单价（元）
1	立式粉碎机	源恒	YHLFS	青海源恒畜禽废弃物再生利用研发有限公司	1 台	25 000
2	筛分机	源恒	SF-600	青海源恒畜禽废弃物再生利用研发有限公司	1 台	31 000

（续表）

序号	产品名称	品牌	规格型号	生产厂家	数量单位	单价（元）
3	铲车料仓	源恒	YHLC	青海源恒畜禽废弃物再生利用研发有限公司	1 台	20 000
4	传送带	源恒	CS-3	青海源恒畜禽废弃物再生利用研发有限公司	7 套	12 000
5	冷却机	源恒	YHLQ-20	青海源恒畜禽废弃物再生利用研发有限公司	1 台	125 000
6	粉碎机	源恒	YHFS-300	青海源恒畜禽废弃物再生利用研发有限公司	2 台	50 000
7	综合配电箱	源恒	配套设施	青海源恒畜禽废弃物再生利用研发有限公司	2 台	25 000
8	斜筛式固液分离机	源恒	YHFLX-300	青海源恒畜禽废弃物再生利用研发有限公司	1 台	34 000
9	固液搅拌机	源恒	配件	青海源恒畜禽废弃物再生利用研发有限公司	1 台	3 000
10	离心泵	源恒	配件	青海源恒畜禽废弃物再生利用研发有限公司	1 台	8 000

设备采购中标情况表（包二）

序号	产品名称	品牌	规格型号	生产厂家	数量单位	单价
1	移动式固液分离系统	BAUER	PP855	奥地利 BAUER（保尔）集团公司	1 套	500 000
2	好氧发酵罐	创优	WFFJG-105	荥阳创优机械设备有限公司	1 套	500 000
3	厌氧发酵罐	创优	WFFJG-86	荥阳创优机械设备有限公司	1 套	297 000

设备采购中标情况表（包三）

序号	产品名称	品牌	规格型号	生产厂家	数量单位	单价	合计
1	专用粪便运输车	王牌牌	CDW3062A1R5	中国重汽集团成都王牌商用车有限公司	2 台	166 900.00	333 800.00
2	小型装载机	顺工机械	ZL-920	山东莱州顺和机械有限公司	3 台	50 000.00	150 000.00
3	清粪车		ST-QFC-4	行唐县盛唐机械厂	1 台	90 000.00	90 000.00
4	多功能吸粪车	中洁牌	XZL5112GXE5	湖北新中绿专用汽车有限公司	1 台	160 000.00	160 000.00

第五章　加强有机品牌培育

第一节　加快培育高原特色有机品牌

目前，青海省注册农畜产品商标 8 600 件，获得中国驰名商标 20 个，青海省著名商标 55 个，围绕打造"青海牦牛"农牧业第一品牌，立足牦牛、藏羊等优势主导特色产业，大力实施地理标志农产品保护工程，安排省级财政资金 4 600 万元，深入挖掘地标产品品牌文化内涵，形成《青海牦牛品牌高端策划方案》《青海牦牛整合传播规划方案》《青海牦牛公用品牌形象体系》《青海牦牛公用品牌文化手册》等系列成果。实施了农业品牌提升行动，着力打造"青字号"品牌，"世界牦牛之都，中国藏羊之府"品牌形象深入人心，发布了玉树牦牛等 16 个省农产品区域公用品牌，有效使用"三品一标"标志产品达到 959 个。第二十届"青洽会"期间，成功举办"绿色发展，云上优品——农业农村部青海省人民政府共建青海绿色有机农畜产品示范省高峰论坛活动"。开展了全省十大绿色品牌和十大农产品地理标志品牌推荐评选活动。编制了《青海省"十三五"农畜产品品牌发展规划》。

品牌推介能力显著提升。通过组织品牌企业参加"青洽会""清食展""农交会""绿博会""有机博览会"等省内外大型展会以及各类宣传推介活动，青海省特色名优农畜产品在全国知名度显著提升，市场认可度持续提高。青海牦牛公用品牌发布会在人民大会堂成功举行，并首次登上央视和北京卫视等一线城市媒体，拉开青海牦牛品牌在全国宣传推介序幕。同时，有效借助国内外各种展会，"柴达木枸杞"产品先后参加德国、美国等举办的国际展会；"湟中蚕豆"产品成功打入日本、中东等 10 余个国家或地区；牦牛、藏羊、枸杞等地标产品在欧洲、美国、日本和东南亚等地的出口量和知名度逐年提高。先后在北京、上海、成都、西安等一线城市设立 17 个青海特色农畜产品窗口，为地理标志农产品进入高端市场搭建平台。

2019 年度，青海省新认证绿色食品、有机农产品 24 个，其中，绿色食品 7 个，有机农产品 17 个。新登记农产品地理标志 5 个。截至 2019 年年底，全省有效使用无公害农产品标志、绿色食品标志、有机农产品标志和农产品地理标志产品 925 个，其中，无公害农产品 304 个、绿色食品和绿色食品生产资料 417 个、有机农产品 140 个、地理标志农产品 64 个。全省有机畜牧业认证环境监测面积达到 7 334.89 万亩，认证有机牦牛 121 万头，有机藏羊 325 万只，分割有机牛羊肉产品 1 061 吨。建设河南、甘德、久治和祁连 4 个全国有机农产品（牦牛、藏羊）基地，面积 4 094.16 万亩。

消费者品牌意识的逐步增强，激发了龙头企业和农牧民专业合作社的品牌意识和质量安全意识。省级以上龙头企业实现销售收入 55.5 亿元，品牌企业辐射带动农牧户 50.9 万户；全省登记备案的 6 719 家农牧民专业合作社中，实行标准化生产的合作社 30 个，拥有注册商标的合作社 256 个，合作社成员达到 33 万人，带动农牧户 25 万户。

第二节　世界牦牛之都——打造青海牦牛第一品牌

多年来，青海省委、省政府围绕打造"世界牦牛之都"的宏伟蓝图，坚持将其作为牧区经济发展的支柱产业，不遗余力地推进牦牛产业的现代化升级。转方式、精加工、创市场、促增收……成为青海近年来发展牦牛产业最热门的词汇。然而，好东西却藏在深闺人未识，青海牦牛肉近90%是省内自销。长期以来，如何让牦牛产品走出青海走向全国甚至走向世界，一直是青海发展牦牛产业的难题之一、也是重点工作之一。牦牛是天地精华、高原之舟，应该也必须成为青海特色产业一张亮丽的名片。这是农业供给侧改革的必然要求，是基于对产品与市场关系的准确把握，也是抓住消费升级趋势下市场机遇的战略抉择。为了能够解决这一问题，在总结以往工作经验、借鉴国内外知名农产品品牌成功实践的基础上，2019年，青海省确立"青海牦牛、高原野味"品牌战略，高起点、全方位打造牦牛为"青字号"第一品牌，希望能够让优质的青海牦牛产品走出青海、走向国内外。

近年来，青海省认真践行习近平总书记"青海最大的价值在生态、最大的责任在生态、最大的潜力也在生态"的要求，坚持生态优先，大力发展生态畜牧业，积极打造青海牦牛品牌全产业链，在生产、基地、加工、发展政策等方面，已经具备良好的发展基础，为"青海牦牛"品牌建设提供了强大的支撑。2019年12月7日，"青海牦牛"公用品牌新闻发布会在北京人民大会堂举行，青海向全国宣传推介青海牦牛品牌。从广袤的草原到庄严的人民大会堂，这是青海牦牛的一小步，也是"青海牦牛"的一大步。

打造"青海牦牛"品牌，有资源、产业、政策三大优势。首先是资源优势。青海是"三江源头""中华水塔"，被评为世界四大无公害超净区之一，具有绿色、有机、环保、健康、无污染的天然优势。青海是全国五大牧区之一，可利用草场面积达到5.4亿亩，经过有机认定的草原面积超过6 800万亩。青海牦牛存栏近500万头，居全国之首，占世界牦牛总量的近40%。天然、广阔的牧草高原，洁净的生态环境，逐水草而居的半野生放牧方式、原始自然的生长过程，造就了高品质的青海牦牛。其次是产业优势。经过多年的发展与积累，目前，青海从事牦牛肉、奶、毛绒的加工企业有500多家，其中国家级龙头企业11家，带动农牧户50.6万户，产品种类200多种。可可西里、西北骄、5369等一批驰名商标、名牌产品和龙头企业，已成为全产业融合发展的中坚力量。牦牛产业已步入发展快车道，在青海乡村产业振兴、助力农牧民增收方面发挥着重要带动作用。最后是政策优势。近两年，青海省委、省政府出台了一系列政策、措施，如《关于加快推进牦牛产业发展的实施意见》《牦牛青稞产业发展三年行动计划》等。同时，针对牦牛品牌建设，专门制定实施了《"青海牦牛"公用品牌建设方案》。2019年年底，"青海牦牛"品牌形象广告正式登录央视、北京卫视、东方卫视等一线城市媒体平台，进一步扩大影响力，提升关注度。

"野生野长、营养美味，青海牦牛——天地精华、高原野味。"这是央视播放的"青海牦牛"品牌形象广告中的一句广告词，配上唯美的画面，鲜美的牦牛肉让人垂涎。青海牦牛界普遍认为，牦牛全身是宝，牦牛肉品质好、营养价值高，蛋白质含量达22.6%，脂肪含量仅为2.6%，氨基酸种类齐全，尤其是鲜味氨基酸、组氨酸、精氨酸高，牦牛肉极高的营养价值是其他牛肉所无法比拟的，被誉为"肉牛之冠"。"酒再香也怕巷子深"，更怕"卖酒不吆喝"，下一步青海牦牛要走出深巷，举旗吆喝。

农业强不强，关键看品牌。品牌是一种看不见、摸不着的东西，但是有时候却要比农产品本身具有更为重要的地位和作用。2019年年初，农业农村部联合国家发展改革委、财政部、商务部等六部委，制定并印发了《国家质量兴农战略规划（2018—2022年）》，明确提出要大力推进农产品区域公用品牌、企业品牌、农产品品牌建设，打造高品质、有口碑的农业"金字招牌"。

目前，青海正在集中力量部省共建"绿色有机农畜产品示范省"，这是质量兴农战略的一次重要实践，也是打造以"青海牦牛"为代表的"青字号"农畜产品品牌提升了"含金量"的重要舞台，包括正在建设的牦牛藏羊原产地可追溯体系，补齐质量安全追溯的短板，以保障从牧场到餐桌全程安全；也包括了我们在推进品牌建设中打出的集高端策划、形象广告、产品推介等于一体的"组合拳"。2019年2月7日，以"青海牦牛、高原野味"著称的青海牦牛公用品牌发布会在北京人民大会堂举行。来自农业农村部、青海省政府，青海省农业农村厅，北京方圆品牌营销机构，国家食物与营养咨询委员会，青海牦牛产业企业负责人，及中央电视台、新华社、《人民日报》《光明日报》等60余家国内一流媒体共同见证了这一历史性的盛况。当然，成就一个知名品牌绝非一朝一夕之事，"青海牦牛"品牌打造与建设工作要持久地推进下去，才能真正使青海牦牛牛起来，牛气冲天。

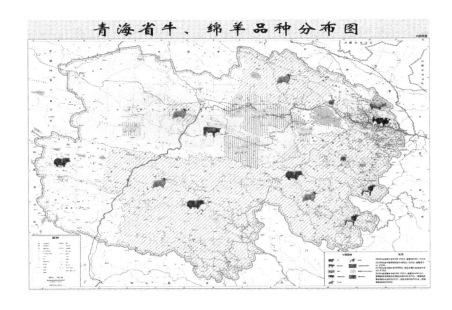

第三节　中国藏羊之府——打造青海藏羊第一美誉

现在学术界和畜牧界公认的藏羊，我们又称藏系羊或番羊，青海藏羊总数 1 200 多万只，约占我国数量 3 000 万只的 40%。藏羊数量仅次于蒙古羊，属粗毛羊中的一个地方原始品种，也是生活于世界海拔最高地区的优良地方品种。

藏羊是我国三大原始绵羊品种之一，实践证明，在青藏高原，藏羊具有不可替代的生物学特性和经济特性。在青海高原，这一品种经过历代当地人民群众精心培育后，形成了与各地地形地貌完全相适应的、相对分化而又整体统一的现代藏羊，青海的藏羊数量最多，品质最优，也最具文化属性。

"青海的牛羊，喝的是矿泉水，吃的是冬虫草"，藏羊生长的环境天然绿色，因此，藏羊肉无污染。从肉质看，藏羊肉氨基酸丰富、谷氨酸含量较高，种类齐全，接近 FAO 所提倡的理想蛋白质模式，蛋白品质优良，肌间脂肪含量适中，矿物质含量较高，尤其 Mg、Mn 含量丰富，属于典型的"高蛋白、低脂肪、营养丰富"的动物性绿色食品，符合现今消费者的需求。煮熟后的藏羊肉无膻味，香鲜浓郁，肉质细嫩，品质绝佳，与其他羊肉明显不同，近些年已经发展成为青海省的招牌菜品和特色产品，深受省内外消费者青睐。

在医用方面，先圣大德们对羊肉的功效也有很多记述，古代医学认为，羊肉是助元阳、补精血、疗肺虚、益劳损、暖中胃之佳品，是一种优良的温补强壮剂。

《本草纲目》云："羊肉，气味，苦、甘、大热，无毒。羊之齿、骨、五脏皆温平"，具有"暖中补虚，开胃健力，滋肾气，养肝明目，健脾健胃、补肺助气"等功效。"金元四大家"之一李杲曰："羊肉有形之物，能补有形肌肉之气。故曰补可去弱，人参、羊肉之属。人参补气，羊肉补形。"

《金匮要略》说："羊肉汤，治寒劳虚羸，及产后心腹疝痛。"

《心镜》《千金》《外台》《饮膳正要》《集验方》《圣济总录》等中医重典中对羊肉都有明确的医用记录，食用羊肉对补益虚寒、壮阳益肾、五劳七伤、骨蒸久冷、虚寒疟疾、脾虚吐食、虚冷反胃、壮胃健脾、身面浮肿、消渴利水、损伤青肿、妇人无乳等都具有特殊食疗效果。

藏医经典《四部医典》(云登贡布)认为:绵羊肉等性温润,有营养,可以祛风;寒性赤巴病应进食新鲜绵羊肉;培根病人要经常适量进食绵羊肉。《晶珠本草》也认为绵羊肉性温、轻,对治疗培根病十分有益。《藏药志》中,则将绵羊角、脑、肝、胆汁等作为药料。《药物之园》(维医重典)描写绵羊肉:"营养身体,产生良好血液,安神除悸,血虚体弱,活血祛瘀,解毒虫之毒,明目增视,热身生辉等。治血虚体弱,心悸心慌,跌打损伤,毒虫叮伤,白内障,皮肤白斑等。"

藏羊毛就是被广泛誉称的"西宁毛",以其纤维长、弹性好、弹力大、富有光泽等特点而闻名于世,是制作地毯、长毛绒和提花毛毯等的优质原料。早在19世纪后期,"西宁毛"就被国际地毯界公认为是编织地毯的最佳原料,用藏羊毛织成的藏毯,是与波斯地毯、土耳其地毯齐名的世界三大名毯,隔潮御寒、保温取暖的功效凸出,青海是藏毯的发源地和故乡,在原材料、劳动力转化和藏文化三方面具有无与伦比的优势,藏毯业也是青海极具国际竞争力的外向型产业,出口量仅次于尼泊尔,位居世界第二,远销海外30多个国家和地区。

藏羊皮毛被松散,有弹性,强度和耐磨性好,革裘两用,是制作日常皮具和服装的优良原料。

可以说,藏羊肉、毛、皮兼用,浑身是宝,这也是上苍赐予大美青海的耀眼瑰宝。

青海省历来都十分重视藏羊产业的发展,近年来以高效、绿色、生态为主要发展特色的青海藏羊产业,突出种子工程建设,实施了藏羊本品种选育、人工授精、胚胎移植、杂交改良等一系列工程,通过种畜禽场建设、品种资源保护利用,建立健全了良种繁育体系和良种藏羊推广服务体系,全面推动了藏羊养殖业向高产、优质、高效方向发展。从初级贩运到生产、加工、流通等多个领域,藏羊生产的组织化程度进一步提高。涌现出藏羊地毯、雪舟三绒、三江集团、江河源农牧等一批销售收入1亿元以上的10家企业,藏羊的加工转化率达到27%,羊肉生产的产业链条不断延伸,地毯、毛纺织业、羊肉加工等已成为青海省农牧业产业化的主导行业,增长势头强劲。

青海省抓住国家支持藏区经济社会发展的难得机遇,结合四区两带一线发展战略,围绕四个发展,积极打造藏羊优势产业,以畜牧业增效和农牧民增收为目标,着力主攻传统藏羊产业的转型升级,促进藏羊产业生产方式、经营方式、增长方式转变,使藏羊生产由生产主导转向生产、加工、流通、服务协调发展,由小规模分散向规模化、集约化、产业化和生态化方向转型,不断提高藏羊综合生产能力和产品竞争力,推动藏羊产业向又好又快发展。

其中的三江源草地生态畜牧业经济区,青海将大力发展高寒草地生态畜牧业,建成生态作用突出、绿色无污染的特色畜产品生产区,推进以草畜平衡为特征的草地高效畜牧业发展,建成设施配套、技术装备先进的高效畜牧业生产区。在柴达木特色畜牧业经济区,青海省将以促进耕地、草地、牲畜等资源整合为重点,建成具有绿洲特色的畜牧业生产区。沿黄河湟水流域集约化畜牧业经济带,将以集约化养殖为特征的畜牧业发展模式,建成集约化畜牧业先行区。其中藏羊生产方面,在上述地区的19个县为基础建立藏羊产业带,构建良种繁育体系、动物疫病防控体系、畜产品质量安全保障体系、饲料饲草供应体系、畜产品精深加工体系、现代物流服务体系、科技支撑体系七大体系。

71

第六章 创新农牧科技支撑推广平台

第一节 打造青海农牧科技创新三级平台

一、平台简况

为加快发展高原特色现代生态农牧业的发展，青海将油菜、马铃薯、牦牛、藏羊、饲草等确立为青海省十大农牧业特色产业，要求按照科教兴青、科教兴农战略部署加快农科教产学研结合，积极探索了一整套符合青海产业特点的农技推广体系。

2009年开始，青海以15个基层农技推广体系改革与建设示范县为突破口，通过建设示范县、打造基地、摸索主推技术等进行了扎实实践；2012年年初，首次提出了创建青海省农业科技创新"三级平台"的思路，印发了《青海省农牧业科技创新平台建设的指导意见》。2012年10月启动平台建设，成立了跨部门、跨单位、跨专业合作的省级产业技术转化研发平台；并将当时的27个基层农技推广体系改革与建设项目县级农技推广队伍扩充转型为三级平台中的县级推广平台，将原有项目县的示范户和辐射户也同步转型为三级平台中的技术应用平台。到2014年，由省农牧厅主管，包括牦牛藏羊在内的十大农牧业特色产业科技推广创新三级平台全部建成。

三级平台构架包括省级产业技术转化研发平台（省级平台）、县级技术推广平台（县级平台）、技术应用平台（应用平台）三部分。其中牛平台2012年10月成立，依托单位为青海省畜牧兽医科学院，平台现有15家单位54名岗位专家，聘任国内高校、科研院所、企业等9家单位的知名专家15名为特聘专家，对接有12家企业，41个合作社，18个县，技术转化基地5个。平台建有18个县级推广平台，县级平台有产业专家58名，技术推广员772名。应用平台的示范主体4 061个，包括示范户3 296户，示范基地25处，辐射31 513户以上。青海省羊产业科技创新平台也在2012年10月成立，依托单位为青海大学农牧学院。平台现有9家单位33名岗位专家，聘任国内高校、科研院所等3单位的知名专家5名为特聘专家，对接有6家企业，29个合作社，21个县，技术转化基地4个。平台建有21个县级推广平台，县级平台有产业专家77名，技术推广员1 002名。应用平台的示范主体2 635个，包括示范户1 894户，示范基地29处，辐射21 383户以上。

二、运行模式

县级平台收集技术需求信息上报→省级平台转化和研发、制定本产业技术支撑规划，确定主推技术及技术规程，拿出年度工作方案（形成技术菜单），省级执行专家组审核后提交管委会或省农业农村厅批复发布→县级平台根据名录选定本县主推技术，学习掌握并进一步熟化，细化形成可操作"傻瓜化"规程→应用平台各主体，在技术推广员入户指导下使用技术，并辐射扩散。下图为各级平台之间的人员、队伍、技术、信息运行模式图和具体的技术成型和推广渠道示意图。

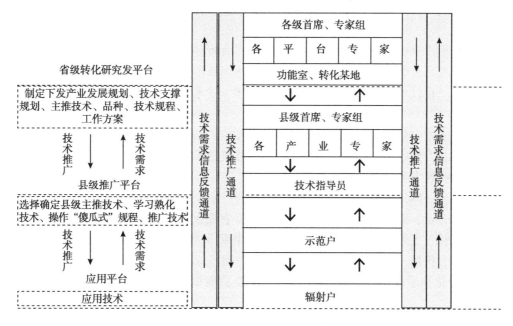

青海省农牧业科技创新"三级平台"运行模式示意图

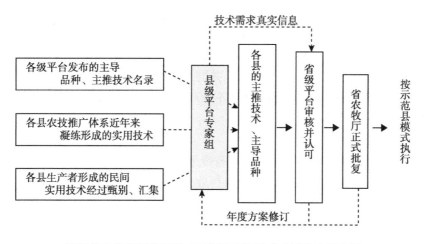

青海省农牧业科技创新"三级平台"技术成型推广示意图

第二节　三级平台建设创新有为

一、创新做法

(一) 积极推进农科教产学研合作

1. 集聚省内主要涉农科研推广力量

一是涉农科研机构入列。平台创建之初就将"农科教结合产学研一体"作为建设基本要求，由青海省农牧厅平台管委会和执行专家组共同发力，组织将省内主要科研单位作为平台基础和主体纳入，特别是率先将青海省农林科学院、青海省畜牧兽医科学院两家最大农牧科研机构纳入。

二是省级推广单位共振。结合青海牧多农少、农牧民文化水平不高等实际现状，专门将省畜牧总站、青海大学、省农广校3家推广教育培训单位积极纳入，在不改变现行人员管理体制等基础上，仅以单一产业技术为焦点聚集人才、技术等要素，实现省级层面农科教力量合作。

三是县级农技力量进场。是充分借助各县农技推广站、畜牧兽医工作站、蔬菜中心、农广校等县域科技力量以及产业专家、技术人员等县级技术推广体系，聚焦本县主导产业，实现县级层面农科教力量合作。

四是产学研一体化推进。省级层面积极对接各产业企业，尤其是将龙头企业和科技型企业，各类种业企业、良繁基地、全产链企业等众多农牧业产业企业纳入作为产业技术转化基地；各县合作社、当地企业被有计划地遴选成为县级示范基地。10大产业平台专家和团队积极走进企业，按照"种—饲—环—病—管—加—销"产业链条和关键环节有针对性地进行技术研发转化和示范推广，实现产学研各单位功能衔接和技术创新在上、中、下游的耦合。

2. 促进多单位多学科多产业展开合作

一是多单位合作。在青海省农牧厅统一领导下要求平台各参与单位将平台作为农牧业科技推广的主战场，充分发挥各自职能和资源优势，培育建立技术骨干、优秀团队、开放实验室和功能室等，结合青海高原特色农牧业全产业链发展技术需求展开合作。二是多学科合作。集聚同一产业平台，从不同学科角度，集思广益达成产业发展共识，共商产业发展和技术支撑规划方案、共担重大科研推广项目、共同进行技术会诊和难题攻关。三是多产业合作。按产业融合发展思路，着意引导，促成不同产业平台间合作，在负责各自领域技术支撑基础上共商解决交叉环节技术问题。

3. 着力打造农业技术推广的通道

一是有序打造县级平台和应用平台。以省级平台构架为参考，在原有基层农技推广改革与建设项目示范县级专家，进一步集中县级行业技术人才，确定县级首席专家并成立专家组；将原有农牧民技术示范户，扩大为农牧户、合作社和企业等多元示范主体；明确技术推广员职责，扩大这一技术末端传递主体队伍，建设形成技术推广力量更强、覆盖和惠及范围更广的县级平台和应用平台。二是着力加强各级平台间的联系互作。省级平台制定总体技术规划和发展规划，审核各对接产业县年度技术推广计划，共同研讨符合本县本产业的主导品种和主推技术，帮助县级平台明确工作方向，提高技术应用水平，形成自上而下的技术推广通道。三是畅通技术需求通路。县级平台和应用平台收集技术需求以及推广中遇到的问题和难点，及时反馈省级平台给予研究解决，形成由下到上的信息汇集通道。此外，以省级平台与县级平台签订对接协议，县级平台专家与技术员签订协议、技术员与示范主体签订协议的形式加固各平台间的联系互作。

截至目前，三级平台共有聚集有省县农牧业科研教学推广单位102家，省县级专家657名（其中5家省级单位占到省级专家的68.7%），功能室52个，技术推广员3 150名，企业41家，技术转化基地61处，示范基地246处，示范户1.2万户、辐射户22万户共同参与到平台合作中。通过平台推进的农科教产学研省县户多元参与多方位多层次的大合作，有效整合了人才、技术等核心要素，使全省农牧科研教学推广在各自产业平台上找到了位置，拧成一股劲、一条绳；衔接了研发、转化、推广、应用的各关键环节，促进了不同学科专业产业间的有机衔接和融合发展，改变了"科技""推广"两张皮、省县各管一摊，科研、推广和应用部门间政策和资源配置不平衡，技术研发转化推广路径不畅的局面，构建了符合青海高原特色的"农科教结合、产学研一体、省县户贯通、科研推广应用并进"的农牧业科技推广体系，打通了农技推广"最后一公里"的实现通道。

（二）建立现代农技推广的保障体系

1. 建立制度保障体系

一是建立省级平台管理制度。平台创建后将制度建设放在了重要位置，以前期理论研究为指导，制定出台了《省级农牧业科技转化研发平台管理办法》《青海省农牧业科技创新平台成果管理办法》等总领制度。二是规范县级平台运行制度。结合县级平台特点和实际，形成了《项目合同管理制》《人员聘用制》《农技推广负责制》《农技人员定期培训制》《多元化推广服务制》5套18项基本制度。三是着力疏通管理渠道。推行工作批复制和自主立项的资金管理制。平台各类规划、工作方案、省级主推技术和主导品种名录、项目申请等重要工作由省农业农村厅统一批复后实施；平台运行资金下拨到省级平台依托单位，按照自我运行、自我立项、自我管理的要求，最大限度给予资金使用放权。四是不断完善各级平台内部机制。各省级、县级平台和应用平台依据自身运行管理需求，制定了《青海省科技创新平台科技成果转化管理办法》《技术指导员遴选办法》《科技示范户遴选办法》等内部管理制度，对人员遴选聘用、成果转化、功能室及基地管理等均作了明确规定。经统计，三级平台共制定各类制度156项。通过建立健全制度，形成了青海省农牧业科技推广体系的制度保障体系，将平台运行纳入制度建设和计划性推进的轨道上，从方方面面确保了"三级平台"的有序运行、工作的有效衔接、人员活力的有力激发、技术的逐级落地，通道的畅通稳定。

2. 建立资金支撑体系

一是省级投入。青海省高度重视农牧推广三级平台建设，2013年开始从省财政资金中专门立项予以支持设立专项资金，下拨到省级平台依托单位，按照自我运行、自我立项、自我管理的要求使用，6年来累计已投入资金6 200万元以上。二是部里支持。农业部科教司连续10年以来对县级平台和应用平台以示范县项目和基层推广体系改革与建设项目资金形式予以20 000万元的支持。三是多元投入。各省级产业平台积极争取省部级农业、科技等项目资金，各县高度重视平台技术推广工作，整合配套相关资金，产业平台参与企业及其他合作企业平台，自行出资超5 000万元，共同开展新技术、新产品研发推广。

3. 建立完善的绩效考核体系

一是双向互评制。以平台年度工作完成情况、组织制度建设以及财务管理等3项作为主要考核内容。一方面建立省农牧厅考核省级平台→省级平台考核县级平台→县级平台考核应用平台的自上而下考核制度；另一方面建立应用平台示范主体等对县级平台进行评分→县级平台组织本产业技术人员给对应省级平台进行评分的自下而上考核制度。各级考核每年进行，省级考核每5年单独进行一次综合考核。二是自我评价。省级平台和县级平台根据省厅要求不定期开展自评，梳理总结工作推进情况、自我发现问题并提出调整计划方案。三是绩效奖惩。对开展的技术工作取得重大成果受到国家省部表彰，获得省厅领导批示，或是工作覆盖或扩散到产业重点对接县以外地区，在体制机制建设方面取得公认重大创新成效的给予加分，对综合考核优秀平台予以奖励，对综合考核不合格的平台取消其依托单位平台资格和产业首席专家。自平台运行以来，省级平台已进行 5 次年度考核和一次 5 年大考核，省级平台对县级平台、应用平台考核超过 120 次，县级平台评价省级平台 20 次，示范主体对县级农技推广人员每年评价超过 200 次。省级平台和县级平台开展自评超过 50 次。通过确立了双向督促、自我约束、行之有效、奖罚并举的绩效考核体系，从机制层面先行打破农技人员"干不干一个样、干好干坏一个样"的局面，为平台运行上了"安全锁""保险绳"和"润滑油"。

（三）推广十大产业农牧业实用技术

1. 合作开展新技术和新品种推广

一是形成主推技术和主推品种。由省级平台主导，通过"引进、熟化、集成、研究攻关、会诊、收集、示范、调查研究" 8 种方法，形成青海省农牧业"技术库"，并根据我省情况从中遴选形成各产业省级主推技术和主推品种名录，每年由省农业农村厅正式发布，县级平台根据本县产业发展特点和优势选择确定县级主推技术和主推品种。二是制定产业技术规划和主推技术规程。省级平台组织各级专家，结合产业发展现状和技术需求，研讨制定各产业发展规划、技术支撑规划以及年度工作方案，为产业发展提供总体思路和具体技术服务路径；产业专家按照主推技术指导性规程，制定文字通俗易懂、步骤简单明了，只说如何操作、不讲理论机理、农牧民能知能会的"傻瓜化"技术操作规程，促进技术直接落地。三是研发新技术培育新品种新产品。各产业平台依托自身科研力量，与企业及其他科研团队积极合作交流，展开科技攻关，研发培育开发了一批新技术、新品种、新产品。10 大平台共研发重大新技术 47 项；培育农畜新品种（品系）25个；开发农牧业新产品 125 个。

2. 创新技术推广方式方法

一是倡导"引进来"，注重引入熟化推广。自平台成立以来，各产业平台对接国家平台，积极引入适用成熟技术进行小试和推广，对部分急需紧缺但尚未成熟的技术进行自主立项和研究。如饲草平台从国家体系引进 6 项技术，熟化后在青海省贵南等草产业优势区大面积推广。通过技术引入熟化，大大提升了成熟技术和优良作物畜禽种质资源的应用率，拓宽了技术来源渠道，降低了生产成本。二是推行"合起来"，加强技术集成推广。各平台在既往技术积累的基础上，把锁在科研院所和印在论文上的各类技术"放出来""合起来"。各平台按照技术加快适应产业发展的思路，集成了"早熟高产小粒蚕豆青海 13 号选育及配套技术""沼液沼渣在蔬菜生产中的综合利用技术""青海湖裸鲤人工增殖放流技术"等 72 项综合配套技术，使十大产业生产效率大幅提高，农牧民效益显著增加。三是着重"推下去"，促进农牧民增收。以羊平台集成的"藏羊高效养殖综合配套技术"为例，按"良种+良料+良法"理念，将"羔羊早期断乳""定量精准补饲和营养调控技术""常见疫病防控""适时出栏"等技术进行了集成和组装配套，在青海省藏区六州全面推广，使藏母羊产奶量提高 28%，6 月龄羔羊平均活重提高 112%、羔羊成活率提高 11 个百分点、羔羊出栏时间缩短了 12 个月，使天然草场放牧压力和载畜量降低 20%，节本增效和生态与产业协调发展的效果明显。三是鼓励"扩出去"，在省外推广技术和品种。各平台加强与其他特色产业优势地区交流，将集成研发的成熟技术推广应用到省外甚至国外。马铃薯、油菜等多个平台多个品种和技术在甘肃、云南、四川、宁夏等省区甚至蒙古国等大面积应用。冷水养殖产业平台集成的大型网箱鲑鳟鱼养殖技术作为国内水产技术推广系统典型经验在全国介绍和推广。马铃薯新品种"青薯9号"及栽培技术，在青海、甘肃、宁夏、陕西、云南、四川等十多个省区应用，累计推广2 524万亩，新增产值94.74亿元。"青杂5号"油菜引入蒙古国推广种植20万亩，较当地品种增产20%以上。

3. 强化调查研究和培训工作

一是重视调查研究。召集专家对产业重大技术难题进行集中研判；县级平台为主，收集农牧民生产实践中确实管用的土办法、发现土专家，不拘来源纳入技术贮备；依托示范基地对新研发技术进行示范，提高技术适用度、成熟度以及农牧民接受度。深入调查研究，了解各产业发展中的技术需求重点和技术推广难点，找准技术转化研发的切入点和技术设计的关键点。省厅多次立项就农技推广工作进行了专题研究，形成重大报告40余次。10个平台累计进行技术会诊42次、收集民间技术38项、在全省61个示范基地示范技术86项，调研130余次。二是加大培训力度。5家省级单位，尤其是青海大学农牧学院作为农业部确定培训基地，各级农广校（青海省农牧厅农牧民科技培训教育培训中心）作为农业技术推广的基层主体，结合各类培训项目，不断强化对技术人员和农牧民的培训，通过三级平台培训项目累计培训技术人员6 618人，通过早期的阳光工程、绿色证书和后来的职业农牧民等渠道，累计培训农牧民达到6.54万人次。

经过统计，全省累计形成省级主推技术173种，推广应用技术218项，研发新技术47项、培育新品种25个、开发新产品125个。技术推广覆盖全省所有县，累计种植业技术应用面积300万亩以上、饲草技术应用面积1 100万亩以上，蔬菜技术应用面积近12万亩以上；牛羊生猪等畜牧业技术应用400万头只以上；冷水养殖技术应用达1 000万尾。全省累计实现经济效益159亿元，纯收益超过18亿元。

二、创新亮点

（一）创新了农业技术推广的体制机制

一是创新了农技推广的通道路径。创新探索了"农科教结合横向联合、产学研对接一体、省县户纵向贯通，上承国家、下接基层，科研-推广-应用同频共振"的基层农技三级平台推广模式，率先在全国构建了"省级平台-县级应用平台-技术指导员-示范户"的"技术推广快速通道"。二是创新了农技推广的体制机制。通过出台政策、建立激励机制、完善考核、配套资金支持等多措并举，全省组建起10支符合现代产业规律的人才队伍，如在资金管理上，我们赋予了各省平台极大的自主权，各平台可以根据产业现实需要自主立项、自主使用、自主验收实用技术项目，打破了传统政府管制型瓶颈。体制顺、机制灵，满盘皆活，各方收益，农牧民通过三级平台得到了实用技术，农技人员通过平台得到广阔天地，农业科技人员通过平台施展拳脚大有作为，青海农技推广的面貌焕然一新、朝气蓬勃。三是探索了农技推广的青海模式。青海的三级平台工作得到国内农技推广界和相关产业界的高度认可、认同。与青海省十大产业相关的国家产业技术体系均在青海设有试验站，各大产业首席科学家均在三家平台建设期间来青海省指导、考察三级平台技术推广模式并给予了高度认可。青海省各产业平台首席专家和岗位专家70余次在各类国内相关大会上汇报交流三家平台建设。三级平台做法也多次被农业部点名要求在全国农业行业会议上做主旨交流，得到部领导和全国业界的认可。

（二）革新了农技推广的方式方法

一是厘清了农技推广的基本问题。青海省在三级平台建设实践中，对产业专家组、首席专家、产业专家、技术推广员、示范户，辐射户在整个体系中的功能职责作用做了明确界定和责任落实；对农技推广责任制，专家负责制等 5 项制度进行了规范和大面积应用实战；规范了主导产业、主推技术、主导品种、技术规程、技术手册等现代农技推广各部分要件的功能、内涵和操作方法，溯本清源，廓清了基层现代农技推广体系的基本框架、构架、内涵、要件和制度安排。二是拓展了农技工作的渠道内涵。青海省首次提出并全面推行了"引进、熟化、集成、研究攻关、会诊、收集、示范、调查研究" 8 位一体的农牧业技术收集、筛选、确立方法，极大地拓宽和丰富了技术来源渠道，有效地提升了平台推广技术的成熟度和适应性，形成了青海省农牧业"技术库"；改变了以往科技服务链短，聚焦前端生产，忽略二三产业支撑的固化技术支撑格局，形成了贯穿全产业链的科技服务机制。

（三）形成了高原特色农牧业技术推广理论

省农业农村厅专门立项支持开展了《青海省基层农技推广体系机制创新探索与研究》《青海省农牧民培训模式及评价标准研究》《青海省基层农技推广体系机制模式与制度建设研究》《青海省农牧业科技创新三级平台运行协作机制研究》4 项理论研究项目，全面系统梳理了青海省农牧业科技推广的现状、问题、需求，方向等，形成调查报告 30 篇，专题论文 10 篇，明确形成《青海省基层农技推广体系机制模式与制度建设研究》等理论研究成果 3 个，创新性形成了青海省农牧业科技推广极具地方特色和完善适用的理论体系并有力指导实践，《突出四个体系建设，紧紧围绕项目主题　扎实推进我省示范县项目工作》等报告已经成为近 10 年来青海基层农技推广体系建设发展的最重要的指导性纲领性文献。《青海省基层农技推广队伍开展工作情况的调查分析》一文获得 2013 年农业部科教司举办的"强科技、促发展"征文活动"特等奖"（全国排名第一），在全国农技推广界引起关注、引发共鸣。由本书作者、青海省农牧业科技创新平台主要设计者罗增海教授领衔十大平台共同申报的"青海省农牧业科技'三级平台'推广模式创新与实践"成果获得 2016—2018 年度全国农牧渔业丰收奖合作奖，罗增海教授入选全国 10 名代表进北京领奖，并受到中央领导的亲切接见。建设期间各平台先后获省级科技奖项 14 项、丰收奖 4 项、其他重大奖项 4 项，取得青海省科技成果 96 项、专利 83 项。三级平台已发展成为十大农牧业特色产业最主要的技术支撑平台，产生了巨大的技术效应和经济效应，有力地在青藏高原上彰显了农业科技和农技推广工作的巨大价值。

青海省农牧业科技"三级平台"推广模式创新和实践，经过长达近 10 年的艰苦摸索，在青藏高原这样一个相对落后的地区，形成了一整套富有特色的现代农技推广合作共赢的经验做法，这些经验可复制、能推广，也得到了业界和社会的广泛认可。《农民日报》2014 年 11 月 15 日头版头条发表了"机制一新　满盘皆活——青海省搭建农牧业科技创新三级平台纪实"的专题报道。张桃林副部长 2014 年、2018 年先后两次来青海调研时都对三级平台模式给予了高度评价，认为青海的做法在全国产业技术体系建设当中是一个亮点，明确指出，农牧业科技创新三级平台建设不仅是科技创新和技术推广服务的综合型平台，更是理念、制度、体制和机制创新的平台。《青海日报》"中央 7 套""农技推广网"等省内外多家主流媒体上也多次就三级平台经验做法和 10 个平台典型技术和成果等进行宣传报告，累计报道 54 次。青海省农牧业科技"三级平台"推广模式符合中央、农业部对现代农牧业科技推广体系改革建设和工作推进方式方法创新的要求，突出了合作和协作，符合了青海高原特色农牧业转型升级发展的需求，展现了农业科技对现代农牧业发展的巨大推动作用，一整套模式做法上有创新、经验成果可借鉴、未来发展有前景。

第七章 增强有机饲草料供给

第一节 开展退牧还草工程

2013—2016 年退牧还草工程在国家有关部委的大力支持和省委、省政府的正确领导下，项目区按照国家对退牧还草工程的有关要求，结合实际扎实工作，并取得了显著成效。

一、工程实施情况

（一）2013—2014 年退牧还草工程

为了确保完成三江源自然保护区规划投资任务，省政府预安排围栏任务 1 950.00 万亩，补播 630.00 万亩，人工饲草地 4.50 万亩，舍饲棚圈 25 600 户，由省级财政垫资 31 593 万元，省政府预安排建设资金 60 000 万元，前期费 600 万元。与 2012 年度国家计划一并批复实施，其中 2013 年度国家给青海省下达退牧还草工程休牧围栏任务 860.00 万亩，划区轮牧 65.00 万亩，补播 277.00 万亩，人工饲草地 5.00 万亩，舍饲棚圈 13 000 户；下达中央预算内投资 29 324 万元，其中围栏建设投资 18 500 万元，补播投资 5 540 万元，舍饲畜棚 3 900 万元，人工饲草基地 800 万元，前期费 584 万元；2014 年省财政垫资围栏任务 903.00 万亩，补播 349.00 万亩，舍饲棚圈 12 600 户，项目前期费 311 万元，由省级财政垫资 29 131 万元。按照国家对各年度工程建设进度要求，完成 2013 年工程建设任务并通过了省级检查验收，完成计划任务和投资的 100%。经省州联合检查验收组检查，各项目县有效开展了政策引导，进一步厘清了工程建设思路。各项目县委、县政府领导高度重视工程建设，主管县长亲自抓落实，人大、政协领导定期不定期过问工程建设情况，从组织领导上推动了工程的有序有效建设。各地也严格执行工程建设法人负责制、招投标制、工程监理制和合同管理制的同时，因地制宜，采取了强有力的措施，可以概括为："五监督、四把关、三到位、两透明、一创新"，即县级领导、项目管理人员、监理人员、乡镇干部、牧民群众参与工程建设全过程监督，有力推动了工程的有序建设；对围栏材料及安装、牧草种子及施工、自建贮草棚、自建畜圈的数量、质量进行了严格检查把关，确保了工程建设质量；工程建设中做到了组织领导到位、监督检查到位、技术服务到位，确保了工程的顺利实施；工程建设按程序实施，建设过程透明，建设资金专款专用，使用透明，确保工程资金的安全运行；舍饲棚圈建设根据各自实际情况，充分尊重群众意愿，与三江源生态保护建设养畜舍饲棚圈项目配套建设畜圈、贮草棚，使有限的投入发挥了有效作用，创造性地开展建设工作，深受广大牧民群众的欢迎。各项目县大力支持监理人员积极有效开展监理控制工作。各县监理人员认真履行监理职责，全过程对工程质量、投资、进度进行了有效控制，及时协调业主与施工方出现的问题，不仅加快了工程进度，而且保证了工程质量。四是资金运行安全。经财务组检查，审计部门审计，各项目县在资金使用管理上能够按照《基本建设财务管理规定》《国有建设单位会计制度》和《青海省退牧还草工程专项资金使用管理办法》的要求进行账务核算和工程投资结算，做到了"专款专用、专账核算、专人管理"，财务档案管理翔实规范，未发现挪用、挤占等违纪违规现象。按照省政府决定围栏材料由省政府采购中心统一采购，经检查围栏建设按照青海省地方标准（DB63/T 437—2003）的规格、基本参数、技术要求进行建设，建设标准上达到设计要求。人工饲草地建设按照人工草地建设技术规程（DB63/T 391—2002）要求建设。牧草品种根据各地自然气候特点，可选择垂穗披碱草、老芒麦、无芒雀麦、青海中华羊茅等多年生禾本科牧草品种，进行单播或混播建植。经现场样方检查，补播当年平均出苗数达到 150~300 株/米^2，长势良好，越冬安全。翌年测产平均产草量在 500~1 100 千克/亩，均达到设计要求。鉴于各县对坡度在 25°以下、盖度 40%以下集中连片的退化草地已基本治理，对于坡度 25°以上、零星分布的退化草地继续实施牧草补播，建设难度大，建设成效难以保证的实际情况，省政府决定，改变退牧还草补播项目建设方式，将补播项目、人工饲草料基地与草原生态补助奖励机制政策落实有机结合、统筹布局、整合建设；人工饲草地建设根据《青海省加快推进饲草料产业发展指导意见》要求，按照百亩、千亩、万亩的规模合理布局、集中连片建设，杜绝零星布局、分散建设，实现全封育，发挥项目整体效益。为引导牧民从依赖天然草原放牧向舍饲半舍饲转变，舍饲棚圈建设根据目前已建成的大部分畜用棚圈均缺少贮草棚的实际，本着"缺什么补什么"的原则，玉树、果洛地区与三江源建设养畜工程配套建设贮草棚或畜圈；黄南州、海南州与省级财政支农资金牧区畜用暖棚捆绑建设畜棚，可单户建设，也可根据生态畜牧业发展要求，依托牧民经济合作社集中规划建设。项目区出现草原植被恢复较快，增草效果明显良好态势、项目实施不仅改善了草原生态环境，而且改善了牧民生产设施，促进了生产方式转变，增加了牧民收入。

（二）2015—2016 年退牧还草工程

2015 年国家下达休牧围栏草原 506.00 万亩，划区轮牧 170.00 万亩；补播改良草原 230.00 万亩，2012 年已由省财政垫资实施 120.00 万亩，本方案安排实施 110.00 万亩；人工饲草地 10.50 万亩；舍饲棚圈 22 500 户；黑土滩治理试点 20 万亩。2015 年度总投资 30 241.00 万元，其中中央下达 30 096.00 万元，省级配套 145.00 万元。2016 年国家下达投资 37 536 万元，建设草原围栏 890 万亩，退化草原改良 45 万亩，人工饲草基地 6 万亩，舍饲棚圈 0.5 万户，黑土滩治理 10 万亩，毒害草治理 10 万亩。任务已分解到县，任务投资计划已下达，目前省级实施方案已上报省人民政府报批，各项目县作业设计审查已完成，各项目招投标工作预计 2017 年 1—2 月全面开展。2015—2016 年，重点抓了五件事：一是及时批复工程设计。省政府批复实施方案后，及时组织编制工程作业设计，于 2015 年 12 月 31 日前批复了各县工程作业设计；二是下达投资计划。省发改委依据省农牧厅的批复及时下达了投资计划，省财政厅按计划逐级拨付了国家下达的工程建设资金；三是开展围栏采购、调运与安装。由于围栏采购 2016 年采用 2014 年新颁布的政府采购法采购程序，同时，根据国家财政部司法部和省财政厅"支持监狱企业发展"的文件精神，围栏标段重新划分、围栏采购公告重新发布、16 个标段废标等因素，严重影响了围栏工程进度，围栏采购 42 个标段延后到 7 月 3 日结束，10 个标段废标，近期省政府采购中心正在加紧邀请招标。完成围栏采购的标段，各地于 7 月开始与各供应商签订围栏及安装合同，8 月已逐步开始调运围栏材料，适时安装建设，力争 10 月底全面完成建设任务。四是开展牧草种子抽检工作。为确保人工饲草地工程牧草种子保质保量供给，对全省相关牧草种子经营企业储备的牧草种子品种、数量进行了检查核实，同时，对种子质量标准、包装等提出了规范性要求，为建设单位开展牧草种子招投标，确保工程种子质量提供了依据。五是开展补播、黑土滩试点的督查工作。为保证工程及时开工建设，确保工程施工质量，5月中旬结合草原重点项目督查开展了退牧还草工程项目检查，了解工程进度，发现并解决施工中存在的问题。各县工程监理人员已全部到位，工程正在有序建设，完成休牧围栏草原506.00万亩、划区轮牧170.00万亩，占计划的100%；补播230万亩，占计划的100%；人工饲草地10.5万亩，占计划的100%；黑土滩试点20万亩，占计划的100%；舍饲棚圈配套建设22 500户，占计划的100%；可完成投资27 799.00万元，占计划的100%。

从2019年回头抽查情况看，各地农牧部门对项目建设工作较为重视，项目监管工作比较到位，各项目建设单位项目管理制度相对健全，计划执行情况良好，项目实际实施内容基本与初步设计的内容一致，不存在擅自调整建设内容、建设规模、建设地点等重大变更的情况；项目投资中的中央投资已全部到位，项目都按规定进行了招投标，物资采购和资金管理比较规范；建设项目实施和工程质量管理较为严格，除围栏由于多种因素没有按期安装竣工外，大部分项目已竣工，达到了项目建设的预期目标，建设效果明显。

二、存在的问题与建议

一是年度建设规模较小。按照青海省生态保护补助奖励机制实施方案确定的目标，5年周期内在草畜平衡区还要实施1.36亿亩建设任务，在禁牧区实施1.6亿亩建设任务。为此，建议国家进一步加大青海省退牧还草工程年度建设规模，每年按2 000亩以上规模安排建设任务。

二是工程实施范围较小。2011年，国家全面启动实施草原生态保护补助奖励机制，根据国家发改委、农业部、财政部出台的《关于完善退牧还草政策的意见》（发改西部〔2011〕1856号），提出了"适当提高中央投资补助比例和标准，新增人工饲草地和舍饲棚圈建设内容，不再安排饲料粮补助，在工程区内全面实施草原生态保护补助奖励机制"，青海省严格遵循国家五部委的文件精神，努力在全省范围内推进退牧还草工程。根据国家确定的草原生态保护补助奖励政策实施区域及面积，大柴旦行委、茫崖行委、冷湖行委、西宁市4县区、海东市6县区由于尚未纳入实施范围，上述地区有2 195万亩天然草原为草原生态保护补助奖励机制草畜平衡区，由于多年未安排生态建设项目，基础设施薄弱，草原生态环境呈退化趋势，草原生态保护补助奖励机制政策落实难度较大，一直无法与退牧还草工程同步实施；2016年又将果洛州甘德县、玛多县、久治县、黄南州河南县、尖扎县、海南州同德县、贵德县等7个牧区县未纳入工程实施范围。建议国家将青海省退牧还草工程实施范围扩大到草原生态保护补助奖励机制实施区，以便在工程区内全面落实草原生态保护补助奖励机制政策。

三是建设内容需完善。在现有建设内容的基础上，建议进一步加大退牧还草工程草原配套设施建设投资力度，按补播任务的比例安排鼠害防治、毒杂草防治及撂荒地治理任务，实现围栏封育、补播改良、鼠害防治、毒杂草防治等项目同步建设，以提高退牧还草工程建设的综合效益。

四是适当放宽地方政府的自主权。国家下达的年度计划小于各地上报计划，在任务落实、工程布局和实施地点安排上有很大困难，增加了工程前期工作的难度。建议国家给地方政府更多的自主权，按照工程"五到省"的要求，有效地安排落实工程任务。

五是地方财政困难。自 2003 年工程实施以来，由于青海省各级地方财政困难，一直未落实地方配套建设资金，国家在下达投资计划时应考虑取消地方配套资金这一现实困难。

第二节　加大种草养畜力度

青海省作为首批享受国家粮改饲试点政策的省份，从 2015 年起，至今已实施粮改饲项目 5 年。5 年来青海省认真按照中央有关粮改饲工作的安排部署，着力把粮改饲工作作为乡村振兴战略的重要抓手，以"政府主导、部门推动、统筹协调、合力推进"的原则，因地制宜，分类指导，扎实推进粮改饲工作，全面完成了各项工作任务。以 2019 年为例，农业农村部给予青海省粮改饲发展草食畜牧业中央财政支农资金 7 281 万元。青海省以《关于实施好 2019 年粮改饲补贴项目的通知》（青农牧〔2019〕100 号）下达种植饲草任务 40.45 万亩、青贮饲草任务 121.35 万吨，实施了试点工作。试点范围从 2018 年的 15 县 2 场扩大到 22 县 2 场 1 集团（省三江集团）。22 县 2 场 1 集团年内实际完成饲草种植面积 66.39 万亩，完成任务目标的 164.13%；完成收储量 121.35 万吨，超额完成 2019 年农业农村部下达至青海省的粮改饲任务指标。

一、主要做法

（一）加强组织领导

青海省委将粮改饲工作纳入省委重点改革任务之一。青海省农业农村厅下发了《关于实施好 2019 年粮改饲补贴项目的通知》（含补贴方式及考核办法和考核指标体系）。在年初召开的全省农牧业工作会议上专门把粮改饲项目作为重点工作进行安排部署。并及时下拨资金。

（二）制定实施方案

在省级实施方案制定前，专门召开会议征求各项目实施县的意见，确定并优先选择具有较大规模、青贮饲草料收贮能力强的草食家畜养殖场（专业合作社）和具有稳定青贮草料供销订单的专业收贮企业（合作社）。22 县 2 场 1 集团均按规定制定了适合当地实际情况的《粮改饲项目工作方案》和《粮改饲项目实施方案》，经县级政府部门批复后上报省农业农村厅备案。

（三）提供技术支持

青海省借助全省饲草产业平台，由饲草产业平台专家组负责制定发布全省饲草作物生产技术指导意见，在饲草作物生长期间和收获青贮期间组织省、市、县三级饲草产业技术平台专家到项目县开展技术培训观摩、提供咨询服务。2019 年 9 月 28—30 日在西宁市大通县举办全省粮改饲项目青贮技术现场培训观摩班，省、市、县粮改饲项目负责人及技术人员参加培训，并邀请省内部分高校和科研院所单位有关专家现场交流指导。组织全省粮改饲项目实施县（区、场）农牧部门项目负责人到甘肃省临夏州观摩学习粮改饲全株玉米种植、收贮、利用、养殖示范点，观摩了两县在粮改饲发展过程中建立的种养一体化、养殖企业＋合作社＋农户、饲草收贮银行等模式。

（四）创新试点带动

青海省充分发挥粮改饲的政策激励引导作用，围绕种、收、贮等关键环节，调动市场主体的参与积极性，培育提高龙头企业、专业化企业和农民经济合作组织向收贮专业化方向发展。并结合基层农技推广体系改革与建设项目，建立"专家+基地+技术员+示范户"的科技创新与成果转化应用机制，实行技术员联点包干，提高技术服务效率，进一步激发了种养殖户参与项目实施的积极性。在门源县开展了"粮-经-草"生产最佳轮作模式研究、油菜与燕麦混播对提高饲草品质和土壤养分研究、门源县优质饲草引种及其关键栽培技术研究与示范等3项试验，科技支撑粮改饲试点。

二、主要模式

（一）农牧业种养结合循环发展

青海省乐都区以青海省天露乳业有限责任公司、青海万佳禾草业有限公司等养殖和收贮加工龙头企业，在粮改饲工作中饲草青贮量达到了46 659吨，占全区饲草总青贮量的75.73%，平均每户青贮饲草1.16万吨以上。这些养殖和收贮加工龙头企业充分利用各自的自身优势和特点，形成种养结合、以养促种、订单收储和社会市场收购等多种粮改饲发展模式，已成为乐都区青贮养殖一体和加工销售一体的代表，对本地发展粮改饲项目青贮饲草料储备带动效果明显。湟源县、泽库县形成了以"规模化种植、科学化加工、发展绿色养殖、畜产品精深加工、粪污有机肥加工、饲草有机种植、互联网+市场化销售"为一体的循环发展模式。

（二）"种植企业+合作社+农户"饲草产业发展

青海省充分发挥粮改饲的政策激励引导作用，围绕种、收、贮等关键环节，调动市场主体的参与积极性，培育提高龙头企业、专业化企业和农民经济合作组织向收贮专业化方向发展。如门源县顺昌农土地联营专业合作社在北山县沙沟梁村，集约130户农牧民土地2 150亩进行高标准燕麦饲草种植。农民以土地240元/亩价格入股和保底分红，饲草种植利润部分合作社与农民按4：6进行分成。湟中、大通等县结合基层农技推广体系改革与建设项目，建立"专家+基地+技术员+示范户"的科技创新与成果转化应用机制，实行技术员联点包干，提高技术服务效率，进一步激发了种养殖户参与项目实施的积极性。

（三）"土地流转+订单种植+贫困户"的饲草产业扶贫模式

青海省门源县门源麻莲草业公司采取"土地流转+订单种植+贫困户"的饲草产业扶贫模式，针对麻莲乡170户贫困户（贫困人口648人），以"订单保护价"的形式直接收购青饲草，人均增收1 094元，户均增收4 171元。湟源县整合各类项目资金，初步构建起相对完整的饲草产业扶贫试验示范园体系，形成饲草产业"点、线、面"梯度发展的格局，"核心区—示范区—辐射区"有效衔接，促进贫困户增收脱贫。

第三节　实施化肥农药减量行动

一、行动背景

为全面落实习近平总书记提出的"青海最大的价值在生态、最大的责任在生态、最大的潜力也在生态"的战略定位，实施农业绿色发展"五大行动"，高质量推进青海农业绿色发展，助力乡村振兴和大美青海建设，大力推进部省共建绿色有机农畜产品示范省，从2019年起，在全省开展化肥农药减量增效行动。

青海省情特殊、农情特殊，推进农业绿色发展，实施化肥农药减量增效行动，是贯彻落实习近平总书记"三个最大"的具体体现，是对"绿水青山，就是金山银山"理论的具体实践，是全省生态文明建设的重大制度设计，是建设国家公园省的重要载体，是乡村振兴战略的抓手，是面源污染治理的重要举措，是一项一呼百应、利及长远的探索性和创造性的长远工作，立意在生态，工作在农业，成效在市场，受益在群众，具有重要的政治、经济、生态效益和社会需求，将在全国乃至世界范围内产生重大影响。

从政治效益上看，生态文明建设是关系中华民族永续发展的根本大计。党的十八大以来，党中央、国务院把生态文明建设作为统筹推进"五位一体"总体布局和协调推进"四个全面"战略布局的重要内容，作出一系列重大决策部署，开展一系列根本性、开创性、长远性工作，提出一系列新理念新思想新战略，制度出台频度之密、监管执法尺度之严、环境质量改善速度之快前所未有，这些都为发展绿色农业提供了政策保障。省委、省政府因势利导明确提出，为全面提升农牧区农牧业绿色发展水平，部省共建绿色有机农畜产品示范省，在全省实施化肥农药减量增效行动，对于全国来说，是一项有益探索，将对全国化肥农药减量增效行动具有重要的示范作用，必将对守住绿水青山、建设美丽中国作出青海贡献。

从生态效益上看，青海地处"三江源头"，在全国具有特殊的生态地位。保护好青海的生态资源，尤其是保护好三江源中华水塔，是关系国家生态的大事，对全国生态具有重大意义，不仅永续造福青海人民，维护藏区社会稳定，更为下游乃至全国的生态建设提供保障。青海地处黄土高原、青藏高原过渡地带，地位特殊、生态特殊，被公认为世界四大超净区之一，为发展绿色农业创造了得天独厚的条件，是开展化肥农药减量增效、部省共建绿色有机农畜产品示范省的最佳适宜区。省委、省政府以生态文明理念统领经济社会发展，实施"一优两高"战略，推进高质量发展，用绿色发展的理念培育新结构，部省共建绿色有机农畜产品示范省，在全省开展化肥农药减量增效行动，对于保护好青海这片净土的生态环境、实现农牧业持续健康发展具有十分重要的意义。

从经济效益上看，青海是全国五大牧区之一，全省牛羊存栏2 000多万头只，有2 800余家规模养殖场，年可提供1 500万吨左右的有机肥原料，为发展循环农牧业，走农牧结合、种养联动之路奠定了基础。实施有机肥替代化肥，可以充分发挥有机肥原料丰富的资源优势，实行畜禽粪便的资源化合理利用，以农促牧、以牧带农，实现农牧业高质量发展。通过开展化肥农药减量增效行动，把青海建成全国重要的绿色农畜产品生产基地，在减少化肥、农药用量的同时，采取生态控制、生物防治、物理防治等绿色防控技术，减少农药残留，改善农产品产地环境，保障农畜产品质量安全，提供丰富、高质量绿色农畜产品，提升农畜产品品质，打造一批"青字牌"农牧特色品牌，实现优质优价，推动农牧业持续发展，农牧民持续增收，农牧区全面进步。

从社会需求上看，随着人民生活水平的提高，对农产品质量安全提出了更高要求，绿色健康已成为人们的普遍共识。同时，农牧民自身的意识也在悄然发生变化，追求生态、有机、减量降成本的愿望渐浓。目前，青海省化肥农药使用量实现了负增长，已具备全面实施化肥农药减量的条件，全面加快推进化肥农药减量化势在必行。

二、推进路径

（一）技术路径

通过三种技术路径，开展化肥农药减量增效行动。一是有机肥替代化肥和病虫害绿色防控技术。二是有机肥+配方肥技术（简称"有+配"），开展病虫害专业化统防统治与绿色防控融合技术。三是有机肥+配方肥+化肥技术（简称"有+配+化"），开展专业化统防统治与绿色防控融合技术。

（二）方法步骤

化肥农药减量增效行动分 3 个阶段推进。

1. 试点先行阶段（2019—2020 年）

从 2019 年开始，率先在 7 个市（州）19 个县（市、区）及 11 个国有农牧场的农作物上开展化肥农药减量增效行动试点。其中，在玉树、果洛整州开展化肥零使用、农药减量化试点，在湟源县和贵南草业开发有限公司进行整县（场）推进。到 2020 年，推广面积达到 300 万亩，占全省农作物总播种面积 830 万亩的 36% 以上；"有+配"推广面积 200 万亩以上，占总播面积的 24% 以上；"有+配+化"推广面积 330 万亩，占总播面积的 40%。

——2019 年，有机肥全替代化肥及绿色防控试点面积 114 万亩，占农作物总播面积的 14%；"有+配"推广面积近 216 万亩，占总播面积的 26%；"有+配+化"推广面积 500 万亩以上，占总播面积的 60%。试点地区"全替代"达到 100%，实施农作物病虫害绿色防控技术；全省化肥农药较 2018 年减量 20% 以上。

——2020 年，在第一年有机肥全替代化肥及绿色防控试点 114 万亩的基础上，再扩大试点面积 186 万亩，试点总面积达到 300 万亩，占农作物总播面积的 36%；"有+配"推广面积 200 万亩以上，占总播面积的 24%；"有+配+化"推广面积 330 万亩，占总播面积的 40%。全省化肥使用量减少 40% 以上，农药使用量减少 30% 以上。

2. 扩面增效阶段（2021—2022 年）

大幅度增加化肥农药减量增效面积，降低"有+配+化"推广比例。到 2022 年，有机肥替代化肥、实施绿色防控的面积达到 700 万亩以上，占农作物总播面积的 84%；全省化肥使用量减少 80% 以上，农药使用量减少 50% 以上。

3. 提档升级阶段（2023 年）

从 2023 年开始，力争全省农作物有机肥替代化肥全覆盖。大力推广物理防治和生物防治技术，实现绿色防控全覆盖，全省农药使用量减少 60% 以上。

（三）布局安排

遵循"因地制宜，分类指导"的原则，按照化肥农药减量增效的要求，积极打造"政府支持、企业参与、农民主导"三位一体的供肥用药体系，分阶段、分地区、分作物采取不同技术模式推动。

试点阶段重点布局在西宁、海东、海西、玉树、果洛5个市（州），兼顾海南、海北2州，在玉树、果洛整州开展化肥零使用、农药减量化试点，在湟源县和贵南草业开发有限公司进行整县（场）推进。试点作物为青稞、小麦、马铃薯、蚕豆、藜麦、油菜、露地蔬菜、设施果蔬、枸杞、药材等11种作物。

（四）补贴政策

财政补贴资金主要用于3个环节：一是用于有机肥替代化肥和有机叶面肥增加的生产成本；二是用于化肥农药减量造成农作物产量损失的补贴；三是用于农作物病虫害绿色防控技术应用的部分补贴。

分析化肥农药减量使用后，农业生产资料投入成本比单纯使用化肥农药增加较多的实际，政府需予以适当补贴。在补贴标准上，采取分作物差别化补贴的办法。在补贴方法上，采取5年为周期的预期补贴方法。在资金筹措方式上，采取"政府扶持、地方配套、群众自筹"多方筹资方式。具体筹资办法：分3个阶段，逐阶段减少政府补贴比例，直至完全市场化运行。项目实施县要严格实行专账管理，确保补贴资金足额落实到位。

1. 试点先行阶段（2019—2020年）

在试点阶段，考虑群众的接受程度，按照有利于推广的原则，政府应加大资金扶持。建议：政府补贴商品有机肥，地方配套有机叶面肥，农民适当自筹病虫害绿色防控费用。

2. 扩面增效阶段（2021—2022年）

通过试点阶段，群众接受程度将进一步提高，技术推广经验得到一定积累，农产品优质优价逐步显现，品牌推广进一步扩大，政府补贴资金适当压减。

3. 提档升级阶段（2023年以后）

通过试点和扩面，群众将普遍接受化肥农药减量使用的生产方式，并自觉地应用于绿色生产当中，形成一整套绿色生产技术推广模式，农产品绿色有机品牌凸显，优质优价充分体现，农牧民收入逐步增加，政府完全以引导性补贴为主。

（五）防控风险

为防范化肥农药减量增效行动中发生的不可预见的风险，建立突发重大病虫草害防控预案和防范农产品市场风险预案。

1. 建立突发重大病虫草害防控预案

一是农业技术推广部门要加强对农作物重大病虫草害发生发展情况的监测预警，及时发布病虫草害预警信息，指导广大农民和新型经营主体进行科学有效防控。二是一旦发现或发生迁飞性虫害、暴发性病害时，要及时调查确定发生的范围、作物及为害程度，并在第一时间制定应急防治措施。三是组织专业化防治队伍开展统一应急防治，也可采取政府购买服务的方式进行防控。四是及时划定区域，采取果断措施，使用低毒高效化学农药，迅速控制病虫危害，将病虫害造成的经济损失降到最低程度。五是将试点地区的试点作物全部纳入农业保险范围，因发生重大病虫草害造成作物减产减收时，由保险公司给予适当赔付，确保农民减产不减收。

2. 建立防范农产品市场风险预案

一是充分发挥区域优势，因地制宜、合理安排区域种植结构，搞好优质农产品合理布局，建设优质、专用商品生产基地，引导和促进农产品走规模化、产业化经营的路子。二是实行订单农业，鼓励产业化龙头企业与农户直接签订优质农产品产销合同，协商制定价格，加强优质农产品产销衔接，防止优质农产品出现"卖难"。三是加强对农产品优质优价政策和特色品牌的宣传，提高优质农产品知名度和市场占有率，增强农民对农产品的质量意识，实现优质优价，提高发展优质农产品的自觉性和积极性。青海省有机肥料生产企业情况统计见下表。

表 青海省有机肥料生产企业情况统计 　　　　　　单位：万吨/年

序号	企业名称	年设计生产能力	年实际生产能力
1	青海恩泽农业技术有限公司	10	9
2	海晏宏源生态建设工程有限公司	3	1.5
3	青海禾田宝生物科技有限公司	10	6
4	青海都兰茂丰生物有机肥料有限责任公司	10	4
5	青海昊农生物科技有限公司	8	5
6	青海三江一力农业集团有限公司	2	1.5
7	青海天空牧场生物科技有限公司	5	4
8	青海众禾农业开发有限责任公司	2	0.8
9	青海三夫农牧科技有限公司	2	1
10	治多县治隆百合生态农牧开发商贸有限公司	3	2
11	格尔木盛农复混肥有限责任公司	3	2
12	青海化青生物科技开发有限公司	3.5	2.5
13	青海大德乾肥业有限公司（有机-无机复混肥）	10	3
14	青海余禾生物有机肥料厂	2	2
15	青海省门源种马场	1	0.12
16	青海省三江生物有机肥有限责任公司	6	2.6
17	青海瑞盈生物科技有限公司	10	6
18	青海环友农业科技有限公司	10	6
19	海北祁连山绿色有机生物科技开发有限责任公司	5	3
20	青海开泰农牧开发有限公司	10	6
21	青海省湟中县海宁合资化肥厂	7	3
22	青海延春农牧科技有限公司	3	1.5
23	海西和润生物制造有限公司	20	8
24	青海金润禾丰农牧科技有限公司	2	1.5
25	治多县治隆百合生态农牧开发商贸有限公司	3	2
26	青海祥禾农业技术有限公司	2.5	2
27	青海楠迦生态环境开发有限公司	20	5

第四节　强化有机饲料生产供给

近年来，在认真贯彻省委、省政府"生态立省"战略的历史机遇，深入贯彻落实国务院依据《饲料和饲料添加剂管理条例》《国务院办公厅转发农业部关于促进饲料业持续健康发展若干意见的通知》精神，使青海省的饲料工业发展成为多部门、多行业和多种经济成分组成的一个不可缺少的新兴产业，截至目前年饲料加工能力63万吨，基本达到了"十三五"年饲料加工能力65万吨以上发展目标，完成州县级饲草料储备库建设等工作，使全省饲料生产和转运能力能保障畜牧业生产的需求。但由于全省经济水平和自然地理条件等原因，尚有部分目标未完成。

近年来，根据农业部下达的"全国饲料产品质量安全监督检测工作"任务和"青海省饲料产品质量安全检测"任务，共对全省5个州（市）、16个县（市）累计近1 000家饲料生产企业、经营企业和畜禽养殖场所的1 600批饲料产品进行抽样，共检测53个指标，其中营养指标39项，卫生指标13项，非法添加1项（三聚氰胺）。

违禁药物检测情况。青海省饲料用药状况总体比较安全，特别通过开展饲料和畜产品中"瘦肉精"等违禁药物专项整治计划，饲料、饮水及尿液样品中违禁药物检测指标22项，限用药物检测指标4项，共计26个指标，5年来累计检测4 000批次，均未检测出违禁药物，限量用药均未超标，违禁药物盐酸克伦特罗等检出率连续5年为零。

反刍动物饲料中牛羊源性成分监督检测和饲料标签情况。自开展反刍动物饲料中牛羊源性成分例行检测抽样以来，兽药饲料监察所承担反刍动物饲料抽样工作，3年来，共抽样360批次，经部级中心检测，未检出牛羊源性成分。

青南牧区牲畜越冬饲料产品质量检测情况。"青南牧区牲畜越冬饲料贮备项目"，近5年来共监督检测样品250余批次，通过对饲料企业生产的牛羊配合颗粒饲料产品和饲料原料的监督检测，产品合格率达到98%，对检出的不合格产品，每批进行跟踪检测，并列入重点监测对象，有力地保证了调运饲料产品的质量。

首次通过农产品质量安全检测机构考核。依据《农产品质量安全法》第三十五条规定，考核组对兽药饲料监察所实验室环境、人员、管理体系、记录等方面进行现场检查评审，检测能力范围涉及五大类181个参数，其中饲料及饲料添加剂参数105个。2019年11月首次通过农产品质量安全检测机构考核，标志着兽药饲料监察所成为"双认证"省级检测机构，为今后出具检测报告的合法性提供法律依据，对开展农业投入品检测具有重要意义。

制定青海省高寒牧区越冬饲料产品标准。2019年针对青海省目前尚无高寒牧区越冬饲料产品标准现状，结合当地实际，兽药饲料监察所联合科研院所、青海省饲料工业协会和行业专家，制定《青海高寒牧区牛羊越冬饲料团体标准》，为该地区牲畜安全越冬提供了技术依据和质量标准。

近几年来，协助厅相关处室对西宁、海东、海南、海北、海西、果洛6个市（州）14个县（区）的饲料生产企业许可进行审核，共审核饲料生产企业30余家。为进一步规范饲料生产，对有效提高饲料生产产品质量打下了良好基础。近期配合厅畜牧业处开展全省饲料行业扫黑除恶专项斗争突出问题整治和乱象乱点依法治理工作，对全省5市（州）13县（区）57家饲料加工点和经营门店开展执法检查。同时，对有质量安全隐患的饲料产品和原料抽样 68 批，寄送中国农业科学院饲料研究所进行饲料质量安全风险预警筛查，均未筛出非法添加物。

积极参加能力验证及实验室比对，提高自身检测水平。在开展业务工作的同时，积极组织人员参加全国检验检测机构实验室比对。累计参加能力验证及实验室比对 8 次，参加考核人数达 35 人次，完成中国食品药品检定研究院、国家饲料质量监督检验中心组织的粗蛋白、粗脂肪、粗灰分、喹烯酮、黄曲霉素 B$_1$、玉米赤霉烯酮、发芽率、水分、氨基酸、维生素、三聚氰胺、铅、镉等 30 个项目能力比对，检验人员检测水平得到进一步提高。

加强对基层从业人员培训，提高基层管理和检测水平。兽药饲料监察所按照培训计划，每年派出 50 人次对全省农产品质监站、饲料兽药生产企业质量管理和检验人员进行法律、法规及检验技术培训，培训相关人员 500 人次，提高了从业人员的法律意识和产品质量保证水平。累计派出 20 人次协助厅农产品质量安全局赴各州县开展农产品质监站检测设备项目验收工作，验收同时指导操作人员如何正确开展仪器设备日常维护，保证州县农产品质监站检测设备正常运转。

第五节　提升牧业防灾储备能力

为加强多灾易灾地区畜牧业基础设施建设，建立和完善防灾抗灾保障机制，切实提高防灾减灾水平，促进畜牧业稳定发展，着重体系建设和机制创新，主要有以下考量。

一、构建饲草料储备体系

按照户有储草间、村（社）有储草棚、乡镇有区域储备库、县有储备站、州有储备中心的标准建立五级储备体系。

1. 牧户储草间

由牧户自建自有自储自用，储备容量应达到 10 天以内的补饲标准（每个羊单位每天 1 千克青干草和 100 克精饲料作为最低保活标准计，下同），主要作为即时防灾饲草储备。

2. 村（社）储草棚

由村集体或专业合作社共建共享，储备容量应达到 10 天以上的补饲标准。主要作为短期防灾饲草储备，由村委会（或合作社）日常管理并调度使用。

3. 乡镇区域储备库

分区域按覆盖面在全省多灾易灾区建设 19 个区域饲草料储备库。每个区域库储备饲草按 200 吨和 100 吨饲料容量标准建设，主要作为抗灾饲草料调剂库使用，由县农牧部门统一调剂使用。

4. 县级储备站

对 16 个县级储备站进行改扩建，饲草按 200 吨和饲料 100 吨储备，主要作为区域间抗灾救灾饲草料调剂库，由县农牧部门使用。

5. 州级储备中心

改扩建 6 个州级储备库，饲草 500 吨和饲料 200 吨储备，主要作为县域间救灾饲草料的调剂，由州级农牧部门统一管理使用。

二、建立饲草料储备新机制

1. 推行饲草料梯次储备

实行五级饲草料储备制。推进藏"草"于民，草料储备重点下沉到户、村、乡级，主要用于防灾；乡镇区域库草、料兼顾，主要用于抗灾；县、州两级储备的草料，主要用于救灾。牧户储草通过种植、自购等方式解决，村级储草通过打储草、基地种草等方式解决，资金由户、村自筹为主，政府可通过项目扶持等多种形式予以补助。乡镇级储草实行政府一次性投入，遇灾使用后由救灾资金填平补齐；无灾时出售周转，及时更换，耗损部分由县级财政安排资金补充。乡镇级储备草料实行"到期动用"，按"黄金20"规则使用，即户、村两级遇灾补饲超过20天时方可由乡镇政府向县级农牧部门申请启用乡镇级储备库饲草料。州、县、乡三级储备的饲草料遇灾动用后由省、州、县财政安排救灾资金购置饲草料补库。

2. 建立饲草料储备滚动发展机制

各州、县饲草料储备实行定点储存、专项管理的原则，结合实际情况建立饲草料储备滚动发展机制，并报农业农村厅畜牧业处备案。各州、县通过引进或遴选饲草料企业或合作社承担储备库运转，并确保灾情期内储备饲草料量。各级财政安排的畜牧业生产救灾资金，按市场价储备救灾饲草料，发生灾情时，由各州、县农牧部门按灾情等级确定救灾饲草料量，并无偿调拨。来年由各级财政安排救灾资金，购置饲草料补充储备库储备缺口。未发生灾情时，在第二年4月由企业或合作社按市场运行机制自行售卖，开展经营，在第二年10月底前补足饲草料储备量，在储备和经营过程所发生的损耗等费用，由企业或合作社通过经营中弥补，损耗较大的根据实际情况，由各级财政给予适当的补助。

3. 丰富饲草料储备种类

饲草储备实行当地种植饲草、青贮草或购置饲草"并储制"，精料储备除工业化饲料外，可适量储备青稞、燕麦等当地饲料原粮，以实现"救""用"两便。

三、建立避灾评估机制

全面促进"以防为主"方针的落地，树立重防轻抗、奖防不奖抗的"避灾畜牧业"理念。

1. 制定专项预案

省、州、县农牧业主管部门，按照"启动有序、运作有力、信息有据、重建有方"的总体要求，在防灾减灾应急预案指导下，制定各地《多灾易灾区畜牧业防灾抗灾应急预案》。

2. 推行科学评估

各级政府要建立救灾成本评估机制。根据气象预警，对可能发生灾害，且饲草料等物资运送成本过大的区域受灾畜群，引导牧民群众减少远牧、避灾放牧；对易灾多灾地区，且救灾成本-收益严重倒挂的畜群，应充分和牧户沟通，应坚持转出和出栏为主。建立以牲畜"少存多出，少死多活"为导向的防灾抗灾评估机制，对防灾成效突出、灾情损失小的地区予以鼓励，对灾前防备不利、灾时应对无措、灾后虚报数据的地区实行追责。

四、强力推进饲草产业发展

1. 加强饲草种植

坚持把"圈窝子"种草作为救灾储备饲草的重要来源，给予优先补助、扶持。鼓励各类养殖主体发展饲草种植基地，鼓励合作社、企业、牧户等种植主体建立集中连片饲草种植基地，稳定抗灾救灾的饲草供应。

2. 加大"粮改饲"力度

进一步争取国家支持，扩大牧区及多灾易灾地区粮改饲，加大燕麦、玉米等饲草料作物的青贮力度，推进饲草和青贮饲草以 50 千克左右的轻便化小包装产品为主。

3. 建立饲草料配送中心

按照"先建后补，谁建补谁"的要求，鼓励各类市场主体建立健全饲草种植、加工、收储、运输为一体的配送中心，全面提升牧区饲草配送能力。协调有关部门建立饲草料调运的绿色通道。

4. 扶持饲草料加工企业

加大防灾饲草料的州-县、县-企对接力度，县、州储备库探索建立政府建库、企业用库新机制。扶持饲草料企业进行技术改造和能力升级，提高防灾饲草料的生产加工能力。

第八章 提升牦牛藏羊种质水平

第一节 加快牦牛良种培育

一、牦牛育种工作的重要性

（一）良种事业关系畜牧业发展大计

良种是现代畜牧业的物质基础和可持续发展的关键，畜牧业每一次突破和跨越，都是以良种革命为先导。世界畜牧业发达国家的实践表明，良种对生产发展的贡献率达40%以上。畜禽良种是畜牧业发展最重要的生产要素，畜禽新品种选育能够实现自主创新，促进畜牧业可持续发展。"国以农为本，农以种为先"。青海省是畜牧业大省，大力发展畜禽良种工程是实现畜牧业健康和可持续发展的基础。

（二）牦牛是青藏高原特有的牛种

牦牛是青藏高原及毗邻地区特有的畜种和宝贵的遗传资源，是唯一能充分利用青藏高原牧草资源进行动物性生产的牛种，是牧民重要的生活资源和生产资料，与当地藏族及其他少数民族的生产、生活、文化、宗教等有着密切的关系。温家宝总理曾在2001年10月7日作出重要批示："牦牛产业开发很有前景，但要注意运用科学技术，遵循市场经济规律，这件事办好了有利于藏区经济发展"。全国有牦牛1 400万余头，占世界牦牛总数的92%，居世界第一位。我国牦牛主要分布在青海、西藏、四川、甘肃、新疆、云南。青海有牦牛约500万头，是牦牛第一大省。因此，大力发展牦牛产业，提升牦牛科技水平，对青海省打造"世界牦牛之都"，促进青藏高原区域经济发展和农牧民增收具有重要意义。

（三）牦牛生产性能退化，影响牧民的收入

近些年来，由于牧民盲目追求牦牛饲养数量，粗放的掠夺式经营管理和不注重公畜选择与交换，缺乏有计划的选育，致使牦牛表现出体格变小、体重下降、繁殖率低、抗病力弱、死亡率高，呈现出生产性能较低且逐年退化的现象。

（四）牦牛育种和推广工作是一项公益事业，任务长期而艰巨

牦牛的生存环境和生理机能决定了其饲养方式以放牧为主，生长缓慢、饲养周期长、饲养条件艰苦，特别是牦牛的良种培育，饲养成本更高，这是市场解决不了的，也是个人做不了、企业不愿意做的事。青海省大通种牛场以牦牛育种事业为己任，通过几代领导毫不动摇地坚持育种方向、全国牦牛专家的辛勤工作和本场职工的艰苦努力才培育出"大通牦牛"新品种，并通过新品种改良家牦牛和科学养殖技术的推广，受益的是千家万户的农牧民，社

会效益远大于经济效益。

（五）牦牛改良复壮是一项惠民工程

利用野牦牛改良家牦牛的"牦牛品种改良技术"被国家农业部列入"十五"重点推广的 50 项技术之一。从 2002 年起，根据青海省进行农牧业和农牧区经济结构调整及产业调整的精神和"百万牦牛复壮工程"的要求，青海省财政厅下达了"大通牦牛推广"项目，由青海省农牧厅主管，大通种牛场具体承担，每年向全省牦牛主产县（区）提供 2 000 头以上的大通牦牛种公牛，5 万~10 万支冻精，每年可复壮 12 万余头牦牛，在抑制牦牛退化，促进牦牛产业的可持续发展等方面已初见成效。

二、牦牛育种典型工作解析

在牦牛育种工作方面，青海省大通种牛场工作尤为突出。特以种牛场工作现状为例，介绍青海省牦牛育种工作。

（一）成功培育了世界上第一个人工培育的牦牛新品种

自 20 世纪 80 年代起，大通种牛场和中国农业科学院兰州畜牧与兽药研究所全面开展了牦牛新品种培育工作，连续执行农业部"六五""七五""八五""九五"重点科研项目，历经 20 多年成功培育出了牦牛新品种。该品种于 2004 年 12 月通过了国家畜禽品种委员会的审定，2005 年 3 月 8 日农业部发布公告（第 470 号）予以批准，正式命名为"大通牦牛"。该品种是世界上第一个人工培育的牦牛新品种，是以我国独特的野牦牛遗传资源为基础，依靠自己独创技术培育的具有完全自主知识产权的牦牛新品种。大道牦牛的成功培育填补了世界牦牛育种史上的空白，为今后提高牦牛生产性能开辟了新的道路。

（二）大通牦牛及技术推广取得巨大的社会效益

自 2005 年以来，在青海省"百万牦牛复壮工程"中，向全省 39 个县累计推广大通牦牛种公牛 1.95 万头，并辐射到新疆、西藏、内蒙古、四川、甘肃等全国各大牦牛产区，据不完全统计，大通牦牛改良后裔在推广区已达 130 万头以上。据跟踪调查，结果显示大通牦牛改良后代各年龄段体重比当地家牦牛提高幅度都在 15% 以上，并表现了很强的高山放牧能力和显著的耐寒、耐饥饿和抗病能力，越冬死亡率小于 1%，体形、外貌、头形、角形、毛色都具有大通牦牛的特征。调查中牧民反映，大通牦牛后裔出生后在短时间内就能站立起来；不易生病；二岁牛与同龄家牦牛相比屠宰产肉率高，收购价比同龄家牦牛高出 400~500 元，深受牧民群众的欢迎。取得了巨大的社会和经济效益，得到了国家有关部门的充分肯定。2005 年"大通牦牛培育技术"荣获甘肃省科技进步一等奖；2006 年"青海省牦牛改良技术推广"荣获农业部"全国农牧渔业丰收奖"一等奖；2007 年"大通牦牛新品种及培育技术"荣获国家科技进步二等奖；2010 年"青藏高原牦牛良种繁育及改良技术"荣获农业部"全国农牧渔业丰收奖"二等奖；2010 年"牦牛皮蝇蛆病防治新技术示范推广"荣获农业部"全国农牧渔业丰收奖"二等奖；2013 年"大通牦牛推广项目"荣获青海省科技进步三等奖；2015 年"牦牛人工授精技术试验与示范项目"获青海省科技成果认证。2011 年以来农业部连续将大通牦牛确定为我国青藏高原及其毗邻高山地区的主导品种。

在冻精利用方面，多年来生产制作良种牦牛冻精达 103 万粒（支），推广投放到生产及各项研究中约 96 万粒（支），冻精辐射到国内西藏、新疆、甘肃、四川、云南等地区，国外提供到欧共体、世界粮农组织、俄罗斯、尼泊尔、蒙古国、不丹、德国等国家和区域。

（三）技术推广及服务工作取得显著效果

大通种牛场每年派出技术骨干，深入示范县、乡、村，集中牦牛养殖户进行牦牛养殖管理技术培训。针对青海省牧区地处偏远，交通不便，牦牛生产方式落后和牧民群众对牦牛养殖实用技术迫切需要的实际，紧密结合牦牛养殖各生产环节，采取"进牛群、入牧户"的办法，有计划地抓好牦牛养殖实用技术培训和技术服务，指导养殖示范户搞好补饲、防疫、产犊等环节的工作，帮助他们解决养殖过程中遇到的技术问题。在减少牧民开支的情况下实现了"家门培训、现场展示、就地使用"的实用技术快速进村、入户的工作目标，平均每年培训牧民 300 人次，提高了牧民牦牛养殖技术水平，取得了良好效果。

在开展培训工作的同时，在乌兰、共和、海晏、刚察 4 个示范县建立了 5 个大通牦牛整村推广示范村，起到了很大的示范引领作用。

（四）为牦牛科学试验研究作出了贡献

多年来，大道种牛场与北京农业大学、甘肃农业大学、兰州畜牧与兽药研究所、青海大学农牧学院、青海省畜牧科学院等科研院所建立了长期的合作关系，建立了重要的牦牛研究试验基地，每年接纳科研人员和大专院校实习生，进行牦牛科研和饲养管理实验工作。在野牦牛驯化、冻精制作、牦牛人工授精、良种选育和饲养管理等方面形成了一套比较完整的技术理论。实现了牦牛发展史上的许多首创之处。首次成功地将家牦牛的野生近祖——野牦牛驯化为改良复壮家牦牛的种用公牛，并且于 1982 年人工采精成功，制作了野牦牛冷冻精液；首次成功地应用"低代牛横交理论"，将野家 F1 所表现的杂种优势，通过 F1 横交将其优势性状进行固定，使群体的质量性状和重要的经济性状特别是体型、外貌、毛色等快速趋于一致，明显显示了品种特征，缩短了育种周期；首次在牦牛育种中大面积地应用人工授精技术并取得了显著成绩；首次于 1993 年提出了导入野牦牛血液提高家牦牛生产性能的配套技术"牦牛复壮新技术"，通过部级鉴定，并在国内外牦牛产区广泛推广应用；首次比较系统地从多方面探讨了野牦牛对家牦牛的复壮机理，阐明了野牦牛的育种价值；首次建立了牦牛育种、复壮繁育体系。

第二节　开展藏羊改良选育

青海省畜禽遗传资源丰富，是我国牦牛、藏羊等特色畜牧业生产大省。农业农村部高度重视畜禽遗传保护利用，鉴定通过了欧拉羊畜禽遗传资源，审定通过了大通牦牛、阿什旦牦牛两个牦牛新品种，利用畜禽良种工程和畜禽种质资源保护费项目，支持建设了青藏高原牦牛和藏羊保种场。

青海省三角城种羊场是青海毛肉兼用细毛羊的原种场和青海毛肉兼用半细毛羊的扩繁基地，以培育、繁育、推广良种羊为工作重点。1952 年进行绵羊杂交改良试验。1956 年正式开展开始有计划、有步骤的绵羊育种工作。1956 年育成并经省政府命名为"青海毛肉兼用细毛羊"新品种，在海拔 3 200～3 900 米的高寒牧区，终年放牧缺少补饲的条件下，具有良好的生产性能。

青海毛肉兼用细毛羊是青海省三角城种羊场培育的地方品种，该品种适宜终年自然放牧、饲养，具有良好的适应性和较高的生产性能。成年公羊平均毛长（9.6±0.92）厘米，平均体重（80.81±5.90）千克，污毛量（8.6±1.01）千克；成年母羊平均毛长（8.67±0.60）厘米，平均体重（47.98±3.24）千克，污毛量（4.69±0.64）千克。羊毛品质好，纺织性能优良，现场鉴定主体支数为64~70支，实验室测定主体为66支，占88%。该品种自育成至今，已累计向社会提供优质种羊30余万只，特别是近几年，为"青海省百万细毛羊工程"和"西繁东育工程"作出了积极的贡献。

藏羊

同时，青海各地进行大胆的藏羊选育工作，如进行青海细毛公羊与青海藏羊杂交改良试验，特克塞尔、陶赛特公羊与青海藏系羊杂交改良试验，青海小尾寒羊与藏羊杂交后代初生重比较试验分析，欧拉羊杂交改良高原型藏羊效果试验分析等研究。

2012年，青海省继续加强种畜禽场建设，加大藏羊等优良品种引进推广力度，努力提高牲畜良种覆盖面，提升畜群整体生产性能。在海晏、刚察等地建设了6个藏羊种羊场，使藏羊本品种选育面扩大到75万只，比2017年增加22.5万只，占藏羊能繁母羊比例为12.85%；细毛羊、半细毛羊巩固面和肉羊改良面扩大到98万只，比2017年增加3万只；绒山羊改良面扩大到60万只，比2017年增加2万只。

第九章　创建青海绿色有机农畜产品示范省

2018年7月23日至24日，中国共产党青海省第十三届委员会第四次全体会议在青海西宁召开，提出了"坚持生态保护优先、推动高质量发展、创造高品质生活"的"一优两高"战略，为青海未来发展制订了计划，描绘了蓝图。省委、省政府按照农业农村部关于农牧业提质转型的要求，调整思路、谋划工作。春节前，特派专业骨干人员专门围绕化肥农药减量增效、牛羊可追溯体系建设等问题进行了深入的调研和广泛的论证，在此基础上决定创建绿色有机农畜产品示范省，打造"生态青海、特色农牧"品牌。

第一节　推进战略设计

一、大力发展高原特色绿色有机农畜产品

推进国家级、省级特色农产品优势区和现代农业产业园建设工作。创建全国绿色食品原料标准化生产基地、全国绿色食品有机农业一二三产业融合发展园区。加大绿色食品、有机农产品认证和农产品地理标志登记保护力度，创新培育手段、强化政策引导，激发生产经营主体认证绿色有机农畜产品的积极性。完善特色农畜产品标准体系，实现青海主要绿色有机农畜产品在农产品产地、生产过程、检验检测、包装标识等方面有标可依，加快推进特色产业产品行业标准制定步伐。推进农牧业产业化联合体发展，培育高起点、高标准、高质量产业化联合体。组建牦牛、冷水鱼、青稞等产业联盟，推进高原特色优质农畜产品走向国内国际市场。

二、建立健全牦牛藏羊原产地可追溯体系

按照统一追溯模式、统一追溯标识、统一业务流程、统一编码规则、统一信息采集的要求，推进牦牛藏羊原产地可追溯体系建设。建立牦牛藏羊追溯管理平台，实施追溯工程，实现高品质有机牦牛藏羊产销可对接、信息可查询、源头可追溯、生产消费互信互认机制。支持将农产品追溯与农业项目安排、农业品牌推荐、农产品认证和农业展会"四挂钩"，调动企业实施追溯的积极性。加强基层监管机构能力建设，整合发挥农产品质量安全检测机构的技术支撑能力，逐步充实基层监管机构专业技术人员，不断织密编牢农产品质量安全监管网。开展农产品合格证试点，逐步实现规模生产经营主体的农畜产品进入批发、零售市场或生产加工企业附带合格证。

三、做强农畜产品特色品牌

实施农业品牌提升行动，立足青海牦牛、藏羊、青稞、冷水鱼、枸杞等优势主导特色产业，培育壮大一批特色知名品牌，做强农畜产品区域公用品牌、企业品牌、农畜产品品牌。深入挖掘青海农畜产品的地域特色、品质特性，充分利用各种传播渠道，加大"青字号"

品牌宣传力度，讲好青海品牌故事，提升市场认知度和美誉度，培育一个全省性的地理标志产品。开发利用多种形式的促销营销平台，借助现代信息技术，促进青海农畜产品市场营销，提升市场占有率和影响力，推进优质优价机制的形成。加大商标注册保护力度，严厉打击伪劣假冒产品，规范市场秩序，切实发展好、保护好青海绿色有机这块"金字"招牌。

四、实施化肥农药减量增效行动

从 2019 年开始，在 7 个市（州）19 个县（市、区）和 11 个国有农牧场开展化肥农药减量增效行动试点。第一年有机肥替代化肥及绿色防控试点面积 114 万亩，全省化肥、农药使用量减少 20% 以上。健全农药监管体系，严格农业投入品生产和使用管理，建立农业投入品电子追溯制度，广泛运用物理防治和生物防治技术，落实农艺措施。开展饲料安全风险预警监测及饲料添加剂产品质量检测，规范使用饲料添加剂，减量使用兽用抗菌药物。开展耕地环境调查监测和耕地土壤质量类别划分，分区域开展退化耕地综合治理，推进污染耕地分类治理，加强耕地质量保护与提升，推动建立合理轮作制度，实施高标准农田建设，开展农田水利设施维护。健全基层农业技术推广服务体系，推广水肥一体化技术，完成设施蔬菜、枸杞"水肥一体化"技术。支持有实力的有机肥生产企业，充分利用丰富的畜禽粪污资源，提升加工转化能力，推动畜禽粪污废弃物肥料化利用。

五、推进农牧业循环发展和废弃物资源化利用

在东部农业区选择 2~3 个农区秸秆大县，建立网络化的收储网点，建设农作物秸秆综合利用示范县，推广秸秆肥料化、饲料化、基料化、燃料化、原料化综合利用模式。大力发展草牧业，扩大粮改饲范围，加大饲草料基地建设力度，推进粮饲统筹、种养结合、草畜联动，以农促牧、农牧互补、循环发展。整县推进畜禽养殖废弃物处理和综合利用，利用丰富的有机肥资源，促进有机肥加工，优化种植结构。以省级规模养殖场为重点，开展粪污资源化利用设施设备提升改造，建立收集加工配套和牲畜粪污循环利用机制，促进农牧结合循环发展，转变农业发展方式。鼓励农业循环经济产业链中的种养大户、家庭农牧场、农民专业合作社、生态畜牧业合作社和龙头企业等新型经营主体开展多种形式的联合和协作。完善废旧地膜和包装废弃物等回收处理制度，建立"政府主导、部门分工、协同共管、社会化运营"的农兽药包装废弃物等回收处理体系，严格农兽药生产者、经营者和使用者对废弃物回收处理的责任义务。推行规模养殖和屠宰加工畜禽废弃物无害化处理，在西宁市、海东市、海西州、海北州建设无害化处理场和隔离观察场。

六、完善农牧业科技服务体系和智力支撑

开展农技协同推广，完善农牧业科技推广三级平台，促进青海农牧业科技平台与国家重点科研单位的合作，强化绿色发展科技瓶颈问题的攻关。借助国家基层农技推广体系改革与建设补助项目，加强基层农技推广体系建设，为示范省建设提供智力支撑。推进农业有害生物监测站、网络平台和省市（州）县三级动物疫病防控体系建设，加强农业有害生物监测与防控。推进种养业良种工程建设，支持农作物及特色畜种良种繁育基地建设。依托青海保种场、良种繁育推广场，良种站等单位，实施牦牛藏羊提纯复壮工程，扩大藜麦、青稞等新品种的推广及应用范围。打通与农业保险服务体系的对接通道，增强不同资源平台的协同效应。

第二节 奋力开拓局面

自《农业农村部青海省人民政府共建绿色有机农畜产品示范省合作框架协议》签订以来，青海省农业农村厅主动入位、积极跟进、强化与农业农村部沟通衔接，各项工作推进顺利。

绿色有机农畜产品示范省建设是一项全局性、创新性、科技性、连续性、政策性、群众性都很强的工作。实践中，要抓好化肥农药减量增效行动这个关键，要兼顾建设质量追溯体系、建设品牌保护体系、建设循环利用体系和科学技术支撑体系。

投入品减量化。实施化肥农药减量增效行动，完成全省化肥农药减量增效试点行动计划面积 108 万亩，政府采购有机肥 21.39 万吨，在 19 个县（区），针对 11 种农作物落实田间试验 59 个。建设了浩门农场小油菜、湟源马牙蚕豆等 8 个全国绿色食品原料标准化生产基地。祁连、河南、泽库等 12 县通过有机监测认证的草原面积达 6 916 万亩，建设有机生态畜牧业生产基地 63 个，成为全国规模最大的有机畜牧业生产基地。

追溯产地化。投入财政资金 7 000 万元，实施牦牛藏羊原产地"121"可追溯工程。按照试点先行、分步推广的原则，在 10 个县、200 个合作社和规模养殖场、10 个屠宰加工企业对 210 万头只商品牦牛藏羊实施原产地可追溯试点工程，补短板、创品牌，实现高品质有机牦牛藏羊产销可对接、信息可查询、源头可追溯、生产消费互信互认。

废弃物资源化。实施全膜覆盖栽培技术推广与残膜回收，回收残膜全部实现资源化利用，农田残膜回收率达到 89%。投资 1 000 万元，在民和、乐都开展畜禽养殖废弃物资源化利用整县试点建设，对不同畜禽、不同规模、不同模式的粪污处理技术进行示范和典型培育，不断提高粪污处理利用水平；在海西、海南、海北禁养区外省级认定的 110 家畜禽规模养殖场实施粪污资源化利用设施设备提升改造，畜禽规模养殖场废弃物处理设施设备配套率达到 68%，投入资金 79.3 万元，设立兽药废弃包装物回收点 338 个。

生产标准化。近年来，发布地方标准 229 项、团体标准 2 项。从严抓标准化生产，扶持建立特色农畜产品生产基地 141 个，认定省级现代农牧业产业园 16 家。2019 年，新下达农牧业地方标准项目计划 43 项。加快绿色有机农产品生产基地建设，强化高原特色绿色有机农畜产品培育，新认证绿色食品、有机农产品 24 个。完善特色农畜产品标准体系，围绕牦牛、藏羊、青稞、藜麦等特色产业筛选 57 项标准申报国家行业标准。投资 1 000 万元，支持湟源、互助、乐都、玉树建设全国农村一二三产业融合发展先导区。投资 1 000 万元，支持认定 6 个产业园。继续创建省级联合体 10 个。强化绿色食品品牌宣传力度，组织开展 2019 年"春风万里绿食有你"宣传月活动。

产品品牌化。获得中国驰名商标 20 个，青海省著名商标 55 个。全省有机枸杞种植面积达到 11.6 万亩，产量突破 6 000 吨，面积和产量均居全国之首，成为全国最大的有机枸杞生产基地。鲑鳟鱼产量 1.38 万吨，占全国鲑鳟鱼养殖产量的 30%。养殖的鲑鳟鱼获得农业农村部绿色食品认证和出口欧洲的许可，青海成为国内唯一获准出口的地区。2019 年，实施了农业品牌提升行动，着力打造"青字号"品牌，"世界牦牛之都，中国藏羊之府"品牌形象深入人心，发布了玉树牦牛、柴达木枸杞等 16 个青海省农产品区域共用品牌。第二十届"青洽会"期间，成功举办"绿色发展，云上优品——农业农村部青海省人民政府共建青海绿色有机农畜产品示范省高峰论坛活动"。

产业模式科技化。全省 37 项科技成果达到国际领先水平、129 项达到国内领先水平，科技成果转化率达到 32%。畜禽、水产、农作物良种化率分别达到 62%、95%、97.5%。"昆仑"系列优良青稞品种得到快速推广，牦牛藏羊等高效养殖技术得到广泛应用。争取农业农村部动物疫病专用设施建设项目，在 4 个县实施包虫病干预项目，提升动物防疫水平。2018—2019 年，共投入 4 901 万元，培训新型职业农牧民 1.5 万人，进一步完善了农牧业科技三级平台建设。

下一步，青海省将围绕创建绿色有机农畜产品示范省建设要求，一是突出绿色发展，推动投入品减量化、生产清洁化、废弃物资源化、产业生态化，提升农畜产品绿色化、优质化生产水平，建设集中连片的绿色有机农畜产品生产基地。二是突出特色产业，聚焦牦牛、藏羊、青稞等特色产业产品，打造特色产品优势区，推动高原农牧业转型升级。三是突出质量安全管控。通过源头赋码、信息化服务、全程监管体系，实施牦牛藏羊原产地可追溯工程。四是突出品牌创建，加强绿色有机和地理标识认证，创建"青字号"特色农畜产品品牌，不断提升社会影响力。

第十章　建立牛羊原产地追溯体系

第一节　立足省情探究追溯体系建设

建立农产品追溯体系是深化农业供给侧结构性改革，落实青海"一优两高"战略部署，加快绿色发展的重要抓手，利于整体打造青海优质、绿色、有机的农畜产品品牌，对保障食品安全，提高畜牧业发展效益，增加农牧民收入将发挥积极作用。基层有建立追溯的积极要求，企业需要通过追溯打造品牌，农牧养殖户也希望通过追溯提高优质产品的信誉度。

一、追溯体系建设进展

全省农产品质量安全追溯体系建设从 2015 年开始，累计投入财政资金 1 200 多万元，建立农产品质量安全追溯试点县 31 个，占到全省县级的 3/4，建立质量安全追溯点 300 个。青海"互联网+"高原特色智慧农牧业大数据平台已于 2017 年启动上线，并实现了"1+14+N"（1 个平台，14 个板块，N 个模块应用），已建 21 个县级平台、12 个有机牦牛藏羊监管追溯平台。大数据平台涵盖蔬菜生产基地、龙头企业、屠宰加工企业、规模养殖场、农牧民专业合作社、放心农资经营店等经营主体。祁连、天峻、贵南、河南、泽库、甘德、曲麻莱等县积极开展了有机牦牛藏羊质量安全监管和屠宰追溯平台建设试点。从面上看，追溯主体分别占不同的比重，其中，规模养殖场（企业）占 10.3%，专业合作社占 6.5%，屠宰企业中比例达到 46.7%。建立了省、州、县、乡动物免疫追溯体系，实现了动物免疫追溯信息化管理。省商务厅、科技厅在西宁市、海东市、久治县等地开展了加工和流通企业的追溯工作。

二、互联网覆盖情况

追溯点主体中规模养殖企业、屠宰加工企业、冷链物流企业互联网已全部开通，部分地区专业合作社互联网尚未开通，偏远乡村传统养殖户网络尚未覆盖，也无移动网络信号。如天峻县共有合作社 62 家，只有 3 家合作社开通网络。乌兰县 16 家省级认证规模养殖场，有 1 家没有网络信号。贵南县乡镇级的互联网基本开通，但在乡村、合作社基本无互联网覆盖。海北州科技示范园开通了 100 兆的光纤专线，其监管的 3 家屠宰场、12 家规模养殖场、3 家饲料企业开通了网络，乡村、合作社部分还未开通互联网，偏远地区移动网络信号尚未覆盖。

三、追溯的运行情况

农产品质量安全追溯试点，已具备根据自身生产销售情况，在追溯平台录入生产销售信息以及农兽药快速检测信息和打印农畜产品二维码的能力。随着广大群众对农产品质量安全意识的增强，对张贴有二维码的农畜产品购买意向逐步提升。张贴有二维码的优质农畜产品也多次参展了国内大型展会，进一步提升了区域品牌影响力，推进了特色产业特色产品优质化、特色化、绿色化、品牌化发展。现有追溯实现了本地区主要农畜产品的数据录入和传输，河南县、祁连县等地区有机畜牧业追溯为整体打造有机品牌奠定了基础，省级追溯平台运行处在对接和完善阶段。截至目前，通过电子商务进农村综合示范县项目，利用县、乡、村三级1 028个电子商务服务站体系建设，实现了农畜产品线上销售5.8亿元。

第二节　围绕特色牦牛藏羊开展追溯

2018年以来，青海省将牦牛藏羊原产地可追溯试点建设工程作为农业农村部、青海省人民政府共建青海绿色有机农畜产品示范省的主要内容和2019年的民生实事工程之一。自2019年3月，部省共建绿色有机农畜产品示范省合作框架协议签订后，加紧完成青海省牦牛藏羊原产地可追溯工程建设方案编制工作，确定了追溯工程"121"的整体思路。根据方案，2019年要在青海省牧区六州的兴海、贵南、祁连、刚察、河南、泽库、甘德、称多、乌兰、天峻10个县的200个合作社和规模养殖场的210万头只牛羊及10个屠宰加工企业开展整县试点建设。项目坚持试点先行、分步推广，利用大数据、云计算、物联网等现代信息技术，按照统一追溯模式、统一追溯标识、统一业务流程、统一编码规则、统一信息采集的"五统一"要求，通过原产地的全程质量控制和便捷的信息采集，将高品质有机牦牛藏羊及其产品全程追溯，实现产销可对接、信息可查询、源头可追溯、生产消费互信互认。2019年6月初，青海省农业农村厅成立了以主要负责同志为组长的工作领导小组，将任务和责任细化分解到各项目州县和厅属各项目单位，明确了责任人和责任目标，印发了《青海省牦牛藏羊原产地可追溯工程试点建设实施方案（2019年）和工作分工方案的通知》。随即，青海省组织召开全省牦牛藏羊原产地可追溯工程试点建设项目启动部署会，对《青海省牦牛藏羊原产地可追溯工程试点建设实施方案》作了全面解读，对下一步工程建设作了全面动员部署。目前，10个试点县实施方案已经全部完成批复和报备工作，项目已进入耳标佩戴、信息录入、建档立卡阶段，信息网点系统正在招标和建设完善中，将逐步实现信息可查询、源头可追溯。为加快推进试点项目建设进度，2019年8月，省农业农村厅还组织召开全省牦牛藏羊原产地可追溯工程试点建设项目推进座谈会，指出了牦牛藏羊追溯试点工程建设工作中目前存在的突出问题，并要求各相关部门和6州10个试点县必须将追溯工程试点建设作为一项民生工程、质量工程和"一把手"工程，提高认识，细化工作方案，加快各项工作推进进度。2019年11月12日，全省牦牛藏羊原产地可追溯耳标佩戴和信息采集录入实际操作培训活动在兴海县河卡镇举办。10个试点县的畜牧兽医工作人员在现场分别进行了耳标佩戴和识读设备信息采集录入的实际操作演练活动，至此青海省牦牛藏羊原产地可追溯工程建设全面进入耳标佩戴和信息采集录入阶段。

同时，先后印发了《青海省牦牛藏羊原产地可追溯工程平台及基地建设系统设计方案的通知》《青海省牦牛藏羊超高频电子耳标参数》和《关于加快推进牦牛藏羊原产地可追溯工程试点建设各项工作的通知》等系列方案和工作要求等。2019年是全省牦牛藏羊原产地可追溯工程试点建设的第一年，眼下各地各部门都在紧盯2019年内完成本区域所有新生牛犊和羔羊的配标和信息录入工作这项重点任务，全力推动青海省牦牛藏羊原产地可追溯体系建设上台阶，为脱贫攻坚、乡村振兴提供强大动力。海西蒙古族藏族自治州通过发展"互联网+智慧农业"，建立了农产品质量安全追溯系统州、县两级追溯平台，全州90%以上

"三品一标"认证企业已录入追溯信息平台。牦牛藏羊可追溯体系建设由试点地区天峻县和乌兰县按照统一追溯模式、统一追溯标识、统一业务流程、统一编码规则、统一信息采集的要求，建成牦牛藏羊追溯管理平台，实现产销可对接、信息可查询、源头可追溯、生产消费互信互认。

牦牛藏羊原产地可追溯试点工程，将利用大数据、云计算、物联网等现代信息技术，按照统一追溯模式、统一追溯标识、统一业务流程、统一编码规则、统一信息采集的要求，通过完善省、州、县、乡（镇）四级牦牛藏羊追溯平台，实现各层级追溯平台互联互通、协调运作，分别由农牧技术服务人员、屠宰企业、保险、动物卫生监督部门负责，将牦牛藏羊养殖环节的养殖场户或合作社基本情况、产地环境、地理信息、生产、用药防疫、产地检疫和保险业务等数据信息，移动环节的检疫监督相关信息，屠宰环节的入场检疫、屠宰检疫、耳标注销、屠宰加工等信息录入追溯平台，并自动生成二维码供消费者查询。并试点推进食用农产品合格证制度，将高品质有机牦牛藏羊及其产品全程追溯，实现产销可对接、信息可查询、源头可追溯、生产消费互信互认。

目前项目实施方案和试点企业已确定，目标责任已落实到位。黄南藏族自治州建成以 8 个系统板块功能为主的"互联网+"智慧农牧业大数据平台，建成农牧业互联网应用示范基地 6 个，实现 19 家农牧业生产经营主体的 GIS 定位上图，基本实现了生产方式由人工走向智能，经营模式由线下向线上转移，部分有机牛羊肉生产企业从养殖源头到零售终端的全产业链追踪。同时将泽库县、河南县牦牛、藏羊原产地可追溯工程与实施智慧有机畜牧业大数据平台有效对接，选定 40 个生态畜牧业合作社、2 个屠宰场先行建设采集系统和监测系统，为全州原产地可追溯体系建设探索路径、积累经验，力争年底建成省州县三级互通的产销对接牦牛藏羊追溯管理平台，实现高品质有机牦牛藏羊及其产品全程追溯，努力实现优质优价。

第 三 篇

支撑技术

第一章　有机生产与认证

第一节　国家有机生产要求

根据国家市场监督管理总局、国家标准化管理委员会于 2019 年 8 月 30 日联合发布的 GB/T 19630—2019《有机产品生产、加工、标识与管理体系要求》执行。

一、基本要求

生产单元：有机生产单元的边界应清晰，所有权和经营权应明确，并且已按照本标准的要求建立并实施了有机生产管理体系。

转换期：由常规生产向有机生产发展需要经过转换，经过转换期后的产品才可作为有机产品销售。转换期内应按照本标准的要求进行管理。

基因工程生物：不应在有机生产中引入或在有机产品上使用基因工程生物/转基因生物及其衍生物，包括植物、动物、微生物、种子、花粉、精子、卵子、其他繁殖材料及肥料、土壤改良物质、植物保护产品、植物生长调节剂、饲料、动物生长调节剂、兽药、渔药等农业投入品。同时存在有机和常规生产的生产单元，其常规生产部分也不应引入或使用基因工程生物。

辐照：不应在有机生产中使用辐照技术。

投入品：有机产品生产者应选择并实施栽培和/或养殖管理措施，以维持或改善土壤理化和生物性状，减少土壤侵蚀，保护植物和养殖动物的健康。在栽培和/或养殖管理措施不足以维持土壤肥力和保证植物和养殖动物健康。作为植物保护产品的复合制剂的有效成分应是表 A.2 列出的物质，不应使用具有致癌、致畸、致突变性和神经毒性的物质作为助剂。不应使用化学合成的植物保护产品。不应使用化学合成的肥料和城市污水污泥。有机产品中不应检出有机生产中禁用物质。

二、植物生产

转换期：一年生植物的转换期至少为播种前的 24 个月，草场和多年生饲料作物的转换期至少为有机饲料收获前的 24 个月，饲料作物以外的其他多年生植物的转换期至少为收获前的 36 个月。新开垦的、撂荒 36 个月以上的或有充分证据证明 36 个月以上未使用本标准禁用物质的地块，也应经过至少 12 个月的转换期。可延长本标准禁用物质污染的地块的转换期。对于已经经过转换或正处于转换期的地块，若使用了禁用物质，应重新开始转换。当地块使用的禁用物质是当地政府机构为处理某种病害或虫害而强制使用时，可以缩短规定的转换期，但应关注施用产品中禁用物质的降解情况，确保在转换期结束之前，土壤中或多年生作物体内的残留达到非显著水平，所收获产品不应作为有机产品销售。芽苗菜生产可以免除转换期。

平行生产：在同一个生产单元中可同时生产易于区分的有机和常规作物，但该单元的有机和常规生产部分（包括地块、生产设施和工具）应能够完全分开，并采取适当措施避免与常规产品混杂和被禁用物质污染。在同一生产单元内，一年生植物不应存在平行生产。在同一生产单元内，多年生植物不应存在平行生产，除非同时满足以下条件：①生产者应制订有机转换计划，计划中应承诺在可能的最短时间内开始对同一单元中相关常规生产区域实施转换，该时间最多不能超过5年；②采取适当的措施以保证从有机和常规生产区域收获的产品能够得到严格分离。

产地环境要求：有机产品生产需要在适宜的环境条件下进行，生产基地应远离城区、工矿区、交通主干线、工业污染源、生活垃圾场等，并宜持续改进产地环境。

产地的环境质量应符合以下要求：①在风险评估的基础上选择适宜的土壤，并符合GB 15618的要求；②农田灌溉用水水质符合GB 5084的规定；③环境空气质量符合GB 3095的规定。

缓冲带：应对有机生产区域受到邻近常规生产区域污染的风险进行分析。在存在风险的情况下，则应在有机生产和常规生产区域之间设置有效的缓冲带或物理屏障，以防止有机生产地块受到污染。注：缓冲带上种植的植物不能认证为有机产品。

种子和植物繁殖材料：应选择适应当地的土壤和气候条件、抗病虫害的植物种类及品种。在品种的选择上应充分考虑保护植物的遗传多样性。应选择有机种子或植物繁殖材料。当从市场上无法获得有机种子或植物繁殖材料时，可选用未经禁止使用物质处理过的常规种子或植物繁殖材料，并制订和实施获得有机种子和植物繁殖材料的计划。应采取有机生产方式培育一年生植物的种苗。不应使用经禁用物质和方法处理过的种子和植物繁殖材料。

栽培：一年生植物应进行3种以上作物轮作，一年种植多季水稻的地区可以采取两种作物轮作，冬季休耕的地区可不进行轮作。轮作植物包括但不限于豆科植物、绿肥、覆盖植物等。宜通过间套作等方式增加生物多样性、提高土壤肥力、增强植物的抗病能力。应根据当地情况制定合理的灌溉方式（如滴灌、喷灌、渗灌等）。

土肥管理：应通过适当的耕作与栽培措施维持和提高土壤肥力，包括：①回收、再生和补充土壤有机质和养分来补充因植物收获而从土壤带走的有机质和土壤养分；②采用种植豆科植物、免耕或土地休闲等措施进行土壤肥力的恢复。当上面描述的措施无法满足植物生长需求时，可施用有机肥以维持和提高土壤的肥力、营养平衡和土壤生物活性，同时应避免过度施用有机肥，造成环境污染。应优先使用本单元或其他有机生产单元的有机肥。若外购商品有机肥，应经认证机构许可后使用。不应在叶菜类、块茎类和块根类植物上施用人粪尿；在其他植物上需要使用时，应当进行充分腐熟和无害化处理，并不应与植物食用部分接触。可使用溶解性小的天然矿物肥料，但不应将此类肥料作为系统中营养循环的替代物。矿物肥料只能作为长效肥料并保持其天然组分，不应采用化学处理提高其溶解性。不应使用矿物氮肥，可使用生物肥料。为使堆肥充分腐熟，可在堆制过程中添加来自自然界的微生物，但不应使用转基因生物及其产品。植物生产中使用土壤培肥和改良物质时应符合相关要求。

病虫草害防治：病虫草害防治的基本原则应从农业生态系统出发，综合运用各种防治措施，创造不利于病虫草害滋生和有利于各类天敌繁衍的环境条件，保持农业生态系统的平衡和生物多样化，减少各类病虫草害所造成的损失。应优先采用农业措施，通过选用抗病抗虫品种、非化学药剂种子处理、培育壮苗、加强栽培管理、中耕除草、耕翻晒垡、清洁田园、轮作倒茬、间作套种等一系列措施起到防治病虫草害的作用。尽量利用灯光、色彩诱杀害虫，机械捕捉害虫，机械或人工除草等措施，防治病虫草害。当上述提及的方法不能有效控制病虫草害，需使用植物保护产品时，应符合相关要求。

污染控制：应采取措施防止常规农田的水渗透或漫入有机地块。应避免因施用外部来源的肥料造成禁用物质对有机产品的污染。常规农业系统中的设备在用于有机生产前，应采取清洁措施，避免常规产品混入和禁用物质污染。在使用保护性的建筑覆盖物、塑料薄膜、防虫网时，宜选择聚乙烯、聚丙烯或聚碳酸酯类产品，并且使用后应从土壤中清除，不应焚烧。不应使用聚氯类产品。

水土保持和生物多样性保护：应采取措施，防止水土流失、土壤沙化和盐碱化。应充分考虑土壤和水资源的可持续利用。应采取措施，保护天敌及其栖息地。应充分利用作物秸秆，不应焚烧处理，除非因控制病虫害的需要。

野生采集：野生采集区域应边界清晰，并处于稳定和可持续的生产状态。野生采集区应远离排污工厂、矿区、垃圾处理场地、常规农田、公路干线等污染源。野生采集区应是在采集之前的 36 个月内没有受到本标准允许使用投入品之外的物质和重金属污染的地区。野生采集区应保持有效的缓冲带。采集活动不应对环境产生不利影响或对生物物种造成威胁，采集量不应超过生态系统可持续生产的产量。应制订和提交野生采集区域可持续生产的管理方案。野生采集可免除转换期。

三、畜禽养殖

1. 转换期

饲料生产基地的转换期应符合要求；如牧场和草场仅供非草食动物使用，则转换期可缩短为 12 个月。如有充分证据证明 12 个月以上未使用禁用物质，则转换期可缩短到 6 个月。畜禽应经过以下的转换期：①肉用牛、马属动物、驼，12 个月；②肉用羊和猪，6 个月；③乳用畜，6 个月；④肉用家禽，10 周；⑤蛋用家禽，6 周；⑥其他种类的转换期长于其养殖期的 3/4。

2. 平行生产

若一个养殖场同时以有机及常规方式养殖同一品种或难以区分的畜禽品种，则应满足下列条件，其有机畜禽或其产品才可以作为有机产品销售：①有机畜禽和常规畜禽的圈栏、运动场地和牧场完全分开，或者有机畜禽和常规畜禽是易于区分的品种；②贮存饲料的仓库或区域应分开并设置了明显的标记；③有机畜禽不能接触常规饲料。

3. 畜禽的引入

（1）应引入有机畜禽。当不能得到有机畜禽时，可引入常规畜禽，但应符合以下条件：①肉牛、马属动物、驼，不超过 6 月龄且已断乳；②猪、羊，不超过 6 周龄且已断乳；③乳用牛，不超过 4 周龄，接受过初乳喂养且主要是以全乳喂养的犊牛；④肉用鸡，不超过 2 日龄（其他禽类可放宽到 2 周龄）；⑤蛋用鸡，不超过 18 周龄。

（2）可引入常规种母畜，牛、马、驼每年引入的数量不应超过同种成年有机母畜总量的 10%，猪、羊每年引入的数量不应超过同种成年有机母畜总量的 20%。以下情况，经认证机构许可该比例可放宽到 40%：①不可预见的严重自然灾害或人为事故；②养殖场规模大幅度扩大；③养殖场发展新的畜禽品种。所有引入的常规畜禽都应经过相应的转换期。

（3）可引入常规种公畜，引入后应立即按照有机生产方式饲养。

4. 饲料

（1）畜禽应以有机饲料饲养。饲料中至少应有 50% 来自本养殖场饲料种植基地或本地区有合作关系的有机生产单元。饲料生产、收获及收获后处理、包装、贮藏和运输应符合要求。

（2）养殖场实行有机管理的前 12 个月内，本养殖场饲料种植基地按照本标准要求生产的饲料可以作为有机饲料饲喂本养殖场的畜禽，但不应作为有机饲料销售。饲料生产基地、牧场及草场与周围常规生产区域应设置有效的缓冲带或物理屏障，避免受到污染。

（3）当有机饲料短缺时，可饲喂常规饲料。但每种动物的常规饲料消费量在全年消费量中所占比例不应超过以下百分比：①草食动物（以干物质计），10%；②非草食动物（以干物质计），15%。畜禽日粮中常规饲料的比例不得超过总量的 25%（以干物质计）。出现不可预见的严重自然灾害或人为事故时，可在一定时间期限内饲喂超过以上比例的常规饲料。饲喂常规饲料应事先获得认证机构的许可。

（4）应保证草食动物每天都能得到满足其基础营养需要的粗饲料。在其日粮中，粗饲料、鲜草、青干草、或者青贮饲料所占的比例不能低于 60%（以干物质计）。对于泌乳期前 3 个月的乳用畜，此比例可降低为 50%（以干物质计）。在杂食动物和家禽的日粮中应配以粗饲料、鲜草或青干草、或者青贮饲料。

（5）初乳期幼畜应由母畜带养，并能吃到足量的初乳。可用同种类的有机奶喂养哺乳期幼畜。在无法获得有机奶的情况下，可以使用同种类的常规奶。不应早期断乳，或用代乳品喂养幼畜。在紧急情况下可使用代乳品补饲，但其中不应含有抗生素、化学合成的添加剂（允许使用的物质除外）或动物屠宰产品。哺乳期至少需要：①牛、马属动物、驼，3 个月；②山羊和绵羊，45 日；③猪，40 日。

（6）在生产饲料、饲料配料、饲料添加剂时均不应使用基因工程生物/转基因生物或其产品。

（7）不应使用以下方法和物质：①以动物及其制品饲喂反刍动物，或给畜禽饲喂同种动物及其制品；②动物粪便；③经化学溶剂提取的或添加了化学合成物质的饲料，但使用水、乙醇、动植物油、醋、二氧化碳、氮或羧酸提取的除外。

（8）使用的饲料添加剂应在农业主管部门发布的饲料添加剂品种目录中，同时应符合本标准的相关要求。

（9）饲料不能满足畜禽营养需求时，使用表中列出的矿物质和微量元素。

（10）添加的维生素应来自发芽的粮食、鱼肝油、酿酒用酵母或其他天然物质；不能满足畜禽营养需求时，使用表 B.1 中列出的人工合成的维生素。

（11）不应使用以下物质（允许使用的物质除外）：①化学合成的生长促进剂（包括用于促进生长的抗生素、抗寄生虫药和激素）；②化学合成的调味剂和香料；③防腐剂（作为加工助剂时例外）；④化学合成或提取的着色剂；⑤非蛋白氮（如尿素）；⑥化学提纯氨基酸；⑦抗氧化剂；⑧黏合剂。

5. 饲养条件

（1）畜禽的饲养环境（圈舍、围栏等）应满足下列条件，以适应畜禽的生理和行为需要：①家畜的畜舍和活动空间应符合表 D.1 的要求，家禽的禽舍和活动空间应符合表 D.2 的要求；②畜禽运动场地可以有部分遮蔽，空气流通，自然光照充足，但应避免过度的太阳照射；③水禽应能在溪流、水池、湖泊或池塘等水体中活动；④足够的饮水和饲料，畜禽饮用水水质应达到 GB 5749 要求；⑤保持适当的温度和湿度，避免受风、雨、雪等侵袭；⑥如垫料可能被养殖动物啃食，则垫料应符合 4.5.4 对饲料的要求；⑦保证充足的睡眠时间；⑧不使用对人或畜禽健康明显有害的建筑材料和设备；⑨避免畜禽遭到野兽的侵害。

（2）饲养蛋禽可用人工照明来延长光照时间，但每天的总光照时间不应超过 16 小时。生产者可根据蛋禽健康情况或所处生长期（如新生禽取暖）等原因，适当增加光照时间。

（3）应使所有畜禽在适当的季节能够到户外自由运动。特殊的畜禽舍结构使得畜禽暂时无法在户外运动时，应限期改进。

（4）肉牛最后的育肥阶段可采取舍饲，但育肥阶段不应超过其养殖期的 1/5，且最长不超过 3 个月。

（5）不应采取使畜禽无法接触土地的笼养和完全圈养、舍饲、拴养等限制畜禽自然行为的饲养方式。

（6）群居性畜禽不应单栏饲养，但患病的畜禽、成年雄性家畜及妊娠后期的家畜例外。

（7）不应强迫喂食。

6. 疾病防治

（1）疾病预防应依据以下原则进行：①根据地区特点选择适应性强、抗性强的品种；②提供优质饲料、适当的营养及合适的运动等饲养管理方法，增强畜禽的非特异性免疫力；③加强设施和环境卫生管理，并保持适宜的畜禽饲养密度。

（2）使用的消毒剂应符合表 B.2 的要求。消毒处理时，应将畜禽迁出处理区。应定期清理畜禽粪便。

（3）可采用植物源制剂、微量元素、微生物制剂和中兽医、针灸、顺势治疗等疗法防治畜禽疾病。

（4）可使用疫苗预防接种，不应使用基因工程疫苗（国家强制免疫的疫苗除外）。当养殖场有发生某种疾病的危险而又不能用其他方法控制时，可紧急预防接种（包括为了促使母源体抗体物质的产生而采取的接种）。

（5）不应使用抗生素或化学合成的兽药对畜禽进行预防性治疗。

（6）当采用多种预防措施仍无法控制畜禽疾病或伤痛时，可在兽医的指导下对患病畜禽使用常规兽药，但应经过该药物的休药期的 2 倍时间（若 2 倍休药期不足 48 小时，则应达到 48 小时）之后，这些畜禽及其产品才能作为有机产品出售。

（7）不应为了刺激畜禽生长而使用抗生素、化学合成的抗寄生虫药或其他生长促进剂。不应使用激素控制畜禽的生殖行为（如诱导发情、同期发情、超数排卵等），但激素可在兽医监督下用于对个别动物进行疾病治疗。

（8）除法定的疫苗接种、驱除寄生虫外，养殖期不足 12 个月的畜禽只可接受一个疗程的抗生素或化学合成的兽药治疗；养殖期超过 12 个月的，每 12 个月最多可接受三个疗程的抗生素或化学合成的兽药治疗。超过可接受疗程的，应重新进行转换。

（9）对于接受过抗生素或化学合成的兽药治疗的畜禽，大型动物应逐个标记，家禽和小型动物则可按群批标记。

7. 非治疗性手术

（1）有机养殖强调尊重动物的个性特征。应尽量养殖不需要采取非治疗性手术的品种。在尽量减少畜禽痛苦的前提下，可对畜禽采用以下非治疗性手术，必要时可使用麻醉剂：①物理阉割；②断角；③在仔猪出生后 24 小时内对犬齿进行钝化处理；④羔羊断尾；⑤剪羽；⑥扣环。

（2）不应进行以下非治疗性手术：①断尾（除羔羊外）；②断喙、断趾；③烙翅；④仔猪断牙；⑤其他没有明确允许采取的非治疗性手术。

8. 繁殖

（1）宜采取自然繁殖方式。

（2）可采用人工授精等不会对畜禽遗传多样性产生严重影响的各种繁殖方法。

（3）不应使用胚胎移植、克隆等对畜禽的遗传多样性会产生严重影响的人工或辅助性繁殖技术。

（4）除非为了治疗目的，不应使用生殖激素促进畜禽排卵和分娩。

（5）如母畜在妊娠期的后 1/3 时段内接受了抗生素或化学合成的兽药（驱虫药除外）处理，其后代应经过相应的转换期。

9. 运输和屠宰

（1）畜禽在装卸、运输、待宰和屠宰期间都应有清楚的标记，易于识别；其他畜禽产品在装卸、运输、出入库时也应有清楚的标记，易于识别。

（2）畜禽在装卸、运输和待宰期间应有专人负责管理。

（3）应提供适当的运输条件，例如：①避免畜禽通过视觉、听觉和嗅觉接触到正在屠宰或已死亡的动物；②避免混合不同群体的畜禽，有机畜禽产品应避免与常规产品混杂，并有明显的标识；③提供缓解应激的休息时间；④确保运输方式和操作设备的质量和适合性，运输工具应清洁并适合所运输的畜禽，并且没有尖突的部位，以免伤害畜禽；⑤运输途中应避免畜禽饥渴，如有需要，应给畜禽喂食、喂水；⑥考虑并尽量满足畜禽的个体需要；⑦提供合适的温度和相对湿度；⑧装载和卸载时对畜禽的应激应最小。

（4）运输和宰杀动物的操作应力求平和，并合乎动物福利原则。不应使用电棍及类似设备驱赶动物。不应在运输前和运输过程中对动物使用化学合成的镇静剂。

（5）应在具有资质的屠宰场进行屠宰，且应确保良好的卫生条件。

（6）应就近屠宰。除非从养殖场到屠宰场的距离太远，一般情况下运输畜禽的时间不超过 8 小时。

（7）不应在畜禽失去知觉之前就进行捆绑、悬吊和屠宰，小型禽类和其他小型动物除外。用于使畜禽在屠宰前失去知觉的工具应随时处于良好的工作状态。如因宗教或文化原因不允许在屠宰前先使畜禽失去知觉，而直接屠宰，则应在平和的环境下以尽可能短的时间进行。

（8）有机畜禽和常规畜禽应分开屠宰，屠宰后的产品应分开贮藏并清楚标记。用于畜体标记的颜料应符合国家的食品卫生规定。

10. 有害生物防治

有害生物防治应按照优先次序采用以下方法：①预防措施；②机械、物理和生物控制方法；③可在畜禽饲养场所使用表 A.2 中的物质。

11. 环境影响

（1）应充分考虑饲料生产能力、畜禽健康和对环境的影响，保证饲养的畜禽数量不超过其养殖范围的最大载畜量。应采取措施，避免过度放牧对环境产生不利影响。

（2）应保证畜禽粪便的贮存设施有足够的容量，并得到及时处理和合理利用，所有粪便储存、处理设施在设计、施工、操作时都应避免引起地下及地表水的污染。养殖场污染物的排放应符合 GB 18596 的规定。

12. 包装、贮藏和运输

（1）包装①宜使用可重复、可回收和可生物降解的包装材料。②包装应简单、实用。

③不应使用接触过禁用物质的包装物或容器。

（2）贮藏①应对仓库进行清洁，并采取有害生物控制措施。②可使用常温贮藏、气调、温控、干燥和湿度调节等贮藏方法。③有机产品尽可能单独贮藏。若与常规产品共同贮藏，应在仓库内划出特定区域，并采取必要的包装、标识等措施，确保有机产品和常规产品可清楚识别。

（3）运输①应使用专用运输工具。若使用非专用的运输工具，应在装载有机产品前对其进行清洁，避免在运输过程中与常规产品混杂或受到禁用物质污染。②在容器和/或包装物上，应有清晰的有机标识及有关说明。

第二节　有机认证的一般流程

根据国家认监委颁布的《有机产品认证目录》，结合有机认证的法规条例，有机产品标准（GB/T 19630—2019）、有机产品认证管理办法（怎么管）、有机产品认证实施规则（怎么认证）等，由专业的认证机构开展有机认证业务。

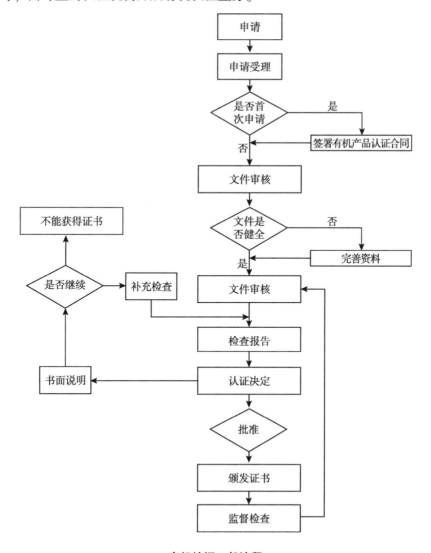

有机认证一般流程

有机产品的认证费用较高。有机产品认证费用包括申请费、审核费、注册费（含证书费）和年度管理费；证书变更费副本证书费；销售证书费；认证标志费等（对国家级贫困县实施绿色食品认证费和标志使用费全免的优惠政策）。有机认证的重心在土地，因此，有机认证中为了避免土壤中长残留物质对产品品质的影响，有机认证中存在 2~3 年的转换期。

认证机构受理有机产品认证申请的条件较严苛，具体可见《有机产品认证实施规则》。一般来讲，需满足以下条件。

（1）认证委托人建立和实施了文件化的有机产品管理体系，并有效运行 3 个月；

（2）合法经营资质文件，营业执照、土地使用权证明及合同等；

（3）水土气检测报；

（4）投入品记录；

（5）认证委托人及其有机生产、加工、经营的基本情况；

（6）产地区域范围描述。

第二章　有机追溯技术

第一节　有机追溯工作架构

省、州、县、乡（镇）四级牦牛藏羊追溯平台建设和完善，要以"青海省智慧农牧业大数据"平台为依托，按照"统一追溯模式、统一追溯标识、统一业务流程、统一编码规则、统一信息采集"的要求，建设完善实现各层级追溯平台的互联互通、协调运作的追溯流程，各级农业农村主管部门通过应用平台对辖区内牦牛藏羊养殖、移动、屠宰及加工过程进行全程监管。

一、省级追溯平台

以"智慧农牧业大数据"平台为依托，补充完善省级牦牛藏羊追溯信息，充分运用国家农产品质量安全追溯管理信息平台和动物标识及疫病可追溯体系相关标准，构建部省互通的省级牦牛藏羊追溯平台。统一规范追溯管理及基础信息采集等内容，实现省、州、县、乡四级数据共享互通、数据交换与共享，对省内牦牛藏羊从生产到加工等过程及其产品发生的相关事件进行全程追溯管理，为县级追溯管理机构提供技术指导，对全省追溯信息进行汇总统计、市场分析、预警研判等。

（一）种畜追溯监管平台

1. 种畜生产管理系统

功能包括基础信息管理、种畜信息管理、生产信息管理、生长信息、生产性能。其中，基础信息管理包括队别、群别、草场、种畜舍信息、品种信息、品系信息、饲料、联系人等功能；种畜信息管理包括种畜信息、种畜登记、种畜离场等；生产信息管理包括母畜生产登记、仔畜情况、母畜配种等；生长信息包括公畜鉴定、牲畜鉴定、断奶鉴定、个体登记等；生产性能包括从种畜生产情况方面做多维度数据分析。

2. 种畜防疫系统

功能包括疫苗入库、疫苗退货、疫苗报废、疫苗库存、疫苗使用、疫苗追溯。其中，疫苗入库是指疫苗从省级疫苗下拨到种畜场或自行采购疫苗入库登记；疫苗退货是指操作员对入库疫苗进行退货登记；疫苗报废是指疫苗因损坏、过期等原因进行报废登记；疫苗库存是指当前疫苗库存情况；疫苗使用是指种畜场疫病防疫信息登记，疫苗库存变化；疫苗追溯通过疫苗追溯码对疫苗整个链条进行追溯。

3. 种畜环境系统

功能包括视频监控、环境监控。其中视频监控可以查看基地视频摄像头画面；环境监控可以查看基地物联网终端数据情况。

4. 种畜育种分析系统

根据种畜的基本信息、生长信息等进行多方面育种数据分析。

5. 种畜追溯系统

查询种畜父系、母系、配种、子系等多维度追溯信息。

6. 种畜物联网云平台

结合全景图、种畜场监控、物联网传感、种畜生产、防疫、追溯等数据一张图监管。

(二) 养殖追溯监管平台

1. 养殖溯源管理系统 (PC 端)

包括基础信息管理子系统、动物防疫子系统、投入品管理子系统、动物检疫子系统、统计分析子系统、溯源查询平台。基础信息管理子系统包括合作社、牧场养殖户、养殖企业、饲料企业、兽药企业、专业合作组织机构、有机认证等管理;动物防疫子系统主要包括疫苗管理、动物个体档案、报免信息情况、日常免疫、养殖无害化等管理;投入品管理子系统主要包括兽药管理和饲料管理;动物检疫子系统主要包括出栏、设备检疫、抽样检测、检疫出证、无害化等管理;统计分析子系统主要对基础信息、动物防疫、投入品、动物检疫等子系统信息进行多维度数据分析监测。

2. 养殖一张图

在原养殖追溯子系统,补充新建"养殖一张图",结合养殖场视频、物联网传感器对基地信息采集、传输,以及结合养殖企业、带标、免疫等追溯数据一张图监管。

(三) 屠宰追溯监管平台

在原屠宰追溯子系统,补充新建"屠宰一张图",结合屠宰场视频、企业本地软件服务对基地信息采集、传输,以及结合屠宰企业信息、养殖企业信息、检疫、产品等追溯数据一张图监管。

(四) 基层信息采集平台 (乡镇兽医站平台)

在原养殖追溯子系统,补充新建"基层一张图";结合基层采集点信息、代报信息等提供一张图监管。

(五) 移动环节采集平台

1. 动监管理

在原养殖追溯子系统,动物检疫功能补充新建"路检信息登记";在公路检查站对移动数据进行检查登记。

2. 移动一张图

在原养殖追溯子系统,补充新建"路检信息登记",结合各地公路检查站信息、路检信息、产地、目的地一张图监管。

(六) 动物追溯监管平台

1. 溯源设备管理

在原屠宰追溯子系统,设备管理基础上补充新建"SIM 卡管理"和"数据分析",针对县、州级监督监管，提供数据分析支撑。

2. 检疫监管

查看移动环节上报的路检信息。

3. 保险管理系统（电脑端）

养殖户管理：投保养殖户信息管理；

投保管理：养殖户投保信息维护；

理赔管理：养殖户理赔信息，包括养殖户名称、理赔金额、理赔原因等；

用户管理：保险公司业务人员信息登记；

设备管理：保险公司业务人员设备领取信息登记；

承保理赔系统对接：与保险公司承保系统对接。

4. 保险管理系统（手持端）

养殖户登记：线下业务人员通过手持终端登记养殖户信息；

投保登记：线下业务人员通过手持终端登记投保信息；

理赔登记：线下业务人员通过手持终端登记养殖户理赔信息；

养殖户台账：线下业务人员通过手持终端查看养殖户信息；

投保台账：线下业务人员通过手持终端查看投保信息；

理赔台账：线下业务人员通过手持终端查看养殖户理赔信息。

5. 一追到底平台

查耳标：通过耳标，可以查到牲畜、养殖企业、防疫员、疫苗、兽医、检疫证、屠宰场等。

查追溯码：通过追溯码，可以查到屠宰场、养殖场、检疫证、其他产品等。

查企业：对于养殖企业，可以查到企业详细信息，以及入栏、出栏、戴标、免疫、检疫等；对于屠宰企业，可以查到企业详细信息，以及入场、出场、产品等。

查品牌：通过品牌，可以查到企业信息、产品销售情况。

查关系：通过两个企业直接、间接信息，可以查到其间的多维关系。

查兽医：通过兽医，可以到兽医信息、检疫等。

查防疫员：通过防疫员，可以查到防疫员信息、戴标信息、免疫信息。

查种畜：通过种畜，可以查到种畜信息、配种信息、生产信息和后裔信息等。

查兽药：通过兽药，可以查到兽药信息、生产企业、经营企业、销售使用的追溯信息。

查疫病：通过疫病，可以查到发病地区、使用兽药。

查疫情：通过疫情，可以查到疫病点信息。

查疫苗：通过疫苗，可以查到疫苗厂家、疫苗信息、免疫牲畜、防疫员等。

查检疫：通过检疫，可以查到检疫人员、养殖企业、屠宰企业等。

查项目：通过项目，可以查到项目信息、企业信息。

查牧户：通过牧户，可以查到牧户信息、存栏信息、戴标信息、免疫信息等。

查人员：通过人员，可以查到养殖企业、屠宰企业、承运人、兽医、防疫员等。

查车辆：通过车辆，可以查到承运人、检疫信息、养殖企业等。

查电话：通过电话，可以查到养殖企业、屠宰企业、承运人、兽医、防疫员等。

查 IC 卡：通过 IC 卡，可以查到屠宰企业、追溯码信息等。

查手持：通过手持，可以查到手持信息、防疫员、兽医站、戴标信息、免疫信息等。

查 SIM 卡：通过 SIM 卡，可以查到防疫员、兽医站、戴标信息、免疫信息等。

查证件号码：通过证件号码，可以查到兽医证号码、企业营业执照、车牌号码、有机证号码等。

6. 一追到底智能 AI 平台

数据清洗：跨环节数据一致性、无效性、缺失性等数据清洗，为后续数据分析做准备。

基础平台：开发基于人工智能 AI 的友好交互界面，大数据追溯数据共享、数据交换服务平台。

（七）养殖追溯数据共享、交换服务平台

通过大数据平台提供养殖基地信息、耳标信息、戴标信息、检疫免疫信息等数据服务。

（八）屠宰追溯数据共享、交换服务平台

通过大数据平台提供屠宰基地信息、入场、上钩、分体、排酸、检疫、产品信息等数据服务。

（九）养殖追溯采集点上报系统

1. 养殖溯源管理系统（移动端）

养殖溯源管理系统（移动端）主要实现养殖过程中的补栏信息、耳标佩戴、免疫信息、兽药使用、饲料使用、养殖无害化处理、出栏信息、耳标查档案等功能。

2. 牲畜保险追溯系统（移动端）

养殖户管理：对参加农牧保险的养殖户信息进行管理，包含养殖户名称、地址、联系电话、存栏量、圈舍面积等信息的管理。

投保管理：对养殖户投保信息进行管理，包含养殖户名称、地址、联系电话、耳标号、坐标等的查看，以及投保信息的查询、导出、删除等。

理赔管理：对养殖户的理赔信息进行管理，包含养殖户名称、地址、联系电话、理赔金额、理赔原因等的查看，以及理赔信息的查询、导出、删除等。

查看养殖台账、投保台账、理赔台账等功能。

（十）乡镇农牧技术服务部门上报系统

养殖溯源管理系统（移动端）主要实现养殖过程中的补栏信息、耳标佩戴、免疫信息、兽药使用、饲料使用、养殖无害化处理、出栏信息、耳标查档案等功能。

（十一）屠宰加工追溯采集点上报系统

屠宰管理平台主要包括屠宰进场、上钩、胴体、排酸入场、排酸出场、分割、产品包装、二次包装管理功能。

1. 动物屠宰追溯管理系统（移动端）

通过移动终端设备进行屠宰加工信息管理，实现基础数据采集、登记、补录等功能，方便企业灵活办公，提高工作效率。

2. 动物屠宰追溯管理系统（PC 端）

主要是在电脑端实现对屠宰自动化数据采集系统进行补充数据录入，完成屠宰进场登

记、无害化登记、检疫登记管理功能，以及上钩、胴体、排酸入场、排酸出场、分割、产品包装、二次包装等数据查看功能。

3. 屠宰加工数据同步服务

屠宰加工数据同步服务作为屠宰自动化数据采集系统后台服务，无须人工操作，完成屠宰环节数据上传省大数据平台的功能。

4. 屠宰自动数据采集服务

牲畜进入屠宰加工环节后，在上钩、称重、排酸车间出入口装置识读器，通过识读器自动读取挂钩信息，进行数据自动匹配和采集，并上报到动物屠宰追溯管理系统进行查看，以及 LED 设备显示提醒。

5. 熟食品加工追溯管理系统

熟食品加工追溯管理系统作为产品加工数据采集系统，完成产品加工数据录入管理。

二、市州级平台建设

（一）新建市级平台

1. 建设内容及技术标准

基础数据管理子系统：主要是对动物畜牧兽医局、动物卫生监督所、农业局等管辖范围的畜产品加工企业、规模养殖企业、种畜养殖企业、屠宰企业等进行备案管理。

动物防疫子系统：主要是管理管辖范围内的动物戴标情况、日常免疫情况、抽样检测情况等。对于牦牛藏羊佩戴耳标的畜种，防疫员通过 PDA 进行免疫疫苗登记，主要登记的字段有：养殖户名、耳标号、免疫动物数量、疫苗名称、疫苗批次、疫苗剂量等。

投入品管理子系统：该模块主要对养殖过程中饲料、药物等投入品的日常使用情况进行登记管理。

无害化处理管理子系统：按照农业部印发《病死动物无害化处理技术规范》要求，对养殖、屠宰等环节中出现的病死动物、疫病动物等需要进行无害化处理，由系统管理员或责任人通过系统输入无害化处理相关信息。

动物检疫子系统：主要是针对农业部制定的动物检疫流程规范，设计了一套电子开证模块。主要功能：检疫申报管理、检疫不合格处理登记管理、电子开证登记、动物 AB 证台账、产品 AB 证台账等。通过此模块可以实时了解所管辖范围内的检疫申报情况、电子开证情况等。

通知公告管理子系统：该系统的应用范围也是贯穿于其他子系统中。如动物防疫子系统中管理人员可以通过本系统通知发布模块向指定的下属单位发布通知；本系统会根据基层防疫员上报的动物免疫信息智能计算下次应免时间，并提前自动发短信到相关基层防疫员的移动智能识读器上或手机上。动物检疫子系统中各级相关工作人员会向基层兽医师发送公文公告、案件处理结果等信息。

统计分析子系统：通过高度智能化的统计分析报表系统，支持多变的动物防疫数据上报格式和上报周期，实现数据上报格式智能化设计、数据汇总统计智能化和数据上报审核流程化等，减轻基层人员的报表工作量，提高数据上报效率。

2. 建设要求

市州级追溯平台按照全省统一技术标准进行建设，实现与省级平台、所属县级平台的实时数据交换与共享，省、州（市）通过统一平台对辖区乡镇、村、社牦牛藏羊监管机构进行监管，包括对生产、防疫、检疫开证、投入品使用、环境监测、佩标、信息采集等环节的监管。

（二）已建州级平台

海北州、黄南州、海南州、玉树州、果洛州、海西州 6 州已建农畜产品质量安全追溯平台的要按省级溯源平台技术标准进行补充完善，实现与省级溯源平台和所属县级溯源平台的互联互通、数据交换与共享，州级通过省级大数据平台对所属辖区牦牛藏羊原产地溯源数据的分类分发、数据交互及分析数据，实现对县级平台提交的数据进行检查、分析，实施有效的数据监管。

三、县级平台建设

（一）新建县级平台

1. 建设内容及技术标准

基础数据管理子系统：主要是对动物畜牧兽医、动物卫生监督等管辖范围的畜产品加工企业、规模养殖企业、种畜养殖企业、屠宰企业等进行备案管理。

动物防疫子系统：主要是管理管辖范围内的动物戴标情况、日常免疫情况、抽样检测情况等。对于牦牛藏羊等佩戴耳标的畜种，防疫员通过 PDA 进行免疫疫苗登记，主要登记的字段有：养殖户名、耳标号、免疫动物数量、疫苗名称、疫苗批次、疫苗剂量等。

投入品管理子系统：该模块主要对养殖过程中使用的饲料、药物等投入品的日常使用情况进行登记管理。

无害化处理管理子系统：按照农业部印发《病死动物无害化处理技术规范》要求，对养殖、屠宰等环节中出现的病死动物、疫病动物等需要进行无害化处理，由系统管理员或责任人通过系统输入无害化处理相关信息。

动物检疫子系统：主要是针对农业部制定的动物检疫流程规范，设计了一套电子开证模块。主要功能：检疫申报管理、检疫不合格处理登记管理、电子开证登记、动物 AB 证台账、产品 AB 证台账等。通过此模块可以实时了解所管辖范围内的检疫申报情况、电子开证情况等。

通知公告管理子系统：该系统的应用范围也是贯穿于其他子系统中。如动物防疫子系统中管理人员可以通过本系统通知发布模块向指定的下属单位发布通知；本系统会根据基层防疫员上报的动物免疫信息智能计算下次应免时间，并提前自动发短信到相关基层防疫员的移动智能识读器上或手机上。动物检疫子系统中各级相关工作人员会向基层兽医师发送公文公告、案件处理结果等信息。

统计分析子系统：通过高度智能化的统计分析报表系统，支持多变的动物防疫数据上报格式和上报周期，实现数据上报格式智能化设计、数据汇总统计智能化和数据上报审核流程化等，减轻基层人员的报表工作量，提高数据上报效率。

养殖应急事件上报：在养殖和屠宰环节对出现的疫情、灾情等事件进行上报，疫情灾情数据自动上传到青海省"互联网+"高原特色智慧农牧业大数据平台应急指挥系统中，州市级主管部门则会根据收到的应急事件进行审批、处置、任务下发或上报等。

保险理赔申请：在养殖环节需进行保险理赔时，可通过牦牛藏羊原产地可追溯系统提交理赔申请，由保险公司进行理赔处理。

2. 建设要求

县级追溯平台按照新的技术标准实现与省、州（市）级平台的互联互通和实时数据交换与共享，省、州、县通过统一平台对辖区乡镇、村、社牦牛藏羊监管机构进行监管，包括生产、防疫、检疫开证、投入品使用、环境监测、佩标、信息采集等环节工作的监管。

（二）已建县级平台

已建县级农畜产品质量安全追溯平台按省、州（市）级溯源平台技术标准进行补充完善，实现与省、州（市）级溯源平台互联互通、数据交换与共享，县级通过省级大数据平台对牦牛藏羊原产地溯源数据的分类分发、数据交互及分析对县级平台提交的数据进行检查、分析，实施有效的数据监管。

四、追溯基地采集点建设

建设牦牛藏羊追溯基地采集点，包含牦牛藏羊规模养殖场/合作社建设、乡镇农牧技术服务部门建设、屠宰加工企业系统集成、采集点培训，以及配备州县级监督检查设备。通过建设追溯基地采集点，对牦牛藏羊的养殖、屠宰加工环节等的数据信息进行采集、传输和存储，并通过互联网上传至青海省"互联网+"高原特色智慧农牧业大数据中心，打通追溯各个环节数据采集的壁垒，实现牦牛藏羊追溯信息的上下对接、互联互通。

（一）规模养殖场/合作社

建设牦牛藏羊规模养殖场/合作社追溯基地采集点，主要配置数据采集手持终端、手持采集终端数据卡、耳标钳等设备，并且为每个追溯基地采集点制作全景图。采集点负责人将养殖追溯信息录入，溯源数据自动同步到青海省"互联网+"高原特色智慧农牧业大数据平台数据中心，青海省牦牛藏羊原产地可追溯平台实时自动获得追溯体系的农畜产品质量安全板块、GIS 智能管控板块以及智慧畜牧兽医板块的养殖场/合作社企业基础信息、GIS 定位数据等，避免采集点负责人进行数据的重复采集录入工作。

1. 规模养殖场/合作社全景图制作

通过无人机拍照、影像合成等技术，制作养殖场/合作社的 360°全景图，采集企业信息及企业 GPS 定位。全景图可无缝对接省平台 GIS 综合监控平台，用于养殖场/合作社信息及地理位置在省平台的全景图展示。

2. 数据采集手持终端

技术要求。Android 操作系统，支持 1 080P 分辨率，电容屏幕。

部署青海省牦牛藏羊原产地可追溯平台养殖溯源管理系统（移动端），录入耳标佩戴、免疫信息、兽药使用、饲料使用、养殖无害化处理、出栏信息等，并可实现扫描耳标，查询牦牛藏羊档案的功能。

数据采集信息格式满足省平台养殖环节数据规范，并且及时数据同步到青海省牦牛藏羊原产地可追溯平台与省/州平台。

支持 RFID 识别，条码/二维码扫描，IC 卡信息读取，支持 WLAN。

配有 SIM 卡槽，1 个卡槽 SIM 卡或 TF 卡二选一，适合户外使用，支持 IP65，达到 IEC 密封规格。

带有 1 300 万像素摄像头，自动对焦（闪光灯）可直接拍照。

在操作温度范围，能承受多次从 1.5 米高度跌落至混凝土地面的冲击。

设备支持外接电池，总电量 8 000 毫安时。

部署牲畜保险追溯系统（移动端），实现养殖户、养殖户投保信息、养殖户理赔信息的管理。

满足省平台设备管理规范和要求。

养殖溯源管理系统支持身份证图像识别、身份信息自动采集。

（二）乡镇农牧技术服务部门

建设牦牛藏羊乡镇农牧技术服务部门追溯采集点，主要配置电脑、打印机、数据采集手持仪、手持采集终端数据卡、本地应用软件服务器、网络设备等，并且为乡镇农牧技术服务部门单位制作全景图。通过数据采集手持终端安装的养殖溯源管理系统（移动端）政务版，采集辖区内牦牛藏羊追溯数据，并可实现扫描耳标，查询牦牛藏羊档案的功能，养殖溯源数据自动同步到青海省"互联网+"高原特色智慧农牧业大数据平台数据中心。青海省牦牛藏羊原产地可追溯平台实时自动获得追溯体系的农畜产品质量安全板块、GIS 智能管控板块以及智慧畜牧兽医板块的养殖场/合作社企业基础信息、GIS 定位数据等，避免乡镇农牧技术服务部门工作人员进行数据的重复采集录入工作。

1. 乡镇农牧技术服务部门全景图制作

通过无人机拍照、影像合成等技术，制作乡镇农牧技术服务部门的 360°全景图，采集企业信息及企业 GPS 定位。全景图可无缝对接省平台 GIS 综合监控平台，用于乡镇农牧技术服务部门的基础信息及地理位置在省平台的全景图展示。

2. 数据采集手持终端

技术要求。

Android 操作系统，支持 1 080P 分辨率，电容屏幕。

部署青海省牦牛藏羊原产地可追溯平台养殖溯源管理系统（移动端）政务版应用程序，代替养殖户对辖区内牦牛藏羊补栏信息、耳标佩戴、免疫信息、兽药使用、饲料使用、养殖无害化处理、出栏信息进行录入。

数据采集信息格式满足省平台养殖环节数据规范，并且及时数据同步到省大数据平台数据中心。

支持 RFID 识别，条码/二维码扫描，IC 卡信息读取，支持 WLAN。

配有 SIM 卡槽，1 个卡槽 SIM 卡或 TF 卡二选一，适合户外使用，支持 IP65，达到 IEC 密封规格。

带有 1 300 万像素摄像头，自动对焦（闪光灯）可直接拍照。

在操作温度范围内，能承受多次从 1.5 米高度跌落至混凝土地面的冲击。

设备支持外接电池，总电量 8 000 毫安时。

满足省平台设备管理规范和要求。

养殖溯源管理系统支持身份证图像识别、身份信息自动采集。

3. 其他设备参数

（1）监控设备。

技术要求：

功耗 40Wmax（其中加热 6Wmax，红外灯 9Wmax）；

工作温度和湿度-30~65℃，湿度小于 90%；

防护等级 IP66；TVS4000V 防雷、防浪涌、防突波，符合 GB/T 17626.5 四级标准；

尺寸 Φ220×383 毫米；

重量 5 千克。

满足省平台设备管理规范和要求。

（2）流媒体分发服务。

对本地视频设备进行配置管理，满足省平台设备管理规范和要求。实现平台示范基地视频设备实时通信、视频编解码、视频上发的本地服务，并利用视频中心服务进行视频的管控，以及上传视频录像文件到省大数据平台数据中心，为溯源体系建设提供数据支撑。

软件系统支持：

可以兼容多种视频格式，H.264，MPEG4，FLV 等；

可以兼容多种音频格式，AAC，MP3，G711 等；

可以兼容多种视频传输格式，RSTP，RTMP，SIP 等；

实现多点数据智能互联，可将多地数据进行实时交互；

系统支持视频动态加载。

（3）电脑。

技术要求：

处理器第六代智能英特尔酷睿 i5 处理器 i5-7500（COREi53.2G6M 缓存）；

操作系统 Windows10 家庭版（联想推荐使用 Windows10 专业版）；

主板芯片组 IntelB250；

硬盘 1TB；

内存 4GBDDR4。

部署青海省牦牛藏羊原产地可追溯平台养殖溯源管理系统，实现对养殖基础信息、动物防疫、投入品、动物检疫等的管理，以及养殖数据的统计分析与溯源查询。

满足省平台设备管理规范和要求。

（4）无线路由。

技术要求：

网络标准 IEEE802.11n、IEEE802.11g、IEEE802.11b、IEEE802.3、IEEE802.3u；

网络协议 CSMA/CA，CSMA/CD，TCP/IP，DHCP，ICMP，NAT，PPPoE；

最高传输速率 300Mbps；

传输速率 802.11n：300Mbps；

频率范围单频（2.4~2.4835GHz）；

信道数 13；

传输功率 20dBm（最大值）；

网络接口 1 个 10/100MbpsWAN 口；

4 个 10/100MbpsLAN 口；

满足省平台设备管理规范和要求。

（三）屠宰加工企业追溯点

建设牦牛藏羊屠宰加工场追溯点，为屠宰加工企业部署 RFID 电子标签、RFID 读写器、RFID 读写器天线、监控设备、物联网终端、电脑、本地应用软件服务器、手持终端、LED 屏等溯源操作设备，并且为屠宰加工场制作全景图。通过动物屠宰追溯管理系统、熟食品加工追溯管理系统以及与其对应的移动端系统，实现溯源体系屠宰加工环节的数据采集、上报、查询。屠宰加工溯源数据自动同步到青海省"互联网+"高原特色智慧农牧业大数据平台数据中心，通过省大数据牦牛藏羊原产地可追溯平台实时自动获得追溯体系的农畜产品质量安全板块、GIS 智能管控板块以及智慧畜牧兽医板块的屠宰加工场基础信息、GIS 定位数据等，避免屠宰加工场负责人进行数据的重复采集录入工作。

1. 屠宰加工场自动化数据采集

入场登记：完成扫描牦牛藏羊耳标，输入养殖户名称，包括镇村组等信息；上钩信息：完成将 RFID 电子耳标与 RFID 轨道挂钩关联；四分体：转挂过程，完成一个挂钩关联多个挂钩；排酸进场：记录进入排酸室 pH 值；排酸出场：记录离开排酸室 pH 值，也可随时跟进需要不定期记录；卸钩分割：挂钩与托盘关联，进行分割；二次包装：扫描保鲜膜二维码，包装秤塑封大包装。

2. 屠宰加工企业全景图制作

通过无人机拍照、影像合成等技术，制作屠宰加工企业的 360° 全景图，采集企业信息及企业 GPS 定位。全景图可无缝对接省平台 GIS 综合监控平台，用于屠宰加工企业信息及地理位置在省平台的全景图展示。

3. 屠宰场手持终端

通过青海省牦牛藏羊原产地可追溯平台中动物屠宰追溯管理系统对屠宰数据进行补充录入，完成屠宰进场、上钩、胴体、排酸入场、排酸出场、分割、产品包装、二次包装等数据的录入管理。

数据采集手持终端技术要求：

Android 操作系统，支持 1 080P 分辨率，电容屏幕；

部署青海省牦牛藏羊原产地可追溯平台动物屠宰追溯管理系统（移动端）应用程序，实现溯源体系屠宰加工环节的数据采集、上报、查询；

数据采集信息格式满足省平台屠宰环节数据规范，并且及时数据同步到青海省牦牛藏羊原产地可追溯平台与省/州平台；

支持 RFID 识别，条码/二维码扫描，IC 卡信息读取，支持 WLAN；

配有 SIM 卡槽，1 个卡槽 SIM 卡或 TF 卡二选一，适合户外使用，支持 IP65，达到 IEC 密封规格；

带有 1 300 万像素摄像头，自动对焦（闪光灯）可直接拍照；

在操作温度范围内，能承受多次从 1.5 米高度跌落至混凝土地面的冲击；

设备支持外接电池，总电量 8 000 毫安时；

满足省平台设备管理规范和要求；

动物屠宰追溯管理系统支持身份证图像识别、身份信息自动采集。

4. 其他设备参数

（1）RFID 识读器。

使用用途：

屠宰流水线动物标识信息读取，自动读取胴体挂钩信息，自动读取、保存屠宰过程各节点关键信息。

技术要求：

应支持 ISO 18000-6c 技术协议标准、840MHz-960MHz，支持 China2、China1、USA、Europe、Korea 区域频段选择、根据实际使用场景可调节信号发射功率；

阅读速度≥120 个/秒，阅读距离根据实际发射功率可调；

可以适应低温、潮湿工作环境，工作温度-30~60℃，防护等级 IP54。

满足省平台设备管理规范和要求。

（2）RFID 读写器天线。

主要应用于物联网 RFID 读写器的信号接收，与 RFID 读写器为一体，满足省平台设备管理规范和要求，每个读写器配备 2 个 RFID 读写器天线，用于读取 RFID 电子标签和动物耳标并获取数据。

（3）RFID 电子标签。

使用用途：

屠宰流水线胴体识别，耳标数据转换。

技术要求：

抗金属芯片，支持识读距离≥30 厘米；

IP67 防护级别，屠宰场高温高湿的环境中，标签不会破损、脱落；

RFID 标签采用防水背胶、在高温高湿环境下不会发生褶皱，长期耐高温≥75℃，短期耐温≥140℃；

RFID 标签使用 6 个月后表面垂直抗拉力≥90N。

满足省平台设备管理规范和要求。

（4）监控设备。

技术要求：

功耗 40Wmax（其中加热 6Wmax，红外灯 9Wmax）；

工作温度和湿度-30~65℃；湿度小于 90%；

防护等级 IP66；TVS4000V 防雷、防浪涌、防突波，符合 GB/T 17626.5 四级标准；

尺寸 Φ220×383mm；

重量 5 千克；

满足省平台设备管理规范和要求。

（5）电脑。

技术要求：

处理器第六代智能英特尔酷睿 i5 处理器 i5-7500（COREi53.2G6M 缓存）；

操作系统 Windows10 家庭版（联想推荐使用 Windows10 专业版）；

主板芯片组 IntelB250；

硬盘 1TB；

内存 8GBDDR4。

部署青海省牦牛藏羊原产地可追溯平台动物屠宰追溯管理系统（PC端），实现对屠宰自动化数据采集系统进行补充数据录入，完成屠宰进场登记、无害化登记、检疫登记管理功能，以及上钩、胴体、排酸入场、排酸出场、分割、产品包装、二次包装等数据查看功能。

满足省平台设备管理规范和要求。

（6）数据集控服务。

对本地物联网设备进行配置管理，满足省平台设备管理规范和要求。实现示范基地物联网传感数据实时通信、监测、上发的本地服务，并利用数据集控服务进行设备命令管控、交互、预警，以及与省大数据平台青海省牦牛藏羊原产地可追溯平台实现数据同步，为溯源体系建设提供数据支撑。

功能包括：

快速采集智能控制设备数据，对数据进行整理、打包分发；

实现多点数据智能互联，可将多地数据进行实时交互；

系统可以实时监控传感设备运行状态和运行参数，根据要求所示提供调整；

系统允许用户通过网络远程对设备进行控制和查看，可通过互联网进行遥控，无须再统一局域网内；

系统采用 Windows 服务方式进行运行，占用资源较少，安装后无须维护；

运行状态监测功能，在系统运行时实时监测系统的运行状态，如遇系统崩溃或运行异常时系统可以自我进行修复。保证长时间运行。

（7）流媒体分发服务。

对本地视频设备进行配置管理，满足省平台设备管理规范和要求。实现平台示范基地视频设备实时通信、视频编解码、视频上发的本地服务，并利用视频中心服务进行视频的管控，以及上传视频录像文件到省大数据平台数据中心，为溯源体系建设提供数据支撑。

软件系统支持：

可以兼容多种视频格式，H.264，MPEG4，FLV 等；

可以兼容多种音频格式，AAC，MP3，G711 等；

可以兼容多种视频传输格式，RSTP，RTMP，SIP 等；

实现多点数据智能互联，可将多地数据进行实时交互；

系统支持视频动态加载。

（8）物联网温度传感器。

技术要求：

测量范围：温度，-40~80℃，湿度，0~100%RH；

测量精度：温度，±0.5℃，湿度，±3%RH；

输出信号：4~20mA、0~5V、0~10V；

供电电源：12VDC、24VDC；

工作环境：温度，-40~80℃、湿度，0~99.9%RH；

输出负载：R<500Ω；

安装方式：壁挂式；

满足省平台设备管理规范和要求。

（9）LED 屏。

技术要求：

用于显示称重数据、排酸室温度数据等；

P10，单色；

满足省平台设备管理规范和要求。

（四）采集点培训

针对信息采集点在青海省牦牛藏羊原产地可追溯工作中的具体工作内容设计针对性的培训。

主要包括：

手持设备以及电脑设备的硬件使用培训；

系统软件培训中重点包括青海省牦牛藏羊原产地可追溯平台中的养殖溯源管理系统、动物屠宰追溯管理系统、熟食品加工追溯管理系统以及相其对应的移动端系统的培训；

常见问题以及故障处理方法培训；

售后服务流程培训。

（五）州县级监督检查

针对州县监督检查工作，为监督检查管理者提供手持设备，基地工作人员对牦牛藏羊养殖基地工作情况进行定期监测查询。

数据采集手持终端技术要求：

Android 操作系统，支持 1 080P 分辨率，电容屏幕；

部署青海省牦牛藏羊原产地可追溯平台养殖溯源管理系统、动物屠宰追溯管理系统应用程序，对牦牛藏羊养殖基地、屠宰加工企业工作情况进行定期监测查询，方便监督检查管理者进行管理考核，养殖溯源管理系统、动物屠宰追溯管理系统为监督检查管理者提供考核数据依据；

支持 RFID 识别，条码/二维码扫描，IC 卡信息读取，支持 WLAN；

配有 SIM 卡槽，1 个卡槽 SIM 卡或 TF 卡二选一，适合户外使用，支持 IP65，达到 IEC 密封规格；

带有 1 300 万像素摄像头，自动对焦（闪光灯）可直接拍照；

在操作温度范围内，能承受多次从 1.5 米高度跌落至混凝土地面的冲击；

设备支持外接电池，总电量 8 000 毫安时；

满足省平台设备管理规范和要求；

养殖溯源管理系统与动物屠宰追溯管理系统支持身份证图像识别，身份信息自动采集。

五、追溯标识

多标合一：溯源耳标、保险耳标、防疫耳标等多种耳标进行标准统一，支持一标多用。追溯标识同时支持电子耳标和二维码耳标。

青海省牦牛藏羊追溯标识耳标号段通过相关平台进行申请，全省牦牛藏羊耳标号段数据自动上传到省农牧业大数据平台数据中心，青海省牦牛藏羊原产地可追溯平台为政府监管提供数据支撑，为畜种戴标提供检验依据。

在牦牛藏羊追溯过程中，读取耳标功能存在于多个环节之中，为了保证设备通用，提升设备使用效率，不能存在高低频耳标混用情况，必须保证青海省牦牛藏羊追溯标识统一。

追溯标识设备参数

超高频电子耳标

（1）协议标准。

要求符合 ISO/IEC18000-6C 协议标准；要求工作频率必须符合国家无线电委员会标准：920~925MHz，该区间识读灵敏度曲线要求低于-10dBm，如-12dBm；识读灵敏度曲线为电子耳标注塑成品的灵敏度曲线。注意：不是芯片的识读灵敏度。

（2）芯片存储区。

芯片内存（Tagmemory）分为四个独立的存储区块（Bank）：

保留区（Reserved）、电子产品代码区（EPC）、标签识别号区（TID）、数据区（User）、版本区（Version）。

应用于电子耳标的芯片要求如下。

TID 区：有，芯片本身的唯一标识编码，只读；

EPC 区：有，大于96bit，存储电子耳标号，可读写，写入二维码耳标 15 位数字，前补 0；

数据区：无；

版本区：8bit。

（3）识读寿命。

根据不同的畜禽类别，要求不同。

种畜类。电子耳标寿命要求 5 年以上，性能无明显下降。允许由于外力破坏导致的年失效比例为 5%以内。

商品畜类。

肉羊，电子耳标寿命要求 2 年以上，不失效，性能无明显下降。

肉牛，电子耳标寿命要求 3 年以上，不失效，性能无明显下降。

（4）识读距离。

测试环境：手持式识别设备，功率 27dBm，空气中。

手持式识读设备参考读取距离如下。

羊电子耳标，线极化，读取距离大于 0.6 米；

牛电子耳标，线极化，读取距离大于 2 米。

六、基地建设信息采集

在追溯基地采集点建设过程中，已经对基地企业信息，经营主信息，基地 360°全景航拍，GPS 定位等信息进行了全面采集，故在本阶段基地信息采集过程中，可进行自动关联，无须进行二次重复采集。若未进行生产主体、航拍、GPS 定位等信息采集，在本环节可以进行补录或更正。

（一）养殖数据录入

牦牛藏羊佩戴耳标时，在手持终端设备上，通过青海省牦牛藏羊原产地可追溯平台养殖溯源管理系统自动识别耳标信息，录入养殖信息。

1. 养殖生产主体信息

（1）养殖企业信息。

养殖企业信息包括企业名称、企业地址、企业法人、企业联系电话、养殖规模等信息。

（2）养殖畜主信息。

畜主信息包括企业负责人姓名、联系电话、身份证号码、营业证号码等信息。

2. 养殖地理环境信息

（1）养殖区划信息。

养殖地区区划信息设置为五级区划，包括省、州（市）、县（区、市）、乡（镇）、村（社）。

（2）养殖经纬度坐标信息。

养殖生产主体地理坐标，包括经度、纬度信息。

（3）养殖产地信息。

养殖产地认证信息，是否具有有机认证，是否属于绿色食品。

（4）养殖基地环境全景。

通过无人机拍照、影像合成等技术，制作养殖场/合作社的360°全景图。

（5）养殖基地企业门头照片。

拍摄养殖基地企业门头照片。

3. 养殖动物个体信息

养殖动物个体信息包括：畜种名称、品种信息、耳标号、入栏日期、畜种信息、动物个体照片、动物月龄等信息。

4. 养殖生产过程信息

主要对养殖生产过程数据进行记录，包括饲料投入品数据记录、兽药投入品数据记录等。

5. 养殖动物防疫信息

主要对养殖生产过程防疫数据进行记录，包括防疫具体日期、防疫疫苗、疫苗使用量、防疫人员、疫苗追溯数据等。

6. 养殖无害化处理数据

主要对养殖无害化进行数据记录，包括无害化日期、无害化数量、无害化品种、无害化方式等。

7. 养殖出栏、转移信息

对畜种出售、转移进行记录，包括出栏日期、出栏数量等信息进行记录。

8. 养殖检疫信息

对畜种出售、转移进行检疫，出检疫证明。检疫信息主要包括检疫个体耳标号、检疫日期、检疫单位、检疫数量、检疫品种、检疫结果等信息。

（二）基础信息关联

养殖数据录入后，青海省牦牛藏羊原产地可追溯平台养殖溯源管理系统将自动与省农牧大数据平台GIS综合监控平台养殖场信息（包括养殖场名称、地址、联系电话、存栏量、圈舍面积等)、养殖场 GPS 定位信息、质量安全监管信息进行关联。

(三) 养殖数据同步

养殖溯源管理系统数据将自动同步到省农牧业大数据牦牛藏羊原产地可追溯平台牲畜保险追溯系统中，保险公司无须进行数据矫正、无须重复录入养殖管理数据，实现各业务系统之间的数据互联互通。

(四) 养殖投保管理

养殖投保管理过程中保险公司只需录入养殖户银行卡、牦牛藏羊照片等投保相关信息即可，完成牦牛藏羊投保工作。

第二节　有机追溯数据体系

术语、定义和缩写

RBAC：Role-Based Access Control，基于角色的权限访问控制，在 RBAC 中，权限与角色相关联，用户通过成为适当角色的成员而得到这些角色的权限，在一个组织中，角色是为了完成各种工作而创造，用户则依据其责任和资格来被指派相应的角色，可以很容易地从一个角色被指派到另一个角色。角色可依新的需求和系统的合并而赋予新的权限，而权限也可根据需要而从某角色中回收。

NHibernate：NHibernate 是一个面向 .NET 环境的对象/关系数据库映射工具。对象/关系数据库映射 (object/relational mapping，ORM) 这个术语表示一种技术，用来把对象模型表示的对象映射到基于 SQL 的关系模型数据结构中去。

WCF：Windows Communication Foundation，微软开发的一系列支持数据通信的应用程序框架，是一个 Windows 通信开发平台。

AOP：Aspect Oriented Programming，面向切面编程，通过预编译方式和运行期动态代理实现程序功能的统一维护的一种技术。利用 AOP 可以对业务逻辑的各个部分进行隔离，从而使业务逻辑各部分之间的耦合度降低，提高程序的可重用性，同时提高了开发的效率。

RFID：Radio Frequency Identification，无线射频识别技术，通过无线电波不接触快速信息交换和存储技术，通过无线通信结合数据访问技术，然后连接数据库系统，加以实现非接触式的双向通信，从而达到了识别的目的，用于数据交换，串联起一个极其复杂的系统。在识别系统中，通过电磁波实现电子标签的读写与通信。根据通信距离，可分为近场和远场，为此读/写设备和电子标签的数据交换方式也对应地被分为负载调制和反向散射调制。

一、青海有机牛羊肉追溯数据平台的体系建设

总体概述

1. 系统建设目标

青海有机牛羊肉追溯数据平台，是采用 B/S 架构、多层结构建立的。其基于物联网，以 RFID 的技术，使用 UHF 超高频远距离可读取的电子耳标，以 RFID、UID 唯一编码，作

为牛羊的身份证，通过佩戴电子耳标记录牲畜性别、品种、毛色、体重、牧户、健康状况、防疫信息、屠宰加工信息、包装等信息，将信息录入青海有机牛羊肉的追溯信息平台和数据库，将各个环节的信息进行逐级信息关联，实现食品质量安全有据可依，有责可追，真正地达到质量追溯的目的，提高消费者对产品、品牌的信赖。青海有机牛羊肉有质量安全溯源数据采集的流程。其构成的溯源流程和与之相匹配的信息模型如下图所示。

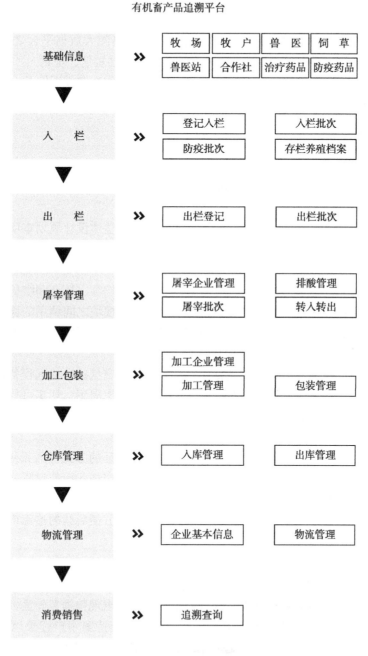

有机追溯流程和信息模型

2. 需求概述

通过电子耳标、手持机、草场监控等硬件设备，采集牛羊在养殖环节的信息于数据库；通过 RFID、无线传输技术进行信息传输和统计，经过屠宰环节生成二维码包装，将屠宰信息录入数据库；在销售流通环节的物流信息也录入数据库中，产品经各个卖场流通到消费者手中。消费者可通过手机扫描可追溯二维码标签，从数据库中获取养殖、屠宰、销售各个环节的信息，实现产品溯源。

依照商品"一物一码"的标准，建立青海有机牛羊肉追溯数据系统，采集全省有机牛羊肉的相关追溯信息，集于并展示在青海省有机牛羊肉追溯大数据平台之上，实现"质量可监控，过程可追溯，政府可监管"，同时消费者也可通过短信、电话、手机 APP、网上查询、智能手机扫描商品二维码、条形码等查询方式实现公共查询投诉服务，准确了解青海有机牛羊肉从养殖、屠宰加工、销售等全流程的信息，选择放心产品。

二、系统设计

（一）设计原则

（1）整体性原则。

在本项目系统设计时将充分考虑各模块之间的关系，整体设计规划本项目系统，注重模块的有机整合。

（2）可扩展性和易维护性的原则。

在设计时应具有一定的前瞻性，充分考虑系统升级、扩容、扩充和维护的可行性；并针对本系统涉及多个程序调用的特点，充分考虑如何保证各模块之间调用的稳定性；针对本系统活度数据、能谱数据量非常大的特点，数据库设计需考虑如何保证数据 I/O 的高效率。

（3）可靠性和稳定性的原则。

在设计时采用了可靠的技术，在数据库存储环节使用磁盘备份或远程备份的策略，保证了数据存储的容错性和可恢复性；并在各模块操作环节考虑周到、切实可行，建成的系统将安全可靠，稳定性强，把各种可能的风险降至最低。

（4）安全性和保密性的原则。

在系统设计把安全性放在首位，用户只能通过身份认证的方式登入系统，且使用 RBAC 权限控制方式，方便管理员分配用户权限，对角色设置了严格的操作权限；系统对存储的关键数据进行了加密存储，保证在其他任何软件环境中都无法获取明码；并充分利用日志系统，对用户的使用情况和数据处理项进行自动记录日志，方便后续的追踪审计，增强系统的安全性。

1. 总体设计路线

青海省有机畜牧追溯平台采用 B/S 结构进行系统设计，支持 Windows Server 2008 以上版本的环境；同时系统具有良好的安全性和稳定性，不会出现数据意外丢失、系统崩溃、易于外部入侵的系统漏洞等现象；基于 RBAC 授权控制，支持多用户登录以及灵活的权限管理，数据统一集中管理，实现多用户在线监测核电站一回路冷却剂活度数据及包壳破损数据。

2. 总体技术架构

系统总体架构可分为 4 层，即应用层、业务层、服务层与数据层，各层具体描述如下。

数据层，主要提供数据存储服务，存储养殖数据、屠宰数据及加工包装数据等。实现数据的水平拆分：核心数据、非核心数据分离，活动数据、历史数据分离；垂直拆分：各应用子系统数据分组分表；水平扩展：支持多系统集成与扩展；垂直扩展：第三方可执行程序可独立维护与扩展业务数据。

服务层，基于 NHibernate 基础上进行二次开发，通过 ORM 映射实现数据库-实体关系映射，可支持多数据源并可自动生成映射文件，用于与数据库的数据读写通信等；SOA 框架通过 WCF、SOACore、Controller、AOP 实现。WCF 接口可部署在服务器的 IIS 中，通过 WCF 接口的 CallMethod 方法，调用 SOACore，通过 SOACore 解析数据参数并序列化成对象，反射调用 Controller 中的方法，从而避免接口暴露。Controller 表示业务逻辑的具体实现，AOP 供 Controller 调用，实现日志与权限验证处理。

业务层，主要处理各种业务逻辑、系统配置以及生成日志等。其中 RCLUtils 为工具类，封装常用处理类，如图形处理、文字处理、字符串处理等；Config 配置类，用于处理配置读写，包括枚举类、ini 读写等；Auth 权限认证类，统一处理用户角色验证、权限控制等；Helper 通用帮助类；Log4net 日志组件，用于生成日志。

应用层，实现水平拆分：服务分层，功能与非功能分离；垂直拆分：将不同的业务分解成不同的层次；水平扩展：平台架构支持多应用系统集成与扩展；垂直扩展：应用系统方便扩展、变更业务功能。

3. 系统功能部署

(1) 青海省有机畜牧追溯平台-养殖系统部署在用户端（PC 机）上，包括基础信息管理、养殖管理、出栏管理、监管追溯、统计分析、设备管理、系统管理模块。

(2) 青海省有机畜牧追溯平台-PDA 系统部署在特殊定制的手持机移动终端上，包括读写耳标、入栏登记、牲畜登记、档案查询、数据同步、登录/退出系统等模块。

(3) 青海省有机畜牧追溯平台-屠宰系统部署在用户端（PC 机）上，包括入场、隔离、屠宰、排酸、加工、包装、入库、出库、库存、物流销售、统计分析、基础信息、参数设置模块。

(4) 青海省有机畜牧追溯平台-入厂客户端部署在屠宰场（PC 机）上，包括连接超高频读写器、操作入场、添加分体、数据同步模块。

(5) 青海省有机畜牧追溯平台-电子秤服务，包括向电子秤提供 PLU 按键信息、产品信息、追溯码信息、获取电子秤上传的产品信息。

(6) 青海省有机畜牧追溯平台-胴体视检 PDA 部署在特殊定制的手持机移动终端上，包括胴体视检、数据同步。

（二）数据结构设计

1. RBAC 权限控制

系统基于角色的访问控制（RBAC）策略，设计了 5 张表，即用户、角色、功能、用户角色和角色功能权限表。通过用户和角色的关联、角色和功能的关联，得到用户多个角色功能权限，以此构造成"用户-角色-权限"的授权模型。

2. 基础数据

集合作社、牧场、牧户、兽医站、兽医等信息于一体的基础信息数据库设计见下图。

3. 养殖数据

从青海净意信息科技有限公司多年来的实践来看，优化后的养殖信息，包括入栏批次、养殖档案、出栏批次、繁殖信息、治疗信息、防疫信息等。

4. 屠宰加工数据

由于篇幅原因，展示屠宰加工数据库设计图如下。

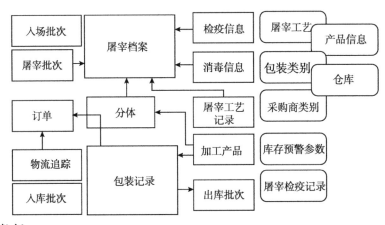

5. 追溯数据

目前追溯信息数据库的设计，可以实现产品信息、物流信息、销售信息的查询。追溯信息数据库的设计见下图。

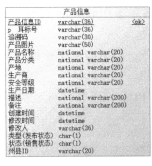

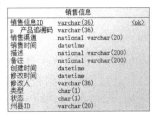

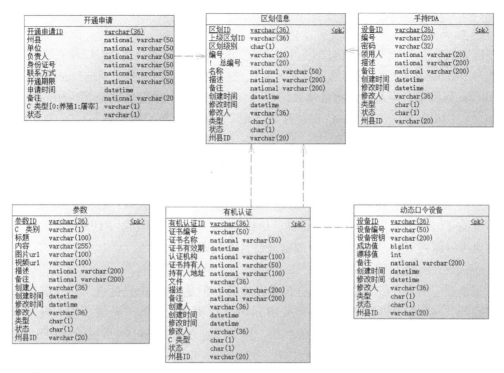

6. 其他数据

系统要基于开通申请、手持 PDA、动态口令设备、有机认证、区划信息以及参数信息的主机关联才能实现其他各个数据的开发。其他信息数据库设计见下图。

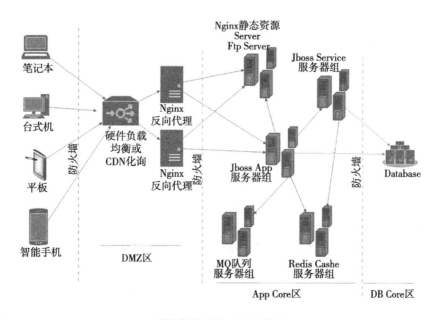

将网络划分为三区示例图

(三) 系统安全设计

1. 系统安全

将网络划分为 3 个区：使 DMZ 区可以直接公网访问，也可以与 AppCore 区互通，但不能直接与 DBCore 区互通（通常这里放置反向代理 Web 服务器）；要让 AppCore 区能与 DMZ 区、DBCore 区互通，但是无法直接从公网访问（通常这里放置应用服务器、中间件服务器之类）；同时 DBCore 区仅与 AppCore 区互通（通常这里放置核心数据库）。

2. 尽量消除单点故障

除了"硬件负载均衡"节点外，其他节点都可以部署成集群（DB 有点特殊，传统 RDBMS 要实现分布式/集群还是比较困难的，要看具体采用的数据库产品，并非所有数据库都能方便地做 Sharding），Jboss 本身可以通过 Domain 模式+mod_ cluster 实现集群，Redis 通过 Master/Slave 以 Sentinel 方式可以实现 HA，IBMMQ 本身就支持集群，FTPServer 配合底层储存阵列也可以做到 HA，Nginx 静态资源服务器自不必说。

3. Database 问题

常规企业应用中，传统关系型数据仍然是主流，但是 no-sql 经过这几年发展，技术也日渐成熟了，一些非关键数据可以适当采用 no-sql 数据库，比如，系统日志、报文历史记录这类相对比较独立，而且增长迅速的数据，可以考虑存储到 no-sqldb 甚至 HDFS、TFS 等分布式开源文件系统中。

4. 性能

webserver、appserver 可以通过集群实现横向扩张，满足性能日常增长的需求。最大的障碍还是 DB，如果规模真达到了 DB 的上限，还是考虑换分布式 DB 或者迁移到"云"上。

三、实现策略

(一) 技术策略

1. 数据库水平切分

针对养殖、屠宰、加工包装过程数据的存储与访问是系统数据库操作的瓶颈所在，在该平台中，可以通过数据切分的方式来提高系统性能，主要体现的是数据库分表操作。数据库分表主要有以下优势。

增强可用性：如果表的某个分区出现故障，表在其他分区的数据仍然可用；

维护方便：如果表的某个分区出现故障，需要修复数据，只修复该分区即可；

均衡 I/O：可以把不同的分区映射到磁盘以平衡 I/O，改善整个系统性能；

改善查询性能：对分区对象的查询可以仅搜索自己关心的分区，提高检索速度。

数据库对表或索引的分区方法有以下 3 种。

范围分区（系统使用该方式进行水平切分）；

Hash（散列）分区；

复合分区。

2. WCF 服务

平台中服务端和客户端需要进行双向实时通信，且需保证数据传输的统一性、互操作性、兼容性、安全性。

在 . NET 的技术栈中我们可以通过 . netRemoting，WebService，Socket，WCF 等方式进行端与端的通信，其中 WCF（Windows Communication Foundation）是由微软开发的一系列支持数据通信的应用程序框架，可以翻译为 Windows 通信开发平台。

WCF 整合了原有的 windows 通信的 . netRemoting，WebService，Socket 的机制，并融合有 HTTP 和 FTP 的相关技术。

（二）数据存储备份策略

1. 文件存储

为了保证数据文件的安全，推荐在服务器上对数据进行冗余存储，可通过构建磁盘阵列的方式来提高 I/O 性能和保证数据安全。

2. 数据备份

为了保障核心数据和重要数据的完整性和一致性，可进行磁盘备份或远程备份。

以上的备份策略，保证在不影响系统服务的条件下，在本地和远程都保留一份前一天的备份数据，包括数据库数据和文件服务器的数据。

常规数据恢复一般是在文件系统失败（包括磁盘设备失败）导致数据无法使用的情形下必须激活的程序。常规数据恢复保证系统回复到前一天的状态，但也意味着当天数据的丢失。一般系统出错的恢复，其实不一定需要用到备份，我们建议应该避免使用常规数据恢复，尽量考虑用其他办法把系统回复到最近的可用状态。

第三节　有机追溯的规则制度

农产品质量安全追溯管理风险预警指标体系规范（试行）

1　范围

本标准规定了农产品质量安全追溯风险预警数据源、农产品质量安全风险预警指标体系、农产品质量安全风险预警算法及农产品质量安全风险预警信息发布。

本标准适用于国家农产品质量安全追溯管理信息平台分析决策系统风险预警子系统的建设，以及农产品的质量安全风险预警业务的开展。

2　规范性引用文件

下列文件对于本文件的应用是必不可少的。凡是注日期的引用文件，仅所注日期的版本适用于本文件。凡是不注日期的引用文件，其最新版本（包括所有的修改单）适用于本文件。

NCPZS/T××××-××××农产品质量安全追溯管理专用术语。

3　术语和定义

NCPZS/T××××-××××界定的以及下列术语和定义适用于本文件。

3.1　危害物 Hazard

农产品携带的某种可能对健康有不良影响的生物的、化学的或物理的物质。

3.2　风险 risk

危害物对人体健康有不良影响的可能和大小。

3.3　风险预警指标 risk early warning index

能预先警示农产品安全的、反映风险特征、直接用于预警风险的定量或定性的数据项。

4 农产品质量安全风险预警数据源

4.1 数据来源分类

农产品质量安全风险预警数据来源主要是国家农产品质量安全追溯管理信息平台,包括追溯系统、监管系统、监测系统、执法系统中的各类数据。

4.2 数据源组成

风险预警的相关数据,包括:

农产品的产品标准、检测方法标准、危害物项目、危害物限量;

历史监测数据;

日常监测数据;

日常监管、监测、追溯信息;

内部预警信息和对外发布的预警信息;

媒体曝光农产品质量安全事件、生产经营主体反馈情况、消费者投诉情况以及其他社会突发事件;

其他与预警相关的数据。

00001——数据库的数据预先录入或从国家农产品质量安全追溯管理信息平台其他系统交换而来。

4.3 数据采集要求

农产品种类繁多,生产技术多样,其应检测的具体危害物项目(生物性、化学性和物理性危害物)、危害物限量与检测方法,由具体农产品相关的法律法规、产品标准和检测方法标准确定。

5 农产品质量安全风险预警指标体系

5.1 概述

风险预警指标体系由风险预警指标、预警触发规则、预警范围、预警级别和预警信息组成。

5.2 风险预警指标

风险预警指标包括三大类:监测指标、追溯指标和社会舆情指标。其层次结构如下图所示。

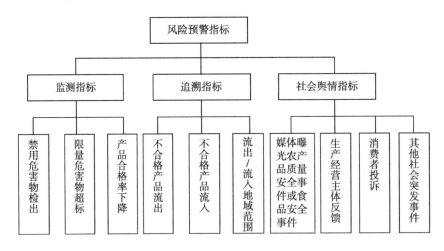

风险监控指标体系图

5.3 预警触发规则

预警触发规则是指预警发布的条件,根据风险预警指标的实际指标值、可能造成的损失程度和影响范围而定。

多个风险指标触发预警规则的，应同时预警。

5.4　预警范围

预警的范围按行政区域分为县、市、省和全国范围。

县（县、市辖区、县级市、旗）。

市（市、地区、自治州、盟及国家直辖市所属市辖区和县）。

省（省、自治区、直辖市和特别行政区）。

全国（32个省、直辖市及所属市和县）

5.5　预警级别

预警的级别按风险的大小和影响程度分为蓝色、黄色、橙色和红色预警，分别代表一般风险、较大风险、重大风险和特别重大风险。

预警级别表示风险的相对严重程度，其等级与预警指标值的关系如下表所示。

表　预警级别与预警指标值

序号	预警指标值范围	预警级别	备注
1	60~69	蓝色	可根据具体情况审定
2	70~79	黄色	可根据具体情况审定
3	80~89	橙色	可根据具体情况审定
4	90以上	红色	可根据具体情况审定

5.6　预警信息

风险预警时应指明时间、地点、风险来源、危害物、涉及的农产品、产品批次、生产主体、预警范围、预警级别等信息。

6　农产品质量安全风险预警算法

6.1　监测风险

由于国家农产品质量安全追溯管理信息平台中监测数据是由检测机构出具，数据真实且不可篡改，可反映出的农产品质量安全风险，主要指农产品存在禁用危害物和限量危害物，农产品不合格程度较为严重等，预警时可使用以下几个风险预警指标。

预警指标值=f（禁用危害物，限量危害物，产品合格率下降，影响范围）

具体算法如下。

禁用危害物检出：产品标准规定的禁用物被检出；或产品标准虽未规定，但监管机构要求检测的禁用危害物被检出，预警指标值>90。

限量危害物超限数量比例超标：一定行政区划内限量危害物超限的比例，即超限检测数占总检测数的比例大于规定值。限量危害物可以是某一种或几种危害物，总检测数可以按产品或种类统计。

（1）超过标准1%~2%：预警指标值60~69，每0.1个百分点对应1个单位的预警指标值，具体取值由限量危害物严重程度决定。

（2）超过标准2%~3%：预警指标值70~79，每0.1个百分点对应1个单位的预警指标值，具体取值由限量危害物严重程度决定。

（3）超过标准3%~4%：预警指标值80~89，每0.1个百分点对应1个单位的预警指标值，具体取值由限量危害物严重程度决定。

（4）超过标准4%以上：预警指标值90~100，每0.1个百分点对应1个单位的预警指标值，具体取值由限量危害物严重程度决定。

产品合格率下降：一定行政区划内某单一产品的合格率同比或环比下降。

（1）合格率下降<2个百分点：预警指标值60~69，每0.1个百分点对应1个单位的预警指标值，具体取值由影响区域决定。

（2）合格率下降3~5个百分点：预警指标值70~79，每0.1个百分点对应1个单位的预警指标值，具体取值由影响区域决定。

（3）合格率下降5~8个百分点：预警指标值80~89，每0.1个百分点对应1个单位的预警指标值，具体取值由影响区域决定。

（4）合格率下降>8个百分点：预警指标值90~100，每0.1个百分点对应1个单位的预警指标值，具体取值由影响区域决定。

其算法流程见下图。

具体预警等级及预警范围见附件1。

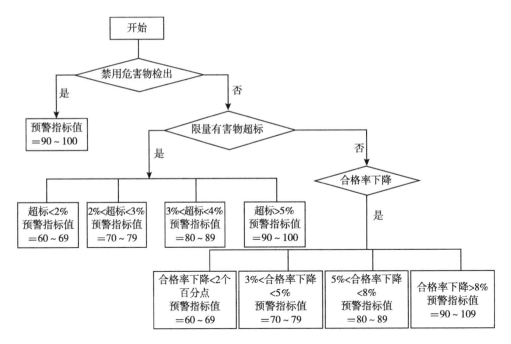

监测预警算法流程图

6.2 追溯风险

国家农产品质量安全追溯管理信息平台追溯系统记录产品生产与流向，发现的风险，主要指不合格农产品的流入流出，预警时可使用以下几个风险预警指标。

预警指标值=f（禁用危害物流出/流入，限量危害物流出/流入，影响范围）

不合格产品流出，不合格原因为禁用危害物检出：90~100。

不合格产品流出，不合格原因为非禁用危害物检出：60~89，具体取值由影响区域决定。

不合格产品流入，不合格原因为禁用危害物检出：90~100

不合格产品流入，不合格原因为非禁用危害物检出：60~89，具体取值由影响区域决定。

来自核污染、大型流行病等疫区的农产品流入：90~100。

追溯预警算法流程见下图。

具体预警等级及预警范围见附件2。

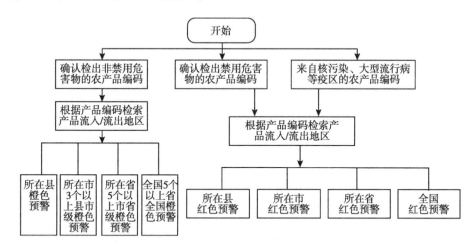

追溯预警算法流程图

6.3　社会舆情风险

国家农产品质量安全追溯管理平台记录或从外部媒体获取的市场和社会反馈的风险信息，一般为定性描述，预警时可使用以下几个风险预警指标。

媒体曝光农产品质量安全事件。

生产经营主体反馈情况。

消费者投诉情况。

其他社会突发事件。

7　农产品质量安全风险预警信息发布

7.1　概述

依据农产品质量安全的数据来源、指标体系、指标算法等综合的分析后，形成风险预警信息，并通过平台发布或者第三方媒体对外公布。

7.2　预警信息生成

依据风险预警算法，预警分析先利用日常监测数据或追溯信息等生成风险预警指标的实际值，再将预警指标实际值在预警规则内进行判断，符合预警条件的，将产生内部预警信息，并传递给预警信息发布单元。

对已产生内部预警信息的农产品，预警分析应持续对有关数据和信息进行跟踪分析，直至不再符合预警条件，此时将产生内部预警解除信息，并传递给预警信息发布单元。

7.3　预警信息发布原则

7.3.1　及时性

预警信息，要在主管部门规定的时限内通过指定的官方渠道进行发布。

7.3.2　准确性

预警信息应真实反映农产品质量安全存在的安全隐患。

7.3.3 覆盖全面性

预警信息发布范围应包括所有可能出现安全风险的区域。

7.3.4 权威性

农产品质量安全预警信息只能由授权的主管部门通过指定的渠道发布。

7.3.5 一致性

同一原因带来的安全问题，预警信息只能来源于一个部门，有唯一的预警级别。

7.4 预警信息发布

国家和省级主管部门有权限的人员对内部预警信息进行人工判断，必要时组织专家进行研判。如确认可直接发布的，在预警信息发布中正式对外发布；如需调整预警程度的，调整后在国家农产品质量安全追溯管理平台中正式对外发布；如确认不能对外发布的，对外预警终止。

7.5 预警解除

当收到内部预警解除信息时，有权限的人员在农产品质量安全追溯管理平台中解除已对外发布的风险预警。

8 农产品质量安全风险预警示例

8.1 禁用危害物检出预警

在20××年×季度的专项监测中，四川省成都市新都区××农贸市场抽样的鲜鸡蛋样品中检出氯霉素，系统检索成都市其他区无鲜鸡蛋样品中检出氯霉素的情况，则系统发出内部预警：预警级别红色，预警范围新都区，预警危害物氯霉素，预警产品鸡蛋，产品批次××××，生产主体××××，生产主体行政区划××××，同时推送至生产主体所在行政区划。内部预警信息经有权限的人员审核后决定在平台发布。

8.2 产品合格率下降预警

在20××年×季度的例行监测中，山东省的烟台、威海、青岛、潍坊、日照五个市的苹果合格率分别低于各市上一年同期苹果合格率2.1、2.2、2.5、2.4和2.0个百分点。则系统发出内部预警：预警级别蓝色，预警范围山东省，预警指标合格率，预警产品苹果。内部预警信息经有权限的人员审核后决定在平台发布。

8.3 追溯风险预警

已知辽宁省沈阳市沈北新区某养殖户的生猪发生非洲猪瘟疫情，经追溯系统查证，该养殖户的生猪部分流入河北省某一个县，系统发出内部预警：预警级别红色，预警范围河北省该县，预警指标疫区产品流入，预警产品生猪。内部预警信息经有权限的人员审核后决定在平台发布。

风险预警指标体系及预警级别——监测风险

序号	风险预警指标	预警触发规则	预警范围和级别			
			所检县	所检市	所检省	全国
1	禁用危害物检出（2）	某省某市某县检出	红色	红色	红色	
		某省某市检出		红色	红色	
		某省检出			红色	橙色
		2个及以上省同一种物质检出			红色	红色

（续表）

序号	风险预警指标	预警触发规则	预警范围和级别			
			所检县	所检市	所检省	全国
2	限量危害物超限数量比例超标（3）	限量危害物超限数量比例1%~2%	蓝色	蓝色	蓝色	蓝色
		限量危害物超限数量比例2%~3%	黄色	黄色	黄色	黄色
		限量危害物超限数量比例3%~4%	橙色	橙色	橙色	橙色
		限量危害物超限数量比例大于5%	红色	红色	红色	红色
3	产品合格率下降（1）	合格率下降<2个百分点	蓝色	蓝色	蓝色	蓝色
		合格率下降3~5个百分点：	黄色	黄色	黄色	黄色
		合格率下降5~8个百分点	橙色	橙色	橙色	橙色
		合格率下降8个百分点以上	红色	红色	红色	红色

风险预警指标体系及预警级别——追溯风险

序号	风险预警指标	预警触发规则	预警范围和级别			
			所在县（流入与流出）	所在市（流入与流出）	所在省（流入与流出）	全国
1	不合格产品流出，不合格原因为禁用危害物检出	流出至某省某市某县	红色			
		流出至某省某市3个以上县		红色		
		流出至某省5个以上市			红色	
		流出至5个及以上省				红色
2	不合格产品流出，不合格原因为非禁用危害物检出	流出至某省某市某县	橙色			
		流出至某省某市3个以上县		橙色		
		流出至某省5个以上市			橙色	
		流出至5个及以上省				橙色
3	不合格产品流入，不合格原因为禁用危害物检出	某省某市某县发现	红色			
		某省某市3个以上县发现		红色		
		某省5个以上市发现			红色	
		5个及以上省发现				红色
4	不合格产品流入，不合格原因为非禁用危害物检出	某省某市某县发现	橙色			
		某省某市3个以上县发现		橙色		
		某省5个以上市发现			橙色	
		5个及以上省发现				橙色
5	来自核污染、大型流行病等疫区的农产品流入	某省某市某县发现	红色	红色	红色	
		5个及以上省发现				红色

风险预警指标体系及预警级别——社会舆情风险

序号	风险预警指标	预警触发规则	预警范围和级别			
			所在县	所在市	所在省	全国
1	媒体曝光农产品质量安全事件或食品安全事件	记录到平台，由国家和省两级主管部门判定属于一般、较大、重大和特别重大风险，决定预警级别和范围	红色	红色	橙色	黄色
2	生产经营主体反馈情况		红色	橙色	黄色	蓝色
3	消费者投诉情况		红色	橙色	黄色	蓝色
4	其他社会突发事件		红色	红色	橙色	黄色

第三章 化肥农药减量增效技术

第一节 化肥农药减量使用措施

通过3种技术路径，开展化肥农药减量增效行动。一是有机肥替代化肥和病虫害绿色防控技术。二是有机肥+配方肥技术（简称"有+配"），开展病虫害专业化统防统治与绿色防控融合技术。三是有机肥+配方肥+化肥技术（简称"有+配+化"），开展专业化统防统治与绿色防控融合技术。

一、化肥农药使用现状

1. 农民化肥农药使用现状

农民在化肥使用上缺乏科学性，部分农民只知道"碳铵"（碳酸氢铵，农民俗称"臭化肥"）和"二铵"（磷酸二铵）这两种肥料。在肥料使用上存在单纯使用一种化肥和盲目加大化肥使用量的现象。不能科学使用化肥、超量使用氮肥（碳酸氢铵）和二铵（磷酸二铵），不懂得使用钾肥、微量元素肥料等现象普遍存在，有些农户甚至把碳酸氢铵每亩使用量提高到6袋（300千克/亩）、磷酸二铵的亩用量超过了50千克，却一点儿钾肥都不使用，造成了化肥的严重浪费，破坏了土壤生态环境，使土壤严重盐渍化，形成板结。农药使用不规范，缺乏针对性，大量使用高毒农药等不合理现象时有发生。比如用甲拌磷防治韭菜根蛆广泛存在，用甲拌磷防治黄瓜蚜虫时有发生，在生产中形成了安全隐患；又如在玉米除草剂使用上缺乏科学性，多次重复使用除草剂现象普遍发生，造成资源浪费和对后茬敏感作物的药害，同时容易使杂草产生耐药性。

2. 规模种植"基地"化肥农药使用现状

规模种植基地在化肥使用上存在不计成本盲目追求"洋品牌"现象，施肥不根据地力和作物需肥规律实施配方施肥，而是一味追风，跟在大公司后面盲目追随，大水大肥造成了很大的化肥资源浪费和水资源浪费。不使用或很少使用农家肥、商品有机肥、生物有机肥，单纯使用化学肥料，导致土壤板结和农产品质量下降。同时，由于土地面积限制，缺乏合理的休闲轮作倒茬制度，土壤结构被破坏，土壤生态环境恶化，土壤保水保肥和供肥能力下降，农作物重茬病害逐年严重，影响了作物的正常生长发育。农药使用上同样存在盲目追求"洋品牌"现象，不是根据农作物病害类型和发病情况灵活精准使用农药。如马铃薯种植环节中一味偏重于防治马铃薯晚疫病，缺乏对马铃薯病毒病、细菌病和马铃薯早疫病、早死病的防治知识，造成了农药的严重浪费和超量使用，防治效果不理想。

二、化肥农药减量使用的重要途径

化肥农药的过量施用对生态安全和环境安全造成了严重的威胁。针对农户和规模种植"基地"化肥农药使用现状，提倡化肥农药减量使用已经刻不容缓。实施化肥农药使用量零增长行动,是推进农业"转方式、调结构"的重大举措,也是促进节本增效、节能减排的现实需要,对保障国家粮食安全、农产品质量安全和农业生态安全具有十分重要的意义。

(一) 依靠农民推动化肥农药减量使用

农民是农业生产的主体,在农业生产中发挥着重要的作用,推进农民在农业生产环节中的化肥农药减量使用,将会对全国化肥农药减量使用的国家战略产生积极的影响。通过对农民宣传推广普及配方施肥技术和施肥理念,从根本上解决化肥减量使用的技术瓶颈;通过提高经营门槛、技术培训、业务深造等途径提高农药经营人员的素质,提升农药使用的技术水平,是农药减量使用的基本途径。

(二) 通过规模种植"基地"推动化肥农药减量使用

规模种植"基地"种植面积大,相对集中,作用明显,社会影响力大。基地经营者技术水平层次参差不齐,既有学历较高同时经验丰富的技术骨干力量,也有初出茅庐的"门外汉"。要发挥行业协会、农场主联盟的引导作用,快速提升行业整体水平,利用不同作物专家编写的科普读物,建立不同作物、不同区域农业生产的行业标准规范,逐步引导化肥农药的减量使用。

(三) 依靠农技部门实施化肥农药减量使用

加强对农民的培训,普及测土配方施肥知识,引导农民合理施肥,实行配方施肥,避免盲目使用化肥,造成化肥浪费。同时提高农民对农药使用的认知水平,帮助农民学会正确使用农药。加强重大有害生物发生的预测预报。农业植保部门应提高对重大农作物有害生物的预测预报水平,确保农业生产经营者及时准确地对症下药,避免盲目使用农药。始终贯彻落实"预防为主,综合防治"植保方针,推进绿色农业发展的生产模式。加强对农药经销商的管理和培训。农资经销商多为个体经营者,农药专业知识水平参差不齐,多数从业人员对农药了解不够专业,对农民用药的指导缺乏科学性,这就需要加强对这类从业人员的管理和培训。通过提升农药经营人员素质,提高农药经营门槛等手段,促使其提高业务水平和职业道德水平。

三、化肥农药减量使用的措施

(一) 政策性措施

国家财税〔2015〕90号,关于对化肥恢复征收增值税政策的通知、农业部提出《到2020年化肥使用量零增长行动方案》和《到2020年农药使用量零增长行动方案》,以及最近中共中央办公厅、国务院办公厅《关于创新体制机制推进农业绿色发展的意见》的通知,要求各地区各部门结合实际认真贯彻落实。充分体现了国家对化肥农药减量使用、推进农业绿色发展的决心和意志,是加快农业现代化、促进农业可持续发展的重大举措,是推动绿色生产方式和生活方式、实现经济社会可持续发展的坚实支撑。开展科学施肥、合理用药宣传,进行相关的技术培训,专题讲座。充分利用广播、电视、报刊、互联网等媒体,大力宣传科学施肥知识和农药安全使用知识,增强农民科学用肥用药,绿色防控意识。结合新型职业农民培训工程、农村实用人才带头人素质提升计划,加强新型经营主体培训力度,着力提高种粮大户、家庭农场、专业合作社和新型经营主体科学施肥技术水平，营造良好社会氛围。

（二）技术性措施

1. 化肥减量使用技术措施配方施肥

通过测土配方施肥技术的推广，提高肥料利用率，减少化肥使用量。推广水肥一体化施肥技术，特别是滴灌技术，提高肥料和水资源利用率，做到节水节肥提质增效。增施有机肥料，鼓励农民利用畜禽粪便积造农家肥，推广使用质量好的商品有机肥和生物有机肥。土壤有机质是土壤肥力的核心指标，不仅是土壤养分的重要载体，也是土壤微生物的能量源，直接影响土壤养分的转化和供应。土壤有机质与作物高产稳产关系非常密切，有机质含量低的土壤无论如何施用化肥也难以大幅度增加产量。通过合理利用有机养分资源，增施有机肥料，用有机肥替代部分化肥，推广使用商品有机肥和生物有机肥，实现有机无机相结合提升耕地基础地力，用耕地内在养分替代外来化肥养分投入。在规模种植"基地"大力推进秸秆养分还田技术，合理休闲轮作倒茬，因地制宜种植绿肥，实现作物高产和稳产。推广新肥料新技术，包括缓释控肥料、水溶性肥料、液体肥料、叶面肥、微生物肥料、土壤调理剂等新型化肥，以提高肥料的利用率。推进机械施肥，实施机械深施、机械追施、种肥同播等技术，减少养分挥发和流失，提高肥料利用率。

2. 农药减量使用技术措施坚持"预防为主、综合防治"的植保方针

综合应用农业防治、生物防治、物理防治等绿色防控技术，创建有利于作物生长、天敌保护而不利于病虫害发生的环境条件，预防控制病虫发生，从而达到少用药的目的。大力推进绿色防控和科学用药，构建资源节约型、环境友好型病虫害可持续治理技术体系，实现农药减量控害，保障农业生产安全、农产品质量安全和生态环境安全。推广高效低毒低残留农药。大力推广新药剂、新技术，做到保产增效、提质增效，促进农业增产、农民增收。推广生物农药，如苏云金杆菌、春雷霉素、申嗪霉素、阿维菌素、芸苔素内酯、赤霉酸、吲哚乙酸等生物农药；提倡农作物病虫害生物、物理防治，城市蔬菜基地、设施蔬菜基地、园艺作物标准园全覆盖。全面禁止生产和使用高毒农药，如甲拌磷、克百威、涕灭威等，使高毒农药从源头上达到治理。推广新型高效植保机械。因地制宜推广自走式喷杆喷雾机、高效常温烟雾机、固定翼飞机、直升机、植保无人机等现代植保机械，采用低容量喷雾、静电喷雾等先进施药技术，提高喷雾对靶性，降低飘移损失，提高农药利用率。帮助农业企业、农民合作社等新型农业经营组织提升农产品质量、创响农业品牌，实现优质优价，辐射带动，全面推广应用。以农业企业、农民合作社、基层植保机构为重点，培养一批"懂农业、爱农村、爱农民"的农业技术骨干。带动农民科学应用绿色防控技术，开展清洁化生产，推进农药包装废弃物回收利用，减轻农药面源污染、净化乡村环境、保护绿水青山，实现绿色生态农业循环经济发展。

化肥农药减量使用，涉及面广，关系到人类赖以生存的生态环境安全和食品安全，需要全社会的广泛关注和支持。包括政策法规、政府引领、行业技术领域及多学科多部门的积极配合、协调合作。以"绿水青山就是就是金山银山"理念为指引，全力构建人与自然和谐共生的农业发展新模式，保障国家粮食安全、食品安全和生态环境安全，为建设美丽富饶的新中国而努力奋斗！

四、青海省化肥农药减量增效现状

青海省位于祖国西部腹地，地处青藏高原东北部，全省总耕地面积 882.03 万亩，其中：水浇地 278.65 万亩，占 31.59%；山旱地 603.38 万亩，占 68.41%。耕地主要分布在东部农业区、海南台地和柴达木盆地。2018 年全省农作物总播种面积 835.88 万亩。粮食作物播种面积 421.89 万亩，其中，小麦 167.4 万亩，青稞 73.02 万亩，玉米 27.68 万亩，豆类 19.14 万亩，薯类 132.40 万亩。经济作物播种面积 287.99 万亩，其中，油料作物 221.87 万亩，药材 66.09 万亩。蔬菜及食用菌播种面积 65.94 万亩。全年粮食产量 103.06 万吨，蔬菜产量 150.26 万吨。

青海省化肥农药减量增效使用状况如下。

1. 化肥

自 2015 年农业部实施到 2020 年化肥使用量零增长行动以来，全省各地采取大力推广测土配方施肥技术、实施耕地质量提升行动、增施商品有机肥等有效措施，提前实现化肥零增长目标，2016 年全省化肥用量减少到 24.11 万吨，2017 年降至 23.8 万吨，2018 年降至 22.83 万吨，化肥总量比 2016 年减少 1.28 万吨。在通常情况下，青海省作物平均亩化肥使用量：粮油作物 20~50 千克、蔬菜 70~95 千克、枸杞 125~150 千克。

2. 农药

自 2015 年农业部实施农药使用量零增长行动以来，农药用量逐年下降，提前实现农药零增长目标，2016 年减少到 1 882.1 吨，2017 年下降到 1 783.9 吨，2018 年降至 1 694.8 吨，农药总量比 2016 年减少 187.3 吨。全省亩均使用农药 190 克，低于全国 360 克的平均水平。

3. 有机肥

近年来，青海省立足有机肥资源比较丰富的实际，加快有机肥加工企业发展，有机肥生产企业达到 43 家，年设计生产能力 150 万吨。因受市场限制，2019 年生产销售超过 22.4 万吨，大多数通过项目补贴的形式发放。从各类作物使用有机肥情况看，油菜、青稞、豆类上有机肥使用较少；蔬菜、枸杞、马铃薯等作物上有机肥使用较多。

五、化肥减量增效行动面临的机遇和困难

(一) 面临的机遇

1. 有利于保护生态环境，实现农业可持续发展

实施化肥零使用最大的益处在于生态环境，能够减少土壤氮淋溶氨挥发，降低过量施用化肥造成土壤硝酸盐积累对地下水污染的风险。实施农药减量技术，可减轻农药对益鸟、益兽、益虫的危害，减轻对生态环境的危害，保障农产品质量安全和人畜安全。

2. 大量有机肥的使用，有利于增加土壤有机质，改善土壤结构

用有机肥替代化肥，可以增加土壤有机质含量，促进土壤团粒结构形成，改善土壤结构和土壤水、肥、气、热条件，增加土壤保肥保水性能，有利于土壤疏松和农作物根系生长。

3. 优质农产品的产出，有利于打造高原特色绿色品牌，实现农产品优质优价

青海省是全国四大超净无污染区之一，有机肥替代化肥，更有利于农产品提质增效，打

造一批叫得响、过得硬、有影响力的绿色、无公害农产品品牌，还可在部分区域打造有机品牌，从而实现农产品的优质优价，增加农民收入。

（二）面临的困难

1.“双减”项目的实施会造成农作物不同程度减产

化肥农药减量使用后，受作物吸收养分、病虫草害影响等因素影响耕地经营主体收益减少。据联合国粮农组织（FAO）调查，全世界每年被病虫害夺去的谷物量占收成量的20%～40%，一旦停止使用农药（在不采取其他防治措施的情况下，与正常用药相比），一年后将减少收成25%～40%。化肥农药减量使用后，各种农作物产量会不同程度下降。

2.耕地养分短期失衡，影响耕地质量提升

青海省耕地面积少、质量差，近2/3是山旱地，有机质含量低，土壤微生物活动弱，养分释放缓慢，利用率低。有机肥营养元素基本固定，氮磷钾等营养元素含量较低，属于迟效性的，肥效慢，无法保证农作物所需养分的供给。使用有机肥会造成土壤中营养元素短期失衡，耕地质量下降。

3.替代技术较少，不利于有害生物防控

青海省属于典型的农牧结合的省份，长期以来农田草害较为严重，特别是农牧交错地带和脑山地区，农田草荒十分严重。在目前尚无新的除草技术替代的情况下，农田草害仅仅依靠原始的人工拔除方法，需要大量劳动力，且成本高，也不现实，尤其是国有农牧场、家庭农场的草害更加难以控制。生物农药按照不同的成分来源价格不同，一般价格是常规化学农药的2～4倍，诱虫设备（黄蓝板、杀虫灯、性诱剂等）平均每亩价格50～70元，防治成本增加。

4.“双减”项目起步较晚，可复制推广经验相对缺乏

种植大户、合作社、家庭农场及广大农户多年使用化肥已成习惯，对施用有机肥替代化肥产生的肥效，对产量的影响等情况心存疑虑，工作推行存在一定阻碍，另外“双减”项目起步较晚，专业技术人员成熟经验短缺，试验示范技术支撑少，全面推进存在一定障碍。

六、对策建议

立足省情，走青海高原特色农业发展之路，按生态和生产类型划分肥料使用区域指导科学施肥。

（一）技术引领，科学施肥

1.大力开展试验示范，加快技术成果转化

搞好试验示范，在不同地区、不同作物上加快先行先试，加强技术集成、成熟一个示范推广一个，加快实现化肥农药使用零增长、负增长、零使用目标。

2.制订切实可行的施肥方案，指导有机肥施肥标准

根据不同区域土壤条件、作物产量潜力和养分综合管理要求，合理制定不同区域、不同作物单位面积有机肥替代化肥施肥标准，减少盲目施肥行为。

3.改进施肥方式，提高肥料利用率

大力推广测土配方施肥，提高农民科学施肥意识和技能，改盲目施肥为配方施肥；研发推广适用施肥设备，推广有机肥、水肥一体化、叶面喷施等技术，提高肥料利用效率。

4. 采取综合施肥措施，加快有机肥替代化肥技术应用

合理利用有机养分资源，加大绿肥种植和秸秆还田的工作力度，强化畜禽粪便和农产品加工废弃物的肥料资源化利用，高效有序利用青海省的有机肥原料资源，以种定养、以养促种，综合施策，实现有机肥替代化肥。

（二）绿色防控，科学用药

1. 强化综合防治

应用农业防治、生物防治、物理防治等绿色防控技术，预防控制病虫害发生，达到少用药目的。

2. 加大高毒农药替代

大力推广应用生物农药、高效低毒低残留农药，替代高毒高残留农药。

3. 实施精准施药

加强预测预报，力争"早发现、早报告、早阻截、早扑灭"。对症适时适量施药，对症用药，避免乱用药现象的出现。

4. 提升统防统治力度

扶持病虫防治专业化服务组织、新型农业经营主体，大规模开展专业化统防统治，推行植保机械与农艺配套，提高防治效率、效果和效益。

（三）开展减量增效示范

加大推广秸秆腐熟还田、增施商品有机肥、绿肥种植，配方肥推广、引进推广水溶性肥等技术力度，以提高肥料利用率，减少常规化肥施用量。在粮油绿色高产创建示范片、现代农业示范园区、标准园建设、"三品一标"生产基地等建立绿色防控示范区，重点推行灯诱、性诱、色诱等先进实用技术，优先选用生物农药，辐射带动大面积推广。在马铃薯、油菜、蔬菜、枸杞、中藏药材等作物上扩大示范面积，集成推广绿色防控、统防统治和高效低毒低残留农药，配合使用先进的药械及施药技术，达到减量控害的目的。

第二节　粪污废弃物资源化利用技术

《畜禽规模养殖污染防控条例》中明确规定了从事畜禽养殖活动，应当采取有效措施减少畜禽养殖废弃物产生量和向环境的排放量，即"源头减量"。

一、技术要点

（一）三改

一是改圈舍地面为漏粪地板；二是改无限量饮水为控制饮水；三是改明沟排污为暗沟排污。

1. 改圈舍地面为漏粪地板

将部分圈舍地面改建成漏粪板，是利用猪只能定点排粪尿的习惯，将粪污通过漏粪板直

接排到刮粪沟里面，通过刮粪机及时将粪污清除，减少人工清扫和冲洗。舍内地面按照2∶1的比例安排硬化地面和漏粪板地面。硬化地面一般采取水泥硬化，结实易于冲洗，并具有耐受各种消毒剂的腐蚀特性，需要做防滑处理，朝漏粪板方向倾斜1°~3°。漏粪板下面修建刮粪沟，宽度略多于漏粪地板，其建设标准为刮粪沟墙体采用12砖浆砌，高标沙灰抹墙面，沟底用C20砼浇筑，厚度不低于10厘米，沟深不低于50厘米，地面成浅"V"字形，沿污水流动方向成3°~5°倾斜，便于污水及时排出，减少后期固液分离难度。

2. 改无限量饮水为控制饮水

根据资料数据表明：同等水压情况下，不同的饮水器日用水量不同，漏水量不同，同类型的饮水器会随着供水压力不同日用水量不同，漏水量不同。因此，指导养殖业主根据畜种和年龄阶段对饮水需求不同，选择合适的饮水器安装并进行流量控制，尽可能减少漏水量。同时通过接水盘将漏水单独收集，防止其进入污道，增加污水量。

3. 改明沟排污为暗沟排污

安装排污管道或者封闭排污沟，将排污沟和净水沟分开，一是可以防止雨水、净水流入增加污水量，二是防止粪污中的臭气散发在空气中，造成空气污染。指导业主根据养殖圈舍排列和清粪方式，选择排污管或排污沟的走向、倾斜度和大小，防止排污管或排污沟堵塞。

（二）两分离

一是雨污分流。修建雨水专用收集管道（沟）等雨水储存装置，实现雨污分流，防止雨水进入排污管或排污沟增加污水量，雨水经过滤消毒后再利用，不但减少了排污量而且还节能。二是固液分离。将通过刮粪机出来的干清粪通过固液分离机进行固液分离，固体部分进行堆肥发酵，液体部分进行沼气发酵或者储粪池厌氧发酵，二者发酵后的产物是非常优质的有机肥，深受种植业主欢迎。

目前养殖管理环节存在的问题逐渐凸显，特别是畜禽粪污处理及其资源化利用问题始终困扰着养殖户和行业部门。散养户将一些没有及时处理的尿液、粪便随意堆放，养殖场粪污处理设施落后也存在畜禽排泄物处理不及时而外渗现象，对当地土壤、水源、环境造成污染。近年来，国家加大对畜禽养殖面源污染的整治力度，深入开展畜禽资源化利用工作，养殖户在政府的正确引导下越来越重视畜禽粪污的治理和资源化利用。为进一步提高畜禽粪污资源化利用率，仍需研究粪污处理手段和利用方法。

二、利用现状

近年来，我国畜牧业的养殖规模与养殖模式均发展利好，并且智能化在养殖领域中得到不断应用。在这一行业背景下，畜禽养殖理念逐渐得到创新，然而对于畜禽粪污资源化利用问题依然没有完全得到解决，直接影响环境保护工作的有效开展。

目前畜禽粪污资源化利用现状，散养户和规模养殖户都存在一些问题。散养户对畜禽粪便的使用比较随意，没有计划性地进行处理利用，种植需要时还田利用，不需要时因没有集中存放地点，任意堆放，污染周围环境，一旦粪污下渗会对当地的水源造成污染，对农村"三清洁"工作的开展、乡村善治带来不利因素；规模养殖场虽然已普遍建成沉淀池、储粪场及排污暗沟等粪污处理设施，有些大型养殖场建成沼气工程、干湿分离系统粪污处理设施设备，但对这些设施设备只建不管或管理不深入、不到位现象依然存在，导致粪污资源化利用效能低。为解决畜禽粪污处理方面存在的问题，养殖户需要合理利用畜禽粪污资源。

三、畜禽粪污处理方法

1. 完善畜禽粪污处理基础设施

为提高畜禽粪污资源化利用有效性，建议在养殖场内完善粪污处理基础设施，要求养殖人员必须熟练掌握粪污处理设施设备的使用技术。如固体粪便堆肥利用技术，改善原有粪污处理方式，全面推行干清粪、暗道排污与固液分离等模式。养殖场内所有粪污收集完毕后，将其转移到储粪池和储尿池中，并掺加益生菌后，经过发酵处理用作肥料进行还田操作。

2. 建立散户集中处理场所

在养殖相对集中的乡镇、村社建立专门处理粪污的发酵场与储粪（尿）池，所有散养户养殖畜禽的粪污都可以在发酵池内得到及时有效的处理。操作方法按照1：（4~7）的比例将秸秆、畜禽粪污整合，整合后的畜禽粪污堆入发酵池中，经过发酵便可以成为培养基，按照比例在其中掺加低温发酵菌剂，发酵腐熟成有机肥。散养户粪污集中处理收集管理由本乡镇、村社的保洁员负责，发酵成肥料后由乡镇或村社销售。

3. 粪污加工为有机肥

畜禽养殖场当地的有机肥厂可发挥自身的优势，采集畜禽粪便，将其转化为有机肥实现资源化利用。这种有机肥的转化需要先混合畜禽粪便、菌种，将其运输到发酵车间实施堆肥发酵。经过发酵处理的有机肥可自动筛选出畜禽粪便内部残留杂质，作为配料得到循环使用。发酵原理：畜禽粪污稳定后，要在特定温度、湿度、通气、微生物的条件下处理，通常有机肥处理的温度以60~70℃为宜，持续高温便可以达到病原菌失活的目的。当残留有机物的分解率降低后，可以被植物稳定吸收，以此完成粪污资源的转化。

4. 委托其他机构处理粪污

养殖场建设粪污处理系统，如果不具备建设条件也可与处理中心合作，委托第三方处理机构全量收集处理粪污。确定合作关系后双方签订协议，由委托处理中心负责提供配套的粪污处理设施。

四、利用对策

1. 全面推行畜禽养殖清洁生产

畜禽养殖期间，为保证粪污得到及时清理与循环利用，必须采用清洁生产模式，控制畜禽粪污的排出量。清洁生产的落实，可创建整洁的禽畜养殖环境，提高粪污资源的可利用性。

2. 养殖人员创新观念

有效控制畜禽粪便对环境的污染问题，养殖户的思想观念引导非常重要。作为养殖人员，需要从思想上认识禽畜粪污资源化利用的必要性，按照国家提出的生态农业、生态环境发展建议，遵循标本兼治原则提高粪污处理效率。另外，当地政府、农业部门合作宣传，宣传内容包括施肥方法、防治结合、种养结合等。为提高宣传的效果，可采用广告、网络等途径，其间还需加大环境监督力度，组织养殖户进行环境保护教育，真正认识粪污再利用对于生态环境保护的作用，在养殖场内建立完善的畜禽防污体系，既可提升养殖人员的环保意识，又能优化养殖环境，并实现经济效益最大化。

3. 为畜禽养殖提供组织保障

加强畜禽粪污资源化利用的重视，应扩大粪污资源化利用的覆盖范围，组建专业团队深入养殖场中进行统筹管理。此外，财政部门、生态环境部门与自然资源规划部门等也要发挥出在畜禽粪污资源化利用中的引导作用，明确各自需要承担的工作，将工作要求细化，确保区域范围内关于畜禽粪污资源化利用的相关措施能深入落实。同时，为畜禽养殖提供组织保障还涉及资金的整合与利用，与当地金融机构合作，将养殖贷款申请流程简化。保证有充足的资金建设畜禽养殖场，实现畜禽粪污资源化的合理利用。

4. 加强畜禽粪污监管

实施畜禽粪污处理中，要严格按照畜禽规模养殖污染防治与资源化利用的相关政策进行，组建监管小组，专门负责养殖场养殖资格审批、新建、改建的监督等。此外，社会监督对于粪污资源化利用也十分必要，遵循公开公平的基本原则，将粪污资源化处理系统的建设进度、资金补贴落实情况及时公开，由群众负责监督。

5. 加强技术研发

养殖场粪污资源化利用离不开先进技术，建议与科研单位合作，增加资金、科学技术方面的投入，实施产学研结合模式，将获得的科技成果运用在畜禽养殖中，推广、实践中应用效果好的技术可大范围推广。另外，养殖户必须接受技术培训，掌握种养技术的操作方法，树立生态循环观念，使我国农业能向绿色低碳循环的方向不断前进。

第四章　牦牛藏羊高效养殖技术

第一节　推广牦牛高效养殖技术

牦牛养殖主推技术主要针对生态畜牧业专业合作社开展，养殖场应具备放牧草场（冬春和夏季）、水源、保温棚圈、补饲料槽等条件。其技术要点如下。

一、母牛组群

母牛群组建时，要对群体内母牦牛进行全面鉴定，所选母牛为适龄能繁母牛，等级达到二级以上，无花色，牛群规模为 50~100 头。群体内公母畜单独组群。对选入的母牛进行登记、打耳号，建立档案。

二、配前补饲

配种前 1 个月开始补饲，配种期 1 个月，共补饲 2 个月时间。在下午归牧后补饲精料补充料 0.75 千克/头；每天放牧 6 小时，饮水 2 次；妊娠期每只母牛补饲精料约 25 千克。

三、牦牛配种

在每年的 7 月完成配种，具体时间根据各地牧草生长和母牛膘情酌定。配种所选种公牛必须经过技术单位鉴定，来源为国家良种补贴种公牛，等级达到一级以上。采取集中配种方法，断奶当天按公母比 1：（20~25）的比例将牦牛种公牛投放到母牛群中，约 42 天后撤走大部分种公牛，保留 20% 的公牛进行补配，约 21 天后再撤走全部公牛。

四、母牛饲养

妊娠前期 7 个月放牧饲养，妊娠后期 2 个月，放牧结合补饲饲养，母牛于分娩前 50 天开始补饲，在每天下午归牧后补饲精料补充料 0.75 千克/头；妊娠期每只母牛补饲精料补充料约 25 千克。

哺乳期 4 个月，采用放牧结合补饲的饲养方式，分两次饲喂，分别在早晨出牧前和下午归牧后补饲精补充饲料 1.5 千克/头；每天放牧 6 个小时，饮水 2 次；哺乳期每只母牛补饲精料约 180 千克；犊牛断奶后，母牛放牧饲养，不补饲精料。

五、犊牛生产

牦犊牛断奶时间为 3 月龄，断奶体重须达到 4 千克以上时，采用大牛离圈，犊牛不离圈的方式分批断奶。犊牛育肥期为 12 个月，其中犊牛哺乳期为 3 个月，出生 15 日龄后开始引导补饲，补饲 75 天，日补饲犊牛精料补充料 0.5 千克/头，合计补饲 40 千克。断奶后采取全舍饲或放牧加补饲的养殖方式，饲养期为 9 个月，断奶后第一个月（约 6 月、7 月以前）日均饲喂犊牛精料补充料 1 千克，第二个月至第六个月（7—10 月）放牧饲养，第七个月至第九个月（11 月至翌年 1 月）舍饲或半舍饲养殖，日均补饲 3 千克。

犊牛饲养日程表

指标	全舍饲	放牧加补饲		
		断奶后 1 个月	牧草旺盛期	后 3 个月
精料补充料	8：30、12：00、16：00	8：30、16：00		8：00、16：00
青干草	10：00、14：00	17：30		17：30
饮水	自由	2~3 次		2~3 次
放牧		11：00—16：00	08：00—18：00	10：30—16：00

犊牛精料补充料饲喂量要循序渐进，全舍饲饲养前 4 个月每 1 个月调整一次喂量，后 5 个月每 15 天调整一次喂量；放牧加补饲养殖时每一个月调整一次喂量，每次增加 0.1 千克。

牦牛免疫程序

接种日龄	疫苗名称	接种方法	免疫期及备注
每年 3 月	牛 O 型口蹄疫灭活苗	肌内注射	6 个月，可能有反应
	牛出血性败血症疫苗	皮下或肌内注射	9 个月
	肉毒菌苗	皮下或肌内注射	6 个月
每年 9 月	牛 O 型口蹄疫灭活苗	肌内注射	6 个月，可能有反应
	牛出血性败血症疫苗	皮下或肌内注射	6 个月

以上免疫程序供参考，具体免疫程序和计划应根据本场实际情况制定。

第二节 推广藏羊高效养殖技术

一、藏母羊关键繁育期养殖技术

（一）母羊群的组建

在生态畜牧业专业合作社中选择有放牧草场（冬春和夏季）、水源、保温棚圈、补饲料槽、水槽等条件的牧户组建示范母羊群，母羊均为符合藏羊品种要求的适龄母羊，羊群规模为 200~500 只。

（二）母羊的配种

配种时间：在 7 月，具体时间根据各地牧草生长和母羊膘情酌定。

配种方法：采取同期发情、集中配种方法。

配种公羊均为良种补贴项目统一选调的一级成年藏系种公羊，种公羊单独组群，配种季节分配到各母羊群中。

母羊皮下或肌内注射前列腺素，1 毫升/只，8~10 天以后重复注射一次，第二次注射当天按公母比 1：（10~20）的比例将藏系种公羊投放到母羊群中，约 34 天后撤走大部分公羊，保留 20% 的公羊进行补配，约 1 个月后再撤走全部公羊。

（三） 母羊的饲养

妊娠前期：为 3 个月，放牧饲养，母羊保持中等膘情。

妊娠后期：为 2 个月，放牧结合补饲饲养，补饲料为母羊精料补充料和燕麦青干草；母羊于分娩前 45 天开始补饲，上午放牧前补饲燕麦青干草，0.25 千克/只，下午归牧后补饲精料补充料，0.1 千克/只；每天放牧 5 个小时，饮水 2 次；妊娠期每只母羊补饲精料约 5 千克。

哺乳期：为 2 个月，采用放牧结合补饲的饲养方式，早晨出牧前补饲燕麦青干草，0.25 千克/只，下午归牧后补饲精饲料，0.25 千克/只；每天放牧 5 个小时，饮水 2 次；哺乳期每只母羊补饲精料约 15 千克；羔羊断奶后，母羊放牧饲养，不补饲精料。

二、肥羔生产技术

（一） 羔羊哺乳期补饲

羔羊随母羊放牧饲养，10 日龄开始补饲燕麦青干草，先饲喂青干草的嫩叶，2 周以后逐渐饲喂全株燕麦青干草；20 日龄开始补饲羔羊代乳料，每只每天补饲 50 克，以后每 7 天增加 50 克，补饲至 60 日龄断奶，哺乳期每只羔羊补饲代乳料 6~8 千克。

羔羊隔栏补饲，补饲栏面积按每只羔羊 0.15~0.20 米^2 计算，进出口宽度 20 厘米，高度 40 厘米；补饲栏可置于母羊运动场内，补饲栏内配备料槽和水槽。

（二） 羔羊早期断奶

断奶时间：藏羔羊断奶时间为 60 日龄，断奶体重须达到 12 千克以上。

断奶方法：羔羊分批断奶，将羔羊群中达到断奶年龄和体重要求的羔羊和母羊直接分离，待 2 周后将其余羔羊断奶，2 批断奶羔羊合群饲养。

羔羊断奶后的 1 周全舍饲饲养，每天每只饲喂羔羊精料补充料 0.2 千克，青干草自由采食，自由饮水；1 周以后，采用全舍饲或半舍饲饲养方式，利用羔羊精料补充料进行 4 个月的强度育肥。

（三） 羔羊的饲养

羔羊采取全舍饲或半舍饲的养殖方式，补饲料为羔羊精料补充料和青干草；羔羊饲养 2 个月时，将羔羊群中通过出生鉴定和断奶鉴定挑选出的后备母羔转移到成年母羊群中，其余羔羊继续饲养，饲养期为 4 个月。

羔羊全舍饲饲养时，日喂精料补充料 3 次，燕麦青干草 2 次，自由饮水，保证水源清洁、卫生。

羔羊半舍饲饲养时，有条件补饲青干草时，前 1 个月，日喂精料补充料 3 次，燕麦青干草 1 次，放牧 2 小时；后 3 个月，日喂精料补充料 2 次，燕麦青干草 1 次，放牧 3 小时。

无条件补饲青干草时，前 1 个月，日喂精料补充料 3 次，放牧 3 小时；后 3 个月，日喂精料补充料 2 次，放牧 5 小时。

下面列出羔羊饲养日程表、羔羊精料补充料和青干草喂量、藏羊常规免疫程序，供参考。

羔羊饲养日程表

指标	全舍饲	半舍饲			
		补饲青干草		未补饲青干草	
		前1个月	后3个月	前1个月	后3个月
精料补充料	8：30、12：00、16：00	8：30、12：00、16：00	8：30、16：00	8：30、11：30、16：00	8：00、16：00
青干草	10：00、14：00	10：30	10：30		
饮水	自由	2~3次	2~3次	2~3次	2~3次
放牧		13：30~15：30	12：30~15：30	13：00~16：00	11：00~16：00

　　羔羊精料补充料饲喂量要循序渐进，前2个月每7天调整1次，后2个月每10天调整1次。

羔羊精料补充料和青干草喂量

阶段	全舍饲		半舍饲			
			补饲青干草		未补饲青干草	
	精料补充料 千克/只·天	青干草 千克/只·天	精料补充料 千克/只·天	青干草 千克/只·天	精料补充料 千克/只·天	青干草 千克/只·天
0~7天	0.20	0.20	0.20	0.10	0.20	0
8~14天	0.25	0.20	0.25	0.10	0.25	0
15~21天	0.30	0.25	0.30	0.15	0.30	0
22~28天	0.35	0.25	0.35	0.15	0.35	0
29~35天	0.40	0.30	0.40	0.20	0.40	0
36~42天	0.45	0.30	0.45	0.20	0.45	0
43~49天	0.50	0.35	0.50	0.25	0.50	0
50~60天	0.55	0.35	0.55	0.25	0.55	0
61~70天	0.60	0.40	0.60	0.30	0.60	0
71~80天	0.65	0.40	0.65	0.30	0.65	0
81~90天	0.70	0.45	0.70	0.35	0.70	0
91~100天	0.80	0.45	0.80	0.35	0.80	0
101~110天	0.90	0.50	0.90	0.40	0.90	0
111~120天	1.0	0.5	1.0	0.40	1.0	0
合计	70	43.45	70	31.55	70	

注：欧拉羊的饲料喂量可适当调整。

　　羔羊饲养4个月，活体重达35千克以上时出栏。

藏羊常规免疫程序

	免疫时间	疫苗种类	接种对象	接种方法	免疫期	预防疾病
春防	2—3 月	羊四联	公羊、母羊、育成羊	肌内注射	6 个月	羊快疫、羊肠毒血症、羊猝疽、羔羊痢疾
	母羊产前 20—30 天	羊四联	怀孕母羊	肌内注射	一次	羔羊痢疾
	2—3 月	羊痘	公羊、母羊、育成羊、羔羊	皮内注射 0.5 毫升	1 年	羊痘
	3—4 月	羊四联	羔羊	肌内注射	6 个月	羊快疫、羊肠毒血症、羊猝疽、羔羊痢疾
	省州统一时间	口蹄疫	公羊、母羊、育成羊、羔羊	肌内注射	6 个月	口蹄疫
秋防	8—9 月	羊四联	公羊、母羊、育成羊	肌内注射	6 个月	羊快疫、羊肠毒血症、羊猝疽、羔羊痢疾
	9 月	疮弱毒细胞冻干苗	公羊、母羊、育成羊	口腔黏膜注射 0.2 毫升	1 年	羊口疮
	8—9 月	羊痘	公羊、母羊、育成羊	皮内注射 0.5 毫升	1 年	羊痘
	省州统一时间	口蹄疫	公羊、母羊、育成羊	肌内注射	6 个月	口蹄疫

第 四 篇

建设探究

第一章　产地环境问题

第一节　土壤污染防治问题探究

一、土壤污染的危害及来源

（一）土壤污染的危害

土壤污染的危害，可从三点说起：第一，土壤污染会导致农作物产量下降，以土壤重金属污染为例，重金属污染对农作物的危害，不仅会造成农作物本身重金属超标，重金属的富集造成农作物的不可食用，危害着人们的身体健康，同时，重金属也会造成粮食减产，只要农作物重金属超标就会给群众带来舆论恐慌，如新乡大米镉超标，就严重影响到整个豫东地区的粮食销售；第二，土壤污染会降低农作物的质量，土壤污染除了会降低农作物的产量外，还会降低农作物的质量，如在城市近郊一旦土壤污染，就会影响到附近的蔬菜种植业，这不仅会导致蔬菜种植业的产量、质量下降，也会在人们食用这些蔬菜后对身体健康造成严重的危害；第三，土壤污染会危害人体的健康，毕竟土壤一旦遭受污染，就会给人体带来不可逆转的危害，这是因为污染的土壤含有重金属，会危害到人们的身体健康。

（二）土壤污染的来源

土壤污染的来源，可从四点说起：第一，化学污染物是导致土壤污染的一种，一般来说，化学污染物主要包括有机污染物和无机污染物，有机污染物主要是农药、化学制品及石油等成分，无机污染物主要是铅、磷、汞、氮、硫化物及氧化物等；第二，土壤污染来源于物理污染物，物理污染主要是矿山、工厂生产中产生的固体废弃物，包括粉尘、尾矿及飞石等，一旦这些废弃物没有经过合理处理，肆意排放在土地中，必然会造成土壤污染；第三，土壤污染来源于生物性污染物，生物性污染物又可分为病原体、变应原污染物等，食品的生物性污染是指对食物造成污染的微生物、寄生虫、虫卵和昆虫，寄生虫和虫卵往往是污染食品而使人致病的，如蛔虫、绦虫、中华枝睾吸虫以及旋毛虫等，主要是粪便或土壤污染了饮水或食品，威胁人类生存；第四，土壤污染来源于放射性污染物，由于土壤污染的类型非常多，有多种受污染的途径，并有着较为复杂的污染遭受原因，这就加大了对土壤污染控制的难度，同时，放射性污染物主要是在开采核原料时的一种污染，是在核试验地区造成的土壤污染。

二、新形势下土壤污染防治的根本措施

做好土壤污染的治理工作，土壤污染的预防是关键。在土壤治理的前期应格外重视土壤污染的预防，一旦观测到土壤污染，就要及时拿出相应的解决策略治理土壤污染。对此，新

形势下我国土壤污染的防治，可从以下两个方面说起：

（一）新形势下土壤污染的预防措施

新形势下，土壤污染的预防可从三点说起：一是谨慎地处理好农药问题。在种植农作物、瓜果蔬菜时，应科学地使用农药消灭病害虫，如果滥用农药后，却没有处理好农药残渣，就会严重危害到土壤。农药的合理使用，要依据相关说明严格进行，要从科学保存农药、科学运输农药及规范使用做起。当然，使用农药的人员要积极学习健康知识，合理把控和操作农药的喷洒次数及喷洒范围，把农药污染土壤的可能性降到最低。二是尽可能地大力推广科学的生物防治病害虫。采用生物防治病害虫，既能从根本上减少土壤污染，也能实现病害虫的有效治理，如多养殖一些益鸟和益虫，或者是利用病原微生物治理一些病害虫，重点保护益鸟，如蜘蛛、赤眼蜂等，从根源上防治病害虫，生物治理病害虫这一方法不仅经济安全，还能在最大限度上减少对土壤的污染。三是加大土壤保护的宣传力度。对农作物、瓜果蔬菜种植者进行大量的健康宣教，增强人们保护土壤的根本意识，为其讲解和培训相应的土壤污染防治技术与知识，才能在最大限度上做好土壤污染的预防工作。

（二）技术上实现对不同污染程度的土壤进行修复

比如可以采用原位纳米零价铁技术、稳定化技术或者生物修复技术等。在这些技术中需要以原位生态修复技术为核心，为土壤修复工作提供有效的技术支持。

三、污染土壤修复技术研发注意事项

（一）我国土壤污染情况分析

从我国土壤当前污染情况来看，整体污染情况比较严重，特别是国民经济发展水平比较高的地区，虽然农业发展呈现出良好的发展形势，但是由于农作物土壤中重金属以及农药残留等污染，导致农作物的安全受到威胁，直接影响人们的生命财产安全。特别是矿区附近的土地更容易受到污染，使周围人群以及农作物食用人群出现一些罕见的疾病。此外，生态湿地的污染物，工业生产的废弃物排放等都会导致污染进一步扩大，污染物的种类也不断增多，导致土壤污染呈现混合型和综合型特点。随着污染的扩展，土壤污染逐渐由城市向农村进行转移，由局部向整体发展，使我国土壤受到大面积污染，出现土壤毒害或者营养过剩的情况，威胁粮食以及人们生命财产安全。因此，需要结合相关部门对土壤管理和控制要求，将土壤污染治理工作作为环境治理的重要内容。

（二）土壤污染修复技术需要注重自主研发

我国在污染土壤修复技术的研发过程中，主要的目的是解决农业生产方面以及生态湿地和重工业污染等方面的问题，为工农业发展提供有效的技术支持。但是传统土壤修复技术已经无法满足当前土壤修复要求，国外土壤修复技术引进成本高，因此我国需要加大对土壤修复技术投入力度，包括技术研发、设备以及成本等多方面的投入，保证土壤修复技术能够满足要求，同时做好对技术成本以及设备等方面的研发工作。保证土壤修复技术的普适性，充分发挥土壤修复技术的价值。特别是针对化学药物、重金属以及农药等方面的土壤污染问题，研发部门需要加大研发技术开发力度，降低土壤修复成本，提升土壤修复效益，保证在土壤修复的过程中不会影响正常生产,在保证农业经济效益的情况下提升农业生产的安全性,同时为粮食的安全生产以及人们的身体健康提供保障机制。对于矿区等土地污染比较严重的地区,必须要采取针对性的土壤修复方式和设备,保证土壤修复的科学性、规范性。

综上所述,我国在污染土壤修复研究方面主要分为物理修复、化学修复以及生物修复3种修复形式,对生态环境的恢复以及工农业的健康发展具有重要作用。同时,通过对土壤修复研究现状来看,任何一种修复方式都具有一定的不足,难以广泛推广和应用,因此在未来的研究过程中,还需要加大研发力度,投入更多的人力、物力,保证土壤修复工作的普适性,促进修复技术的发展,为社会的健康可持续发展奠定基础。

第二节 智能化的监控体系问题探究

2019年农业农村部提出,适当建立水、土、气一体化、网络化、智能化的监控体系,推广使用有机肥替代化肥行动,鼓励群众应用物理防治、生物防控等绿色防控技术,进一步强化投入品管理工作。针对产地环境污染问题,大力推动禁产区划分、土壤污染治理与修复工作,加快污染治理、过程控制相关标准的制定和实施,强化产地准出、市场准入管理制度。

一、智能监管体系下的部分子系统

1. 生态环境天地立体视频监控系统

从天地两个角度,在饮用水源地、小流域、湖库、生态红线保护区的敏感位置设立地面高清视频监控点,对敏感区域进行全方位、全天候、立体化的监视监控和数据采集,并根据业务需求采用无人机技术巡视巡航监控,来弥补固定位置的监控点不足之处,实现随时随地、实时、便捷地查看每个区域实际情况,为监督、应急指挥提供了犹如亲临现场的高效的视频平台。

2. 生态环境网格化监管系统

按照"属地管理、分级负责、全面覆盖、责任到人"的原则,通过GIS技术将网格中的网格划分、网格员、污染企业、网格事件、空气质量监测、水质量监测等内容在地图上进行叠加并集中展示,进行环境监管资源整合,逐步构建一个"横向到边,纵向到底"的环境监管网络。

二、精准监测体系下的部分子系统

1. 空间地理信息系统

利用网络、通信、信息技术、3S(GPS、GIS、GRS)技术,整合各类环境信息资源,建立统一的环境信息资源数据库,将环保数据中心汇集在各级各类环保业务信息,完整准确地定位在信息相关的地理环境中。

2. 环境质量(水、气、土)污染源监测应用系统

通过对生态环保区、环境敏感区域、企业污染源排放点安装视频监控设备,整合融合现有污染源监控系统数据,将环境数据和视频监控数据实时传达到政务外网云平台,为用户提供在PC端、移动端进行实时查询、报警提醒、远程查看、远程取证管理等功能。

三、公共服务体系下的部分子系统

1. 公众服务平台应用系统

将管辖区域进行统一区域化管理，通过 GIS 技术将地理区域单元的大气环境监测、水环境监测、污染源监管、排放清单、风险源等相关的数据跟气象、人口、交通、敏感点等数据进行关联汇通、交互共享。为公众显示实时的兴趣点和周边区域环境质量等信息。

2. 企业服务平台系统

通过建立统一的数据标准，实现对省环保厅企业信息填报的现有系统的有效整合，形成面向企业的统一窗口，方便企业网上办事。

四、大数据的特征和农业应用领域

近年来，大数据在现代农业领域的应用越来越广泛，发挥的作用也越来越重要。

1. 大数据的特征

大数据最主要的特征之一就是数据信息量大、处理难度高。由于人类活动是一种动态的过程，在整个社会生产活动中，终端设备和数据采集量的增加，致使得到的数据信息量巨大，并且呈现出多样化。大数据的种类非常多，且内容不同，包括的方面不同，关系也不同，另外，还有大规模的非结构化数据。全球大数据储量规模保持在 40% 左右的增长率，根据 IDC 最新发布的统计数据，中国的数据产生量约占全球数据产生量的 23%。

2. 农业应用领域

大数据在农业生产中的应用十分广泛，如农业生产、经营、管理和服务等方面的创新应用，在服务农业全产业链体系以及构建现代农业产业体系、生产体系、经营体系、服务体系、生态体系等方面发挥着重要作用。

五、大数据在农业中的应用

（一）大数据在种植业及其关联产业中的应用

种植业及其他关联产业的发展涵盖了上游的农产品育种及肥料、加工、农药等农资研发，气象条件、环境因素、土壤性质、作物、农资投入等都涉及全链条。

一是利用大数据促进作物育种发展。传统的农作物育种不但成本高，而且工作量大，其过程极其漫长，利用大数据可大大缩短育种周期。

二是利用大数据来实现技术驱动的精准品种操作。目前，农业生产的过程相对复杂，因受到农作物的品种、土壤环境、气候条件及农作物和人类活动等多种环境要素的相互影响，近年来，农业科技工作者通过选取不同条件下作物的品种，选取上百级不同条件下作物进行田间小区试验，达到适宜区作物的品种与适宜地块和作物进行精准匹配。利用通过遥感卫星和无人机技术进行管理的地块和适宜区作物进行种植，并对这些大数据进行分析和预测，根据气候、自然灾害、病虫害、土壤墒情等多种环境因素，监测适宜区的作物产量和生长势，指导作物灌溉和施肥，达到预估作物产量的目的。

三是利用大数据技术实现了农产品可追溯。

大数据追踪农产品从农田到家庭餐桌的过程有利于减少环境污染、增加经济收益。随着互联网物流的快速发展及供应链越来越长，农产品的跟踪和运输的监测也越来越便捷。大数据不但可以在食品仓库储存和食品零售商店储存两个环节有效提高农产品运营质量，食品生产商和食品运输商也可以使用先进的传感采集技术、扫描仪和供应链分析传感器技术来实时监测和分析收集整个产业链的数据。在农产品运输中，通过一台带有 GSP 实时监测功能的农产品传感器实时自动监测产品的温度和相对湿度，当发现不符合要求的产品时会自动发出预警，从而对该产品加以及时校正和召回。

（二）大数据在畜牧业及其关联产业中的应用

一是在我国畜牧业龙头企业中，数据分析专业技术人员使企业的生产经营管理决策更加科学合理。畜牧行业养殖场的信息对于政府和畜牧业的主管部门来说尤为重要，其信息包括各级养殖场业主的信息、地理位置、养殖规模以及所需要养殖的品种、粪污收集处理配套设施、设备正常运行情况等。畜牧行业养殖场的信息使各级政府和畜牧业的主管部门对整个区域内的畜牧行业养殖场进行更好的市场监管和服务及行业相关法律和政策的研究制定提供了重要的参考和依据。

二是大数据平台在畜牧服务实践中的应用。运用畜牧业大数据，可有效引导养殖企业的生产销售行为。通过畜牧养殖规划，养殖户可最大限度地降低养殖风险及经济损失。在畜牧技术推广服务中，市场行情信息服务作为重要内容，可依据市场行情变化，使养殖户明确现阶段的养殖效益情况。国内外市场受供需关系影响，均会影响畜牧产品的市场行情。同时，饲料原料市场波动受到蛛网效应影响，会引发畜产品市场行情波动。在畜产品生产供应中，区域性动物疫病的发生也会影响畜产品市场行情。通常情况下，在市场行情中，养殖户往往束手无策，而大起大落的市场波动也会导致养殖者蒙受巨大的经济损失。运用畜牧业大数据平台，通过数据图表可视化，能够提升畜产品市场行情预测预警水平，科学指导养殖者调节生产销售行为，进而规避养殖风险及经济损失。在畜牧技术推广中，通过畜牧信息大数据的应用，可准确预测畜牧业的发展走向。目前，畜牧业信息类型众多，如生产数据、市场行情、疫情信息等，充分利用此类数据资源，并采用云计算技术进行预测分析，做好相关信息的发布工作，辅助养殖户规避市场风险，进而提升养殖收益。由此可知，在各类畜牧业数据应用中，如品种信息、生产信息、市场信息等数据的采集及分析，可有效提升畜产品市场行情预测预警水平，为养殖者的生产销售行为提供规划指导服务。

三是通过畜牧业大数据平台提升基层畜牧业技术人员对养殖户的服务能力。运用畜牧业大数据平台，由专家组成支撑系统，借助手机 APP，进而提升技术推广人员的服务水平。在各地区畜牧技术服务工作中，由于受专业及地域的限制，畜牧业技术人员的服务能力参差不齐。在长期实践中，部分技术人员得不到专业培训，存在知识老化问题，难以适应信息化时代养殖业发展趋势。在畜牧技术推广服务中，为了满足养殖户的技术需求，基层技术人员借助科技服务专家构建的支撑系统，并通过借助移动终端运行系统，可跳出空间上的限制，随时随地为养殖户提供技术支持。因此，在各地区畜牧技术推广工作中，畜牧养殖技术人员均可依托科技服务专家支撑系统读取云服务器中的海量技术资讯，为养殖户提供高质量的技术服务。同时，对于基层技术人员而言，通过移动终端跳出时间空间上的限制，随时随地同步掌握畜牧行业新技术、新信息，保持自身专业知识的持续更新。通过 APP 内自带的互动系统，诸多技术推广人员可实时将工作中遇到的疑难问题上传服务器，参与相关问题的交流互动，进而解决实际工作中的疑难问题。

四是通过大数据评估预测动物疫病的流行趋势。运用畜牧业大数据平台，可推测动物疫病流行趋势，进而科学进行防疫工作。通常情况下，由于各养殖点畜牧养殖管理水平参差不齐、气候不一，通过畜产品的销售流通，往往会导致动物疫病的发生及流行。依据养殖场疫病流行现状及趋势，大数据技术的应用可有效采集、分析、处理各类疫病的流行信息，并得出准确的预警信息，进而增强动物疫病防控工作的主动性、积极性。因此，在动物疫病防控工作中，畜牧业大数据的应用，可综合集成防疫政策、防疫技术、专家见解、防疫物资等信息，对疫情性质加以判断，并及时采取应急措施，切实提升疫情防控工作的效率及精确性。

总之，农业大数据是利用农业大数据信息技术在我国农业安全生产和经营管理领域的一种跨行业领域综合运用，为地方政府对涉农工作的决策、农业生产企业的发展和市场纠纷调解工作提供客观、科学的依据和支撑，更好地助力和促进我国现代农业的提质增效和农业转型升级。

第三节　绿色防控与水肥一体化技术问题探究

一、绿色防控技术简介

绿色防控技术是相对于化学防治技术的病虫害防控技术，其组成部分如下所述。

1. 物理防治技术

利用害虫喜光和喜色的特点，通过诱虫灯、粘虫板的使用，将害虫吸引到某一处，集中灭杀即可。以粘虫板为例，每公顷地需要放置的粘虫板数量为 220 块左右，与化学防治技术相比，这种物理防治技术可以取得良好的应用效果。杀虫灯诱杀害虫。杀虫灯也是物理防治方法的一种，可以吸引大量的成虫聚集到光源附近，然后集中灭杀即可，有利于减少害虫的数量，在防治金龟子、斜纹夜蛾等害虫方面可以取得良好的应用效果。

2. 生物防治技术

生物防治技术主要是指通过苦渗碱、绿僵菌等生物农药的使用，对农作物病虫害进行预防和控制。与化学防治方法相比，生物防治技术选择较多，并且不会对原有生态系统造成过大的影响。与此同时，还能保护有益生物的安全。

3. 生态调控技术

农户应选择抗病性强的品种，并合理轮茬，定期清理田间杂草，科学施肥，做好肥水的管理，增强农作物的抗病能力和土地肥沃程度，营造出适宜农作物生长的环境，提升病虫害防治的效果。

二、技术集成原则和实现形式

(一) 技术集成原则

为充分发挥绿色防控技术的作用，对技术集成原则进行了解十分重要。只有这样，才能加深对技术集成规律的了解，从而保证绿色防控推广工作的贯彻落实。绿色防控技术的集成原则由多个部分构成，分别是病虫害综合治理、规范性和简单性原则。接下来，简要分析下这些原则。

1. 综合治理原则

现阶段，人们对农作物质量提出了更高的要求，在此背景下，国家和群众高度关注绿色防治技术的作用，并希望其成为防治病虫害技术的有效途径。在众多技术集成原则中，综合治理原则的重要程度最高。想要确保这一原则的实现，需要将农业栽培和农田多样性作为切入点，究其原因，主要是农田多样性增加后，就可以利用生态系统对害虫进行控制，以此来达成防治病虫害的目标。而提高农作物栽培水平是指选择抗病虫害能力强的农作物品种，并基于实际栽培情况，合理使用化肥和农药，促进农作物质量的提升。

2. 使用简单性原则

提高农作物质量是应用绿色防控技术的主要目的，由此可以看出，绿色防治技术有利于促进农业生产，但由于我国多数农民文化水平偏低，想要保证技术的全面应用，应该对技术进行简化处理，使应用过程更加简单便捷，因此，简单性原则是绿色防控技术集成的重要原则。绿色技术的集成，可以使复杂烦琐的技术应用流程朝着简单化的方向发展，以此为绿色防控技术的推广创造了有利的条件。

3. 规范化和标准化原则

绿色防控技术属于现代技术的一种，想要使其应用作用得到实现，遵循规范化和标准化原则尤为关键。技术规范性由技术集成效果所决定，二者存在直接的关联，简言之，技术集成效果好，则证明技术规范性强，反之则表明技术操作规范性差。比如：在使用三诱技术防治病虫害时，农户需要按照技术规范，选择合适的时间安装黏色板和诱虫灯。这样一来，方能实现应用绿色防控技术的作用。为强化病虫害防治效果，可以通过人工的方式，增加有益动物的数量，但不得破坏生态系统的稳定性。

（二）绿色防控技术集成的实现形式

通过上述分析可知，绿色防控技术集成需要遵循相应的原则，与此同时，还存在诸多的技术集成形式，如下所述。

1. 绿色防控技术产品

多种绿色防控技术相结合，能够变为一种绿色防控技术产品，产品也是绿色防控技术集成的方式之一。这种产品在具备防控功能的同时，还能促进农业经济的发展。以频振式杀虫灯为例，这种产品就属于典型的绿色防控产品，将其应用于农作物病虫害防控之中，可以取得良好的应用效果。其拥有众多的功能，可以将害虫的生理特性作为依据，借助光源吸引害虫飞向灯源，致使害虫被灯源外部安装的频振式高压电网电死。目前，这种绿色防控产品应用范围较为广泛，且取得了良好的防治效果。

2. 技术模式

绿色防控技术在集成之后可以形成一种技术模式，农作物和靶标是其主要针对对象，然后通过化学方法、物理方法的使用，构建绿色防控技术模式。

三、农作物病虫害绿色防控技术集成推广路径探析

1. 加强管理

农业部门应重视绿色防控技术的作用，并将技术集成和推广作为重点工作内容。与此同时，还要借助资金、政策等措施，支持技术集成和推广工作的实施。比如：某地区农业部门制订了推广计划，在计划中指出，2019 年绿色防治推广技术的面积为 10 000 公顷，与上年同期相比增加了 3 000 公顷，对应用绿色防控技术的农户提供资金补助和技术指导，点燃了

农户应用绿色防控技术的热情。实践结果表明，在应用绿色防控技术之后，该地区农药使用次数减少了 2 次以上，其节省的农药费用为 600 元/公顷，同时，农作物质量也得到了保证。

2. 建设示范推广基地

建设示范推广基地，让广大农民认识到绿色防控技术的作用是推广这项技术的有效途径。以某地区农业部门为例，该农业部门选择所在地某一土地作为实验田，有专业的技术人员负责，技术人员在农作物生长阶段会利用绿色防治技术，促进农作物的生长，在试验期过后，邀请当地农户前来参观，让其直观感受到绿色防控技术的应用效果，通过示范基地的构建，扩大了绿色防控技术的传播和影响范围。

3. 加强宣传力度和技术指导

在信息化时代下，农业部门应采取多种宣传方式，促进绿色防控技术的宣传。比如：某农业部门不仅使用广播电视等传统媒体宣传绿色防控技术，还利用社交软件宣传绿色防控技术，故受到了当地农户的广泛关注，一部分农户积极尝试，成为带头人。此外，农业部门技术推广人员还要定期深入基层，组织培训活动，并邀请当地农户参加，促使其掌握绿色防控技术的应用要点，通过线上与线下相结合的宣传方式，使宣传工作更具效果。

4. 建设绿色防控区和技术队伍建设

绿色防控区是促进绿色防治技术集成和推广的有效途径，农业部门应予以大力的支持和帮助，以植保专业合作社为主体，构建专业的技术队伍，为防控区内农户提供技术和机械方面的支持和帮助。绿色防控区属于一个示范基地，具有优先使用防控技术的权利。以某绿色防控区为例，研发部门所生产的环境友好型农药及其他绿色产品，首先在防控区实施后，才能在其他地区推广。

5. 总结工作经验

农业部门应结合当前社会经济发展背景和农业发展需求，建立与本地区发展相符的防控配套技术体系，通过技术体系的优化和完善，扩大绿色防控技术的传播和覆盖范围，让农户接受和认可绿色防控技术的作用，以促进技术推广工作的实施。比如：某地区深受病虫害的威胁，有关专家在分析后得知，金龟子、斜纹夜蛾是威胁农作物生长的主要害虫，故决定在区域内推广杀虫灯、粘虫板等物理防治方法。实践结果表明，上述绿色防控技术的使用，使当地病虫害防治成本大幅度下降，同时，还提升了农作物的质量，促进了当地农业经济的发展。

四、水肥一体化技术

水肥一体化技术是指根据作物需求，对农田水分和养分进行综合调控、一体化管理，以水促肥、以肥调水，实现水肥耦合。具体做法是：借助压力系统或者地形的自然落差情况，结合土壤养分含量以及作物营养需求，将可溶性固体肥料或液体肥料配兑成肥液与灌溉水一起，通过管道系统向植物根部供水、供肥。

（一）水肥一体化技术推广现状

2016 年 4 月，农业部办公厅印发《推进水肥一体化实施方案（2016—2020 年）》，到 2020 年水肥一体化技术推广面积达到 0.1 亿公顷，新增 533.33 万公顷。根据水利部农村水利水电司 2018 年《农村水利水电工作年度报告》数据，2016—2018 年我国新增具备水肥一体化技术应用条件耕地面积为 433.67 万公顷。2017 年中国企业代表团在 APEC 工商咨询理事会上，向亚太合作组织提交《水肥一体化促进农业可持续发展》提案，其主要观点写入提交 APEC 经济体领导人信函及报告。得益于各国政府重视和市场推动，水肥一体化应用发展迅速，2013 年全球水肥一体化应用面积 101.9 万公顷，已占耕地面积的 20.6%。但因肥料和水资源分布、规模种植程度、农业服务水平、种植者知识结构差异，不同地区水肥一体化应用推广并不均衡。

（二）水肥一体化技术推广的必要性

我国水资源总量约为 2.8 万亿米³，人均占有量仅为 2 300 米³，约为世界平均水平的 1/4。年际年内分配不均导致水资源供给可靠性大大降低，气候变化和极端气候现象频发使水资源时空分布更加不均。如山东省所处的黄淮海地区受旱面积和成灾面积位居全国首位，1998—2015 年年均受损面积为 242.13 万公顷；云南省在 20 世纪 80 年代之后旱灾呈现明显加重趋势，平均 3 年左右就有一大旱年；东北地区干旱亦呈逐年加重趋势。我国农业用水占比超过 60%，且灌溉水利用率仅有 46%，而美国已达 54%，以色列更是达到 87%。故我国农业用水节水空间更大。推广水肥一体化技术，加快高效节水农业发展，是缓解我国水资源紧缺的途径之一，也是发展现代农业的必然选择。2017 年中国化肥使用量为 5 859 万吨，耕地面积 6 781.5 万公顷，667 亩均化肥用量远超过国际防止水体污染设置的安全上限；且中国水稻、玉米、小麦三大粮食作物氮肥、磷肥和钾肥当季平均利用率分别为 33%、24%、42%，仍处于较低水平，还有很大提升空间。水肥一体化应用技术可减少肥料流失和土壤固定，可提高氮肥、钾肥利用率到 60%，磷肥到 40%~50%；该技术已经成为提高肥料利用效率、转变农业发展方式的关键措施。最新统计我国新型农业经营主体已达 280 万个，其中家庭农场 87.7 万户，农业产业化组织超过 38 万个，新型规模种植主体逐步成为中国农业的主力军。但新兴农业主体适应生产力发展和市场竞争能力明显不足，大部分处于传统种植模式，运用先进科技手段进行农业生产占比小。降本增效是每个规模种植农场的普遍需求。水肥一体化能够提高水、肥利用率，从而省水省肥；能够实现自动化操作，从而省工；能够满足作物不同生长阶段水分、养分需求，从而激发植物潜能增加产量并提升品质。水肥一体化技术逐渐受到新型农业经营主体青睐。

（三）水肥一体化技术集成

水肥一体化技术是基于节水灌溉和植物营养技术的综合应用，由高效节水灌溉设计与实施、水溶肥料、根据作物需水需肥规律拟合灌溉施肥方案组成。从严谨的高效节水灌溉项目设计开始，根据设计要求的参数，安装性价比高的灌溉施肥设备和选择便于自动化的水溶性肥料，辅以科学合理的微灌施肥方案，最终形成规模种植农场定制化、科学的水肥综合管理方案。

1. 严谨的节水灌溉项目设计

节水灌溉规划应包括基本资料收集、技术参数初定、灌水器选型、管网布置与设计、管网水力计算和首部枢纽设计。规划成果应绘制成设计图纸，包括项目总体平面布置图、典型工程布置图、工程系统运行方案图、工程系统管网连接图、系统节点压力分布图、各类建筑物结构设计图和材料设备用量统计表等。规划设计之前需要收集本地气象、地形与土壤、水源水质、待实施区种植作物资料和种植主体水肥管理要求。所需气象资料包括降水量、蒸发量、冻土层深度等；地形与土壤资料包括海拔高度、土壤质地、盐碱情况等；水源水质资料包括地表水或地下水资源选择、水质评价；待实施区种植作物资料包括作物种类、种植行间距、作物根系深度、需水规律；农场水肥管理要求包括轮灌计划、自动化水平需求。根据收集到的数据资料，推荐水肥一体化项目的设计灌溉保证率、灌溉水利用系数、土壤润湿比和灌溉水均匀系数。《微灌工程技术规范》（GB/T 50485—2009）规定，微灌工程设计保证率应根据自然和经济条件确定，但不应低于85%；滴灌灌溉水利用系数不应低于0.9，微喷灌、小管出流不应低于0.85。灌水器的选择关系到灌水质量和项目造价。水肥一体化项目灌溉形式按所选灌水器可分为滴灌、微喷灌、小管出流、脉冲微喷灌、渗灌等。灌水器类型会影响土壤润湿比，但不同作物所要求土壤润湿比是不同的。通常根据种植作物种类与种植模式、土壤性质及灌水器本身适宜压力范围、流量、制造精度和抗堵性能决定灌水器应用类型。为保证灌水均匀，还需选用制造偏差小的灌水器，且稳定其工作压力。管网是节水灌溉项目的主体，由干管、分干管、支管和毛管组成，且各级管道设计流量是根据轮灌方案确定后的轮灌组计算得出的。作物种植方向是以上管道布置的主导因素。需要注意的是，毛管铺设要顺延作物种植方向，且铺设长度有限值。管网布置形式包括树状管网和环状管网，还可以根据项目要求进行优化。管网设计要适应作物种植结构，满足生长期各阶段适时、适量需水要求，结构简单、方便操作，安全运行。田间管网水力计算是节水灌溉管网优化的有力支撑。水力计算一般包括灌水小区水力设计、水头损失计算、设计流量与设计水头、节点压力平衡和水锤压力验算与防护。通常田间管网造价占系统造价1/3以上。因此，在保证灌水器平均流量和灌水均匀度前提下，通过水力计算合理分配田间管网允许水头差，选择合适的支管与毛管规格，可以使田间管网投资最小。

首部枢纽是全系统调配中心。其作用是从水源取水加压并注入肥料，经净化处理后按时按量输进管网、灌水器，担负整个灌溉系统加压、供水、过滤、量测和调控任务。首部枢纽设计内容为确定动力系统流量与扬程参数、过滤设备精度与类型、制定水肥量测与安全防护措施。过滤系统应满足灌水器对水质处理的要求；且压力损失较小，便于清洗维护；并根据自动化需要设计自清洗过滤功能。还需要视过滤器自动反冲洗、压力瞬间过大保护需要增加各种功能阀门。系统工作压力或流量变幅较大的微灌系统，宜选配变频调速设备。

2. 性价比高的节水灌溉、施肥设备

（1）灌溉首部选型。

水泵选型原则为额定扬程与流量满足灌溉设计要求。距离地表水源较近宜选择离心泵，距离水源较远或采用地下水灌溉宜选用潜水泵。长期运行过程中，水泵平均效率要高，而且经常在最高效率点的右侧。从河道或渠道中取水时，取水口应设置拦污栅。从多泥沙水源取水时，应修建沉淀池。根据水源杂质类型选择离心、砂石介质、网式过滤器或叠片过滤器中一种或多种。砂石过滤器以均质等粒径石英砂形成砂床作为过滤载体进行立体深层过滤，是去除水中有机质的常见过滤设备。当水中有机物含量超10毫克/升时，砂石过滤器是最好的选择。离心过滤器一般成柱状或锥状，以离心力和旋流作用进行过滤，适合处理一些杂质单一或者沙子、石块较多的水源。网式过滤器是利用滤网将水中杂质与水分离，适合沙粒或粉粒为主要杂质水源过滤。叠片过滤器内有数量众多带有沟槽的塑料环形盘锁紧叠在一起形成的滤芯，过滤精度高、深层过滤拦污能力强。水肥一体化项目中过滤系统往往根据水源、水质选择以上一种或多种过滤器组合使用。配施肥机既是水肥一体化设备设施的大脑，决定施肥工效，并影响农业种植标准化生产，也是高效节水灌溉首部重要组成部分。与压差溶肥罐、文丘里注肥机、电动注肥泵、比例注肥泵等施肥装置相比，自动灌溉施肥机更适合自动化、标准化、精准化的发展趋势。根据作物灌溉施肥指标或阈值设定肥料配比程序，采用模糊控制器控制电动阀开启时间长短，通过 EC 传感器控制施肥，满足不同农作物需肥要求，是全自动施肥机设计原理。但由于所用肥料种类、种植者素质、水肥习惯传承，这种施肥机在中国的用户体验并不好。近来，一款根据中国高含量、高密度、高黏度、可含有机质水溶肥特性，通过泵和电磁阀控制、软件设定施肥面积，自动完成所需高氮、高磷、高钾、有机水溶肥定量桶混，形成母液并将母液按比例或定量添加到灌溉水中的施肥机受到行业关注，被越来越多规模种植农场选择。水表的选择要考虑水头损失值在可接受范围内，测量范围比系统实际水头略大的压力表，以提高测量精度并配置于肥料注入口上游，防止肥料腐蚀水表。同时，在过滤器前后均设置压力表，以便根据压差确定清洗时机。过滤器顶部和下游各设一个进排气阀，其作用为系统开启充水时排出空气，系统关闭时向管网补气，以防止负压产生。

（2）田间管网。

管道是灌溉输水项目重要组成部分。管道选材、选型直接影响到项目建设质量和造价。灌溉项目中常用塑料管道、金属管道和复合管道，其中塑料管道用量最大。塑料管道中三大主流管道为：聚氯乙烯（PVC）管、聚乙烯（PE）管和聚丙烯（PP）管。PVC 管道是以氯乙烯树脂单体为主，加入必要添加剂，用挤出成型法制成的热塑性塑料圆管。具有一定耐腐蚀性能，一般用于常温介质输送。在水肥一体化项目中常作为干管、分干管地埋使用。聚乙烯塑料（PE）管是以聚乙烯树脂单体为主，加入必要添加剂，用挤出成型法制成的热塑性塑料圆管。PE 管具有良好耐低温性能和韧性，可以在冻土层中使用。根据加工时压力和密度不同，聚乙烯塑料管可分为低密度 PE（LDPE）管、中密度 PE（MDPE）管和高密度 PE（HDPE）管。高密度 PE 管耐高温和机械性能好，常用于丘陵或低温地区，作为干管、分干管使用。低密度 PE 管柔性更优，常用做连接滴灌管的支管。

（3）田间首部。

田间首部具有二级调压、过滤，预防虹吸和水锤功能。由二级叠片过滤器、电磁减压阀、空气阀与真空阀组成。为保证每个灌水小区灌水均匀度，各灌水小区的首部安装具有调压（减压）功能的阀门，可以预先设定所有灌水小区首部所需压力。叠片过滤器精度为 120目，可以进一步对水质进行净化，以保证滴灌管线经长时间使用而不会发生堵塞。田间首部中的空气阀，可以排出系统中的空气，消除气阻保护系统设备；真空阀可以向系统中补充空气，防止真空破坏。

（4）灌水器。

灌水器的作用是把末级管道中压力水流均匀而又稳定地分配到植物根部。按消能方式分类有弹性膜片消能和长流道消能；按功能分为压力补偿型和非压力补偿型。压力补偿式灌水器主要用于长距离或者存在高差地方铺设，非压力补偿式用于短距离铺设。国内广泛使用滴头、滴灌管或滴灌带、薄壁滴灌带等。滴头流量一般为 2 升/小时、4 升/小时、8 升/小时，主要用于株距不统一、地形起伏较大、用水量大的果树。内镶贴片式或柱式滴灌管或滴灌带流量一般为 1~8 升/小时，主要用于设施栽培或高端经济作物。相对滴灌带，滴灌管寿命稍长。薄壁滴灌带俗称边缝式滴灌带，主要应用于 1 年生大田作物（棉花、玉米、加工番茄）及大面积栽培露地蔬菜、甜西瓜等。

3. 便于自动化使用的水溶性肥料

根据肥料物理化学特性，很多固体或液体水溶性肥料都适用于水肥一体化系统。水溶肥具有高纯度、高溶解度和低含盐量等特点。水溶肥尤其是液体水溶肥更适合水肥一体自动化系统。水溶肥是指能够完全溶解于水的多元素复合型、速效性肥料。可按产品形态、组分、作用功能进行分类。按产品形态可分为颗粒、粉剂、水剂3种；按组分可以分为大量元素水溶肥、中量元素水溶肥、微量元素水溶肥、含腐植酸水溶肥、含氨基酸水溶肥、有机水溶肥料。按添加中量、微量营养元素类型可将大量元素水溶肥料和含氨基酸水溶肥料细分为中量元素型和微量元素型。按添加大量、微量营养元素可将含腐殖酸水溶肥料分为大量元素型和微量元素型。含腐殖酸水溶肥大量元素型产品可分为固体或液体2种剂型；微量元素仅有固体剂型。液体水溶肥是含有一种或一种以上作物所需营养元素的液体产品，这些营养元素作为溶质溶解于水中成为溶液，或借助悬浮剂作用悬浮于水中成为悬浊液。其中清液型液体复合肥料由于其各种营养成分均匀地溶解在水中，使其在机械施肥中能够发挥出固体复混肥料所没有的优越性。清液型液体复合肥可以直接通过滴灌及喷灌系统施用，具有施肥成本低、施肥准确度高、均匀性高、自动化程度高、肥料利用率高等优点。氮、磷、钾肥是作物生产中最为重要的三大营养元素，合理施氮、有效施磷、高效施钾是实现作物优质高产的关键。大量元素水溶肥施于作物叶片表面或作物根部后，各种营养物质可以快速进入作物体内，及时补充作物所需大量元素养分。可根据作物需肥规律设计大量元素水溶肥中氮、磷、钾含量。其所用原料与常规复合肥料略有不同，磷源主要有工业级磷酸一铵或二铵、磷酸二氢钾、磷酸脲、聚磷酸铵；氮源主要是铵、硝酸盐，分别提供铵态氮和硝态氮，不足部分用尿素补足；硝酸钾、磷酸二氢钾是主要的钾源。含氨基酸水溶肥是指以游离氨基酸为主体，按植物生长所需比例添加适量钙、镁中量元素或铜、铁、锰、锌、硼、钼微量元素形成的液体或固体水溶肥料。含氨基酸水溶肥属于速效肥，其中氨基酸分子可以被植物快速吸收，直接利用。合理使用氨基酸水溶肥，可以提高植株光合速率和气孔导度，促进光合作用；提高根系活力、增加叶面积，促进作物生长；降低植物体内 MDA 含量，有利于作物产量形成。从泥炭、褐煤或风化煤提取而得的，由动植物残体经过微生物分解、转化及化学作用等形成，含苯核、羧基和酚羟基等无定形高分子化合物的混合物为矿物源腐植酸。腐殖酸分子同时存在亲水集团和疏水基团，具有两性分子特性；具有较强氧化还原能力；还可以和金属阳离子形成络合物。在适合植物生长所需比例的矿物源腐殖酸中，添加适量氮、磷、钾等大量元素或铜、铁、锰、锌、硼、钼等微量元素而制成的液体或固体水溶肥料即为含腐殖酸水溶肥。腐殖酸水溶肥可以提高作物抗旱、抗寒、抗病能力，促进作物生长发育。水肥一体化项目中，选择水溶肥时应考虑作物品种和生长发育时期、土壤质地、灌溉水质，并注意肥料的使用方法。不同作物具有不同需肥规律在作物不同生长时期，需肥规律也不同。满足作物对营养的不同需求，合理调整作物根部土壤微环境，适当添加植物可吸收的氨基酸是保证施肥效果、提高肥料利用率的关键措施。

4. 科学合理的微灌施肥方案

作物的水肥耦合效应指在以作物为主体构建的生态体系中，作物周围水分、肥料这两类物质相互作用而对作物产生影响。通过科学合理的微灌施肥方案，可以实现水分和养分在时空上的耦合，可按照作物长势和需水需肥规律控制肥、水配比，一定程度上改善农业生产中水肥供应不协调的弊端。农作物生长中60%养分需要从土壤中摄取。根据作物对养分需求规律、土壤养分供应能力和肥料效应特点，在合理使用有机肥基础上，提出氮、磷、钾及中微量元素肥料的施用量、施用时期和施用方法的一套施肥技术体系，即为施肥制度。制定施肥制度时，应注意肥料间的拮抗反应，分开施用具有拮抗反应的肥料；根据农业生产中的环境温度，选择耐不同低温的液体水溶肥产品。一般作物生育前期和后期需水较少，中期生长旺盛，需水较多。需水关键期多在营养生长向生殖生长过渡阶段。根据作物需水规律进行合理灌溉，才能拟合成灌溉制度。灌溉制度是指种植前及全生育期内灌水次数、灌水周期、一次灌水延续时间、灌水定额以及灌水总额，且需水总量和每次灌水量因作物种类和土壤干旱程度而异。制定灌溉制度时，还应注意灌溉水硬度，避免与含磷水溶肥反应生成沉淀而堵塞管道。因此，通过测土对土壤肥力状况作出明确判断，获悉土壤养分结构是规模种植主体应用水肥一体化技术的必要环节。根据作物目标产量、需水和需肥特点，分别建立灌溉制度和施肥方案，进一步整合成微灌施肥制度，才能形成科学合理的水肥一体化技术方案。

五、展望

水和肥是农业生产的重要物质资源。水是肥效发挥的关键，而肥是打开水土系统生产效能的钥匙。水肥一体应是争取作物高产、优质、高效的必由之路，是在现有条件下不增加施肥量获取最大经济效益的一门实用技术；也是我国实现《到 2020 年化肥使用量零增长行动方案》重要举措之一，对我国做好农业节水、促进水资源可持续利用，加快发展现代农业具有重要意义。水肥一体化技术是实现农作物生产规模化、产业化、商品化的最佳模式，但在推广中也面临诸多挑战。最突出的就是安装水肥一体化设施的用户缺乏水、肥管理专业指导，没有根据土壤和作物需肥规律制订施肥方案，产生养分配比、用量不当及施肥不合理等问题。不仅没有达到节水节肥目的，反而造成资源的浪费。随着水肥一体化技术的深入推广，规模种植主体必将综合灌水、施肥及其他农艺管理，提升作物种植管理水平，进一步实现降本增效。

加强农业资源环境保护与建设。重点加强农业资源节约与合理利用、农业污染防治、生态恢复与重建、外来入侵生物风险评估与防治等关键技术的科技攻关，从源头上缓解资源约束矛盾和环境的巨大压力。围绕节本增效，以节肥、节种、节水、节药为重点，开展《到 2020 年化肥和农药使用量零增长行动》，推进测土配方施肥、推进施肥方式转变、推进新肥料新技术应用、推进有机肥资源利用，减少不合理化肥投入，提高肥料利用率，测土配方施肥技术基本实现农作物全覆盖。大力推广新型农药，提升装备水平，加快转变病虫害防控方式，大力推进绿色防控、统防统治，最大限度降低化学农药使用量，实现农药减量控害，提高病虫害综合防治水平，保障农业生产安全、农产品质量安全和生态环境安全。加快建立农用残膜回收机制，鼓励生产和使用可降解膜，积极引导农民使用不低于 0.01 毫米的地膜，加强农田残膜回收，减轻农田"白色污染"，使耕地进入良性循环，确保农业可持续发展。

第四节　废弃物利用问题研究

近年来，青海省畜牧业持续稳定发展，养殖水平显著提高，保障了肉蛋奶供给，但广大牧区的牛羊养殖粪便问题并未得到重视，也缺乏科学有效的处理利用，成为牧区养殖中的一个难题。为加快推进畜禽养殖废弃物资源化利用，促进畜牧业生态可持续发展，青海省高度重视农牧区粪污利用工作，专门印发了《关于加快推进畜禽养殖废弃物资源化利用的实施意见》（青政办〔2017〕206 号）。指导和促进了青海畜禽养殖粪污资源化利用工作。

一、青海牧区畜牧业发展现状

(一) 畜牧业生产情况

1. 牲畜数量

全省土地面积72.23万千米², 天然草场面积4 193.3万公顷, 其中牧区可利用草场面积3 650万公顷, 占全省总面积的50.5%。2017年, 全省存栏畜禽2 416万头只, 其中牛543.7万头、羊1 374.7万只、猪112万头、家禽333.8万只。牧区六州畜禽存栏1 683万头只, 其中牛403万头、猪11.3万头、羊1 107万只、家禽70万只。牧区共有牦牛、藏羊存栏约1 520万头。大量的牦牛、藏羊是牧区的主要畜种, 在牧区有着重要的生态、生产、生活作用, 同时也是牧区粪肥处理工作的重心。

2. 养殖方式

牧区主要有3种养殖方式。一是以传统天然草场放牧养殖, 二是舍饲或半舍饲养殖, 三是集约化养殖。据调查, 以牧民传统天然草场放牧养殖方式的牦牛、藏羊存栏量约为1 200万头只, 占牧区畜禽存栏量的80%; 以合作社舍饲或半舍饲养殖方式的牦牛、藏羊存栏量约为228万头只, 占牧区畜禽存栏量的15%; 以企业集约化养殖方式的牦牛、藏羊存栏量约为76万头只, 占牧区畜禽存栏量的5%。不同的养殖方式, 带来的粪便生产利用方式各异, 使牧区的粪便处理呈现出与农区或发达地区明显不同的处理方式和路径。

3. 生产模式

生态畜牧业是青海省牧区畜牧业发展的主要道路和生产模式, 近年来已取得重要发展。从2008年启动以来, 经过十年的艰辛探索和实践, 牧业转型发展已累积了丰富的生产、生态、产业、技术、群众和经验基础, 全省已建有961个生态畜牧业合作社, 人工草地面积达到50亿米², 各地生态畜牧业股份制合作社坚持以草定畜、草畜平衡, 有效解决了超载放牧和维护生态环境之间的矛盾, 草原生产能力和生态环境不断好转, 减轻了天然草场压力。伴随着生态畜牧业的快速发展, 牧区畜牧业生产的方式、模式都产生重大的转型和升级变化。

(二) 粪便产生量及利用情况

牧区三种养殖方式下, 据统计, 2017年青海省畜禽养殖业主要畜禽粪便排放总量4 266.59万吨, 其中粪的排放总量3 426.22万吨, 占排放总量的80.30%; 尿的排放总量840.37万吨, 占排放总量的19.69%; 因部分畜禽种类如役用马、驴等的粪便排放未计算在内, 实际排放比例应大于结果。不同畜禽粪便年排放总量的比较从青海省畜禽地域分布情况分析, 西宁市郊及东部农业区畜禽品种粪尿排放量居前五位的畜种依次为奶牛、黄牛、牦牛、绵羊、生猪, 粪尿的年排放产生量奶牛为粪207.09万吨、尿43.49万吨; 黄牛为粪129.74万吨、尿29.84万吨; 牦牛为粪105.47万吨、尿24.26万吨; 绵羊为粪72.24万吨、尿18.06万吨; 生猪为粪49.52万吨、尿56.95万吨。六州牧区畜禽品种粪尿排放量居前五位的畜种依次为牦牛、绵羊、黄牛、奶牛、山羊, 粪尿的年排放量牦牛为粪2 390.24万吨、尿549.75万吨; 绵羊为粪293.21万吨、尿73.30万吨; 黄牛为粪70.11万吨、尿16.13万吨; 奶牛为粪44.63万吨、尿9.37万吨; 山羊为粪40.88万吨、尿10.22万吨。因此, 可以看出西宁市郊及东部农业区目前畜禽废弃物的污染主要源于奶牛养殖, 肉牛饲养所占比重较大。六州牧区畜禽废弃物的污染主要源于牦牛、藏羊养殖。随着青海省畜禽养殖业的迅速发展，畜禽养殖粪便的产生量也随着日益增加，粪便处理水平低和不合理利用严重威胁着生态环境的安全。

从以上估算数据可以看出，青海省畜禽养殖过程中的粪便排出量较大，对环境形成了较大的污染威胁，在养殖过程中应合理布局、科学规划。合理布局畜禽养殖，合理划分出禁止养殖区、控制养殖区、适度养殖区，同时控制养殖的相应规模，在禁养区内已有的规模养殖场都应逐步关闭或调整到禁养区外养殖。将一些省内具有旅游等其他功能价值的区域划为控制养殖区，不再扩大畜禽养殖规模，对现有养殖场进行全面有效的畜禽粪便治理。在一些具有农田消化能力的养殖区域划定出适宜养殖区，在提高养殖场管理水平和畜禽粪便处理水平的基础上，发展标准化畜禽养殖。同时，应将畜禽养殖粪污处理及资源化利用纳入各级政府议事日程，落实相关职能部门职责，并且部门之间应做到有机结合，进一步提升监管力度。督促各养殖场严格按《国家畜禽养殖粪污排放标准》达标排放，根据国家环保部《畜禽养殖污染防治管理办法》，按照资源化、无害化、减量化的原则，提高畜禽养殖粪便处理能力和处理水平，以及综合利用能力和利用水平。

二、牧区粪便处理及资源化利用初步探索

（一）粪污处理设备购置及使用情况

1. 设备购置情况

2015 年年末，全省共认定备案规模养殖场 1 228 家，其中已购置粪污处理设备的 430 家，占 35.02%。调研的 11 个县已购置粪污处理设备的规模养殖场共 156 家，占全省已购置场的 36.28%。购置的设备以青海环友环保设备有限公司生产的粪污有机肥和碳棒加工两个类型为主，约占 95%，价格 5 万~30 万元。已安装调试的 102 家，占 65.38%；未安装的 54 家，占 34.62。

2. 设备使用情况

102 家已安装设备的养殖场中，曾调试运转或投入生产的 67 家，占 65.7%；持续或间断使用的 10 家，占 9.8%；未生产的 25 家，占 24.5%。绝大多数养殖场在安装调试、加工了少量有机肥和碳棒后，未持续进行运行。整体来看，青海省规模养殖场设备使用率较低，仅有极个别养殖场持续加工且取得了一定收益，如乐都正俊养殖专业合作社加工有机肥约 10 吨，自用 4 吨，向 2 户韭菜种植户以 120 元/吨的价格销售 6 吨。

（二）利用方式

1. 自然利用

牧区以牧民传统的天然草场放牧养殖方式为主，草场上的粪便不做收集处理，采用划区轮牧的方式放牧，粪便呈现自然分散堆积，对草场进行自然循环天然消纳，是牧区草场最有效的肥料，牧民只拾取少部分风干牛羊粪便用作生产生活燃料。

2. 就近利用

牧区以合作社为主的舍饲或半舍饲养殖，圈舍中堆积的粪便进行简单发酵后就近处理利用，供应于周边中大型的饲草料基地、种植户或企业，实现牧区种养结合的循环模式。

3. 加工利用

牧区以企业为主的集约化养殖，鼓励采用委托处理的方式加工有机肥或生物质型煤，在

粪便处理利用过程中给予专业化粪便加工企业一定的扶持，配备相应的粪便处理设施设备。畜禽粪便处理及资源化利用模式工艺流程见下图。

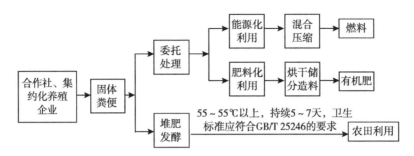

青海牧区畜禽粪便处理及资源化利用模式工艺流程图

（三）去向

1. 作为农家肥还田

省内绝大多数养殖场将鲜粪或经几天堆积发酵后，有偿或无偿地供给附近的果蔬、苗木等作物的种植户还田，由农户自己上门清粪装运，污水经沉淀后还田，价格按照各畜种不同由 40～120 元/米³ 不等。

2. 作为取暖燃料用

部分场将粪便无偿或象征性收取费用提供给周边农户取暖用，价格为 20～50 元/米³。

3. 易换饲草料原料

也有少数场在双方自愿的条件下，将简单堆积发酵的干清粪或加工的有机肥、碳棒等，与当地、周边甚至省外的饲草料种植户易换玉米、青干草等饲草料原料。

（四）技术模式探讨

1. 场地

畜禽粪便以自然利用方式的，场地不做要求；以就近利用方式的，要求修建临时堆粪场；以加工利用方式的，场地应按照 NY/T 682 的规定设计，应设在养殖场的生产区、生活区常年主导风向的下风口或侧风口处，与主要生产设施之间保持 100 米以上的距离，达到防疫要求。

2. 收集畜禽粪便

以传统天然草场放牧为主的，粪便不做收集处理；以就近利用为主的，要求粪便定期进行清理堆积；以加工利用为主的，粪便需定期进行清理，清理方式为人工清粪，清理后的粪便用专门的运输车辆运送到堆粪场。

3. 贮存

以传统天然草场放牧养殖方式为主，粪便不做贮存处理；以合作社舍饲或半舍饲养殖方式为主，粪便需临时存放，根据养殖量合理设置贮存空间；以集约化养殖为主，贮存设施必须有足够的空间来贮存粪便，最小贮存体积按照 GB/T 27622—2011 中要求的贮存容积计算；贮存过程中不应产生二次污染，其恶臭及污染物排放应符合 GB 18596 的规定。

4. 处理

以传统天然草场放牧养殖方式的不做处理；以舍饲或半舍饲养殖方式的采用堆肥发酵后

就近还田利用；集约化的养殖企业，粪便处理利用适宜两种方式，一是堆肥发酵，二是委托处理；牦牛粪便有机质含量相对较低，一般采用堆肥发酵后还田利用或委托第三方生产有机肥或生物质型煤；藏羊粪便有机质含量相对较高，适宜于堆肥发酵还田利用和委托第三方生产有机肥。

5. 利用

以传统天然草场放牧养殖的粪便不做利用；以舍饲或半舍饲养殖的合作社，粪便集中堆积发酵后，就近还田利用；以企业集约化养殖的，粪便集中收集贮存后，通过委托第三方生产加工有机肥或生物质型煤的，施肥于农田或用作生活燃料。

（五）管理模式

传统放牧和舍饲、半舍饲养殖方式的不受监管；对于集约化的养殖企业，当地政府纳入监管范围，按当地农业和环境保护行政主管部门要求，定期报告粪便产生量、处理利用方向、设施设备运行情况，并接受当地和上级农业部门及环境保护机构的监督与检测。

三、问题及建议

（一）澄清正确认识牧区粪便的重要作用

对于牧区来说，粪便不是污染物，是生态物，是牧区草场的天然肥料，自然循环利用于草场，是牧民群众赖以生存的生产生活基本构建与生活要素。

（二）引导牧区畜牧业绿色生态发展之路

牧区多年来一直以传统的放牧养殖方式为主，畜禽粪便自然循环消纳于草场，形成了有机的结合；部分集约化的养殖企业蓬勃发展，一味地追求集约化的发展之路，虽在养殖数量及质量上有所提升，但在一定程度上破坏了牧区的生态平衡，因此，我们应该正确认识牧区畜牧业的发展，在追求数量、质量的同时，要兼顾绿色生态的发展之路。

（三）加强粪污基础设施设备的配套建设

加强对牧区合作社、养殖企业粪污处理设施设备的配套，主要修建堆粪场，购置粪便运输车，资金筹措以合作社、养殖企业自筹为主，当地政府给予一定补贴，设施设备修建购置以合作社、养殖企业自行修建购置为主；适当引入专业化粪污处理加工企业，配置原料库、成品库、发酵车间、精制肥厂房、晒场等基础设施，对养殖密集区的粪便统一加工生产有机肥或生物质型煤。目前养殖场现有动力电无法满足成套设备正常运转，青海省规模养殖场购置的粪污处理设备一般由 2~8 台机械组成，成套设备同时运转输出功率一般在 30~50 千瓦/小时，高的可达 70~80 千瓦/小时。由于绝大多数养殖场使用的村级集体装备的变压器，其最大功率一般仅为 50 瓦，居民用电再加上场内各类机械运转，根本无法满足成套运转负荷。同时，变压器及附属设施造价高，小型养殖场亦无力单独装配，如平安县共 53 家规模养殖场，仅有 7 家装配独立变压器。

（四）养殖场发展能力不足，无法满足成套设备购置和运行

目前，大部分养殖场内装备的设备不成套，如缺少干料输送机（传输带）、粉碎机等，

需人工传输至造粒或成型机，在原来的基础上增加成本开支。此外，由于缺乏相应的使用前培训，加之设备生产企业不能保障较为及时地检修等，导致故障频发，设备不能正常运转，由此加工时间延长，人工和电力成本增加。而多数养殖场由于饲料、人工等成本投入开支大，加之近年活畜及产品价格走低、利润缩减，运转成本较高等因素，养殖场对粪污处理技术开发、设备购置、设施建设等方面的投资也力不从心。

（五）粪污处理设备工艺的局限性无法满足各类养殖模式的需求

目前，据已安装使用设备的养殖场户反馈，现有设备处理加工过程中干湿分离的过程需要较严格地控制粪污的干湿度，一般干粪和水分的比例要达到 1：4，需人为添加水分达到比例才能保证机械正常运转，但同时也导致二次污水量的增加。加工过程后的粪便水分含量也较高，需要继续晾晒、烘干等。现有设备机型针对性不强，未按照各畜种有针对性地分类设计和配备，加上养殖企业对粪污设备选型实用性和适用性考察等环节的忽略，也在一定程度上导致选择的盲目性和设备安装后不适用的情况。

（六）专业化加工企业数量不足，市场开发需求度低

目前，青海省专业化、规范化的粪污处理及产品加工企业数量极少，此次调查的 11 个县中仅湟中、民和两个县内各建有有机肥生物加工企业 1 家。同时，省畜禽粪便有机肥加工行业起步较晚，民众尚没有形成固定的消费习惯，仅海西州诺木洪枸杞种植基地需求量较大，年约 28 万吨，其他领域需求几乎尚未开发；而省外有机肥需求量虽然较大，市场接受程度较高，但几乎被外省的参与此行业较早的公司开发和垄断。

（七）资金投入力度不足，无法满足现有养殖场粪污综合处理需要

经调查，青海省农牧和环保部门对于规模养殖场粪污方面均有投入，环保部门主要是投建堆粪场遮雨棚和积尿池（每场 10 万元）。但每个场基础条件不同，各自摸索和运转，虽都有设备，但实际效用尚未能有效发挥，而环保部门和政府部门对养殖场粪污处理方面的要求主要停留在整治、取缔等，并没有在基础条件考察、先进技术和设备引进、集中治理、合理规划引导等方面下大力气。综上，由于投入分散，引导力度小，设备不适用，养殖场自行加工成本高、品质低，企业市场销路不畅，对养殖场粪污收购能力低等多种因素导致目前省养殖场对粪污处理设备使用意愿不高，设备持续运转率极低的现状。

四、对策和建议

（一）引进先进技术，提高效率

加强和环保部门的沟通和合作，考察省内外和国外先进处理方式，改变固有的传统粪污处理方式，探索更简便、更适用的处理方式，针对各畜种养殖场特点和粪污特质进行分类处理。同时，积极引进和推广先进技术、工艺和设备。

（二）加大投入，完善基础设施

主要加大对养殖场粪污无害化处理所需的基础设施和设备建设的投资力度，完善沉渣池、堆粪场、遮雨棚、粪尿及污水贮存池等基础设施建设；配备小型粪便翻刨机、大容量沼

液运输车等设备，提高硬件设施设备标准化建设水平。

（三）集中资金，重点扶持

主要是按照省规模养殖场布局，改变目前"小而散"的资金投入方式，在养殖场数量较多，分布较集中的地区，重点、专业扶持有机肥等加工品研发和生产企业，使得养殖场畜禽粪污实实在在有出路，真正"变废为宝"。

（四）加强宣传，引导力度

加强宣传力度，提高消费者对"畜禽粪便有机肥""营养液"等应用先进生物技术或加工技术产品的接受度，打破市场壁垒。加强行政监管部门的规划和引导力度，帮助规模养殖场、有机肥加工企业和种植户对接。大力发展生态型、环保型养殖业，将畜牧业、种植业、林业、渔业等有机结合起来，实现多级循环利用、可持续发展和环境生态、经济效益的双赢。

第二章 科技支撑问题

第一节 有机饲料的配制问题探究

发展有机农业、开发有机食品，能够同时实现社会效益、经济效益和生态效益。但是，在我国有机食品的发展过程中，也存在着不少问题，特别在对有机农业和有机食品概念的理解上存在不少误区。相当一部分人认为有机农业就是不用化学合成物质的农业，这种把有机农业简单地说成"在生产过程中，不使用人工合成的肥料、农药、生长调节剂和饲料添加剂的农业"是不正确的。有机农业强调可持续生产体系的建立。不用化学合成物质，同时也不采取任何管理措施的农业生产体系，是不能持续发展下去的，这样的体系不是有机农业生产体系。对于有机畜禽生产系统而言，物质的输入主要通过饲喂饲料来实现。现代畜牧业由于饲料添加剂特别是一些人工合成添加剂的使用，而使畜禽生产力得到很大的提高，正是基于这一点，现有的有机畜禽生产标准并没有完全禁止使用人工合成的化学物质，允许在一定条件下可以有限制地使用某些人工合成的化学物质。为了使畜禽生产者对有机畜禽饲料配制及使用有一个正确的认识，笔者综合目前比较有影响的有机生产标准，归纳出了一个有机畜禽饲料配制及使用的一般原则。

一、饲料配制及使用的基本原则

（一）饲料配制及使用的基本原则

综合各有机畜禽生产标准，饲料配制及使用应遵循的基本原则如下。

（1）植物源性饲料原料必须采用有机方式生产。

（2）要依据有关标准规定使用动物源性饲料。

（3）有机饲料短缺时，可以使用常规饲料，但每种动物的常规饲料消费量在全年消费量中所占比例不得超过以下百分比（不同标准略有不同）：草食动物（以干物质计）<10%；非草食动物（以干物质计）10%～20%。动物日摄食常规饲料最高量不超过日总饲料量的25%（以干物质计）。

（二）有机畜禽养殖过程中对饲料的要求

（1）畜禽应以有机饲料饲养。饲料中至少应有50%来自本养殖场饲料种植基地或本地区有合作关系的有机农场。

（2）在养殖场实行有机管理的第一年，本养殖场饲料种植基地按照本标准要求生产的饲料可以作为有机饲料饲喂本养殖场的畜禽，但不能作为有机饲料出售。

（3）当有机饲料供应短缺时，允许购买常规饲料。但每种动物的常规饲料消费量在全年消费量中所占比例不得超过以下百分比：草食动物（以干物质计）10%；非草食动物

（以干物质计）15%。畜禽日粮中常规饲料的比例不得超过总量的25%（以干物质计）。出现不可预见的严重自然灾害或人为事故时，允许在一定时间期限内饲喂超过以上比例的常规饲料。饲喂常规饲料须事先获得认证机构的许可，并详细记录饲喂情况。

（4）必须保证反刍动物每天都能得到满足其基础营养需要的粗饲料。在其日粮中，粗饲料、青饲料或青贮饲料所占的比例不能低于60%（对乳用畜，前3个月内此比例可降低为50%）。在猪和家禽的日粮中必须配以粗饲料、青饲料或青贮饲料。

（5）初乳期幼畜必须由母畜带养，并能吃到足量的初乳。允许用同种类的有机奶喂养哺乳期幼畜。在无法获得有机奶的情况下，可以使用同种类的非有机奶。禁止早期断乳，或用代乳品喂养幼畜。在紧急情况下，允许使用代乳品补饲，但其中不能含有抗生素、化学合成的添加剂或动物屠宰产品。哺乳期至少需要：猪、羊6周；牛、马3个月。

（6）配合饲料中的主要农业源配料都必须获得有机认证。

（7）在生产饲料、饲料配料、饲料添加剂时均不得使用转基因生物或其产品。

（8）禁止使用以下方法和产品：①以动物及其制品饲喂反刍动物，或给畜禽饲喂同科动物及其制品；②未经加工或经过加工的任何形式的动物粪便；③经化学溶剂提取的或添加了化学合成物质的饲料。

二、生态饲料的配制

因此需要加快有机饲料的配制工作，配制主要需要注意以下几个方面。

（一）原料的合理选择

选择原料首先要保证原料的90%来源于已认定的绿色食品产品及其副产品。其次，要注意选购消化率高、营养变异小的原料。最后是要注意选择有毒有害成分低、安全性高的饲料，以减少有毒有害成分在畜禽体内累积和排出后的环境污染。

（二）饲料的适宜加工

饲料加工的适宜程度对畜禽的消化吸收影响很大，不同的畜禽对饲料加工的要求是不一样的。采用膨化和颗粒化加工技术，可以破坏和抑制饲料中的抗营养因子、有毒有害物质和微生物，改善饲料卫生，提高养分的消化率，使粪便排出的干物质减少1/3。

（三）配制氨基酸平衡日粮

氨基酸平衡日粮是指依据"理想蛋白质模式"配制的日粮。即日粮的氨基酸水平与动物的氨基酸水平相适应的日粮。据报道，在满足有效氨基酸需要的基础上，可以适当降低日粮的蛋白质水平。有研究资料表明，畜禽粪便、圈舍排泄污物、废弃物及有害气体等均与畜禽日粮中的组成成分有关。将猪日粮中的蛋白质含量每降低1%，氮的排出量则减少8.4%。如果将日粮中的粗蛋白含量从18%降低到15%，即可将氮的排放量降低25%。如果将鸡的日粮中蛋白质减少2%，粪便排氮量可减少20%。如果提高日粮蛋白质消化率或减少日粮蛋白质供应量，那么恶臭物质的产生将会大大减少。这不仅可以节省蛋白质资源，而且是从根本上降低畜禽粪便氮污染的重要措施。

（四）根据畜禽品种及其不同的生长阶段配制日粮

动物不同的生长阶段其营养需要差别很大，生产中要尽可能地准确估计动物各生长阶段的营养需要及各营养物质的利用率，设计出营养水平与动物生理需要基本一致的日粮，这是减少养分消耗和降低环境污染的关键。近年的许多研究报道表明，根据畜禽不同年龄、不同生理机能变化及环境的改变配制日粮，可以有效地减少氮磷的排放量。氨基酸需要随畜禽年龄和生理状态而异，要使氮的损失降到最低，必须经常调整氨基酸的供给量。对饲养种猪而言，实行阶段饲喂对降低氮的排出是有益的，妊娠母猪对氮的需要量远低于泌乳母猪，妊娠期重新配制日粮比使用同种日粮可降低氮的排出量15%~20%，且不影响繁殖性能。

三、生态饲料的营养调控技术

在我国畜牧业生产规模不断扩大和集约化程度不断提高的情况下，充分运用营养调控技术，最大限度地提高动物对营养物质的利用率，对减少环境的污染，促进我国畜牧业的持续、快速、健康发展具有十分重要的意义。在日粮中添加酶制剂、酸化剂、益生素、丝兰提取物、寡聚糖和中草药添加剂等，能更好地维持畜禽肠道菌群平衡，提高饲料消化率，减少环境污染。

（一）添加酶制剂

有人对猪的试验表明，添加微生物植酸酶后猪回肠的蛋白质和必需氨基酸的表现消化率提高了9%~12%。对肉鸡的研究也表明，日粮中添加植酸酶，可节约1个百分点的蛋白质，使氮的排泄量降低10%，而不影响其生产性能和胴体品质。有人研究表明，在断奶仔猪玉米和豆粕型日粮中添加植酸酶，植酸酶的利用率呈线性升高趋势，粪便中磷的排泄量降低42%。在家禽、仔猪或育肥猪的（小麦或大麦）基础日粮中添加 β-葡聚糖酶和木聚糖酶，可减少非淀粉多糖产生的黏性物，提高能量、磷和氨基酸的利用率。

（二）添加酸化剂

酸化剂主要用于仔猪。在断奶仔猪日粮中添加1%~2%柠檬酸和延胡索酸，可提高饲料利用率5%~10%，提高增重4%~7%，降低仔猪腹泻率20%~50%。仔猪日粮加酸的效果与酸化剂的种类、添加量和饲粮类型有关。延胡索酸的适宜添加量为饲粮的2%~3%，柠檬酸为1%，而以乳酸为基础的复合酸化剂一般添加0.01%~0.03%。从饲粮类型看，全植物性饲粮酸化的效果比含大量动物性饲料的效果要好。肉鸡和犊牛饲料中添加酸化剂对提高饲料利用率，减少环境污染，促进动物健康和生长也有一定的作用。

（三）添加益生素

当动物肠道内大肠杆菌等有害菌活动增强时，会导致蛋白质转化为氨、胺和其他有害物质或气体，而益生素可以减少氨和其他腐败物质的过多生成，降低肠内容物、粪便中氨的含量，使肠道内容物中甲酚、吲哚、粪臭素等的含量减少，从而减少粪便的臭气。芽孢杆菌在大肠中产生的氨基化氧化酶和分解硫化物的酶类，可将臭源吲哚化合物完全氧化成无臭、无毒害、无污染的物质。同时，芽孢杆菌还可以降低动物体内血氨的浓度。另外，在饲料中添加嗜酸乳酸杆菌、双歧杆菌、粪链球菌等均能减少动物的氮气排放量，净化厩舍空气，降低粪尿中氮的含量，减少对环境的污染。

（四）添加丝兰提取物

丝兰提取物可限制粪便中氮的生成，提高有机物的分解率，从而可降低畜禽舍空气中氮的浓度，达到除臭效果。最新的研究表明，此提取物有两个活性成分，一个可与氮结合，另一个可与硫化氢、甲基吲哚等有毒有害气体结合，因而具有控制畜禽排泄物恶臭的作用。同时，它还能协同肠内微生物分解饲料，提高肠道的消化机能，促进营养成分的吸收，并能抑制微生物区系尿素酶的活性，从而抑制尿素的分解，减少畜禽排泄物中 40%～50% 的氨量。

（五）添加沸石、钙化物等

氟石是天然矿物除臭剂，内部有许多孔穴，能产生极强的静电吸附力。添加到饲料中或撒盖在粪便及畜禽舍地面上，或作为载体用于矿物质添加剂，均可起到降低畜禽舍内温度和对氮的吸附作用。如在猪日粮中添加 5% 的沸石，可使排泄物中氨气含量下降 21%。另外，在畜禽日粮中硫酸钙、氯化钙和苯甲酸钙，也能减少氨气的挥发。

（六）添加寡聚糖

目前动物营养界研究的寡聚糖都是功能性寡聚糖。它是一种动物微生态调节剂及免疫增强剂。近年来，国外研究证明，寡聚糖具有类似抗生素的作用，但却具备无污染、无残留、功能强大的特点，因而成为动物营养界研究开发新型生态营养饲料添加剂的热点之一，是取代抗生素的理想生态营养饲料添加剂。它可以促进动物肠道有益菌的增殖、提高动物健康水平；通过促进有害菌的排泄、激活动物特异性免疫等途径，提高畜禽的整体免疫功能，有效地预防畜禽疾病的发生。

（七）中草药添加剂

中草药添加剂是以天然中草药的物质（阴阳、温热、寒凉）、物味（酸、甜、苦、辣、咸）、物间关系等传统中医理论为主导，辅以动物饲养和饲料工业现代科学技术而制成的纯天然绿色饲料添加剂。中草药属纯天然物质，应用于饲料行业，是一种理想的生态营养饲料添加剂，可起到改善机体代谢、促进生长发育、提高免疫功能及防治畜禽疾病等多方面的作用。如艾叶、大蒜、苍术等，不仅能促进畜禽生长发育，而且能提高畜禽对饲料的利用率。

第二节　疫病防控安全问题研究

一、科学构建防疫设备

其一要构建消毒设施。通常需要在养殖场入口处进行消毒池的合理构建，在车辆进出养殖场之前，对其进行消毒。还需要为相关工作人员构建消毒室，通常选择使用紫外线消毒和喷雾消毒。这样能够有效避免车辆或工作人员将病原体带入养殖场。与此同时，还要对养殖场的墙壁、地面以及各种器具进行消毒，使养殖圈舍内的病菌数量得到有效控制，进而避免动物染病。其二要构建粪便和污水处理设施。在养殖场内需要合理设置污水处理设施，从而避免污水中含有的病原微生物影响牛羊生长，同时还需要科学处理牛羊尸体和粪便，避免粪便中含有的寄生虫或病原体对健康牛羊造成感染，导致群体发病。其三要构建治疗和隔离设施。养殖场还需要进行治疗室和隔离室的建设，对出现病症的牛羊进行科学有效的隔离治疗，避免动物交叉感染。其四要构建疫苗储存设备，养殖场在购买疫苗之后不能立即使用，需要将其存放一段时间，基于此，养殖场需要科学设置冰箱、冰柜、保温箱等能够存放疫苗的设备，严格按照说明书对疫苗进行保存和使用，严禁随意存放，保障疫苗使用效果。

二、优化免疫程序

首先需要科学制定免疫程序。在养殖场的建设过程中，相关人员需要基于历年动物发病情况进行免疫程序的科学制定，在此过程中，还需要与动物抗体滴度有效结合，并确保疫苗选择的合理性，从而最大限度地发挥疫苗的作用，确保动物对于疾病具有更高的免疫力。其次要规范进行免疫操作。在落实免疫操作时，需要确保相关技术的规范性和科学性。要对疫苗进行详细检查，确保疫苗没有过期和变质，包装没有破损。在进行免疫工作时，第一步需要对牛羊的注射位置进行消毒处理，随后进行器械消毒，通过蒸汽消毒和高温煮沸，对使用器械进行消毒作业，每完成一头牛羊的注射之后，需要及时更换针头，在打开疫苗之后，必须避免阳光直射。最后需要进行疫苗注射档案的科学建设，详细记录各个圈舍应用疫苗的类型、名称和时间，为后期的分析工作创造良好条件。

三、强化疫苗免疫接种

对牛羊进行疫苗免疫接种的目的是提升牛羊对疾病的抵抗力。养殖场需要科学制订接种计划，通常在完成疫苗接种工作之后，需要经过一定的时间才能使牛羊产生免疫力。基于此，养殖场需要基于不同传染病的具体流行状况，进行免疫计划的科学制订，同时严格按照相关规定进行接种操作。此外，还需要确保科学免疫。在对牛羊进行免疫接种时，口服法、滴鼻接种、胸腔注射、后海穴注射、肌内注射是较为常见的方法。如果牛羊出现不良反应，相关人员就要注意，不能进行接触作业。部分母源抗体会对抗体滴度造成很大程度的影响，对抗体的产生造成一定的抑制。为了有效避免出现该类情况，相关单位需要对牛羊所具有的母源抗体进行实时监测，然后基于养殖场具体情况进行免疫时间的合理确定。

四、疫病防控要多措并举

近年来，国际、国内动物疫情此起彼伏、错综复杂。2018 年 8 月沈阳市沈北新区发生非洲猪瘟疫情并迅速蔓延多个省份，到目前防控形势还依然十分严峻，可以说动物疫病的防控是一项复杂而艰巨的社会工程，我们必须在当地政府的统一领导下，多措并举、统筹做好各方面工作。

（一）建立健全动物防疫体系

要进一步完善农业农村局、农发中心、农业综合执法队之间横向、纵向的工作协调衔接机制，形成防疫合力。要尽快补齐乡镇防疫机构体系和人员队伍短板，保障乡镇动物防疫机构和村防疫员队伍稳定，确保基层防疫工作有人抓、有人管。

（二）明确和压实防控责任

要压实政府属地责任、部门监管责任、生产经营者主体责任。各地农业农村部门要及时向当地党委、政府汇报疫情防控形势及工作存在的问题、困难。要发挥牵头作用，做好任务分解、沟通协调、指导推动和督促检查等工作，协调各部门密切配合、联防联控。

(三) 抓好具体防控措施落实

1. 落实疫情监测制度

要提高非洲猪瘟、禽流感、口蹄疫等重大动物疫情监测工作的针对性、准确性、系统性，准确掌握疫情动态。血清学监测要提高样品分布的科学性和代表性，确保准确掌握强制免疫效果。病原学监测要结合畜禽屠宰、病死畜禽无害化处理、保险理赔等工作，优化样品分布，确保准确掌握病原流行分布情况。

2. 落实疫情报告制度

要坚持监测排查工作日报告制度，第一时间发现疫情，第一时间规范报告疫情，是"早、快、严、小"处置疫情的基础和前提。要畅通疫情举报渠道，健全举报线索核查机制，接到举报要第一时间派人认真调查核实，一旦发现疑似疫情，必须第一时间规范报告，第一时间果断处置。

3. 落实好集中免疫制度

各地要按照"政府保密度、部门保质量"的要求，坚持规模场常年程序化免疫、散养畜禽集中免疫与补免相结合的做法，切实做到"应免尽免"。集中免疫前，各地要加强村防疫员、兽医人员培训，使免疫程序、免疫操作符合规定，确保免疫质量。

4. 落实应急准备制度

要完善动物防疫应急机制、应急体系、应急措施，持续优化应急预案。各地要切实加强值班值守，严格执行24小时专人值班和领导带班制度，领导干部要亲自带班，值班人员要坚守岗位。要加强应急物资常态化储备和动态化管理，要在条件许可的前提下，补充必要的应急防疫物资储备。

5. 建立群防联动机制

落实各项防范措施以及突发重大动物疫情应急处理工作要依靠群众，全民防疫，动员一切资源，做到群防群控。同时加强防疫知识的宣传，提高全社会防范突发重大动物疫情的意识。根据需要定期开展技术培训和应急演练，一旦发生疫情，各部门在政府统一领导下，一要紧紧依靠群众，二要密切配合，协调一致，最终形成合力迅速控制疫情。总的来说，只要我们坚定信心，在党和政府的领导下，坚持预防为主的方针，组织实施好以上措施，一定能够攻坚克难、战胜疫情，为畜牧业健康发展保好驾、护好航。

第三节 有机品牌打造问题思考

品牌是生产者和消费者共同的追求，是企业乃至地区综合竞争力的重要体现。一直以来，青海省坚持以习近平新时代中国特色社会主义思想为指导，深入贯彻落实党中央、国务院关于品牌发展决策部署，实施创新驱动发展战略，大力推进品牌建设，青海驰名、著名品牌和"青海老字号"品牌等，正从"高度重视"走向"实践落地"转变。

品牌建设不仅代表着供给结构的优化方向，也代表着需求结构的升级方向，要引导品牌产品消费升级，让品牌消费促进形成强大省内外市场，让品质生活少不了"青海制造"，让品牌消费进一步带动经济活跃繁荣，更好满足小康社会人民美好生活需要。要以市场需求为导向，以提质增效为核心，打造青海农畜产品整体品牌形象，重点发展区域公用品牌、企业品牌和特色农产品品牌，构建品牌农产品营销体系，积极推进生产者联盟、销售者联盟。全面推进青海省向农产品品牌强省转变。

（一）完善生产标准体系

标准决定质量，只有高标准才有高质量。应建立以国家、行业标准为底线，强化地方标准的制修订，牢固树立品牌意识，健全产前、产中和产后各环节的标准体系。按市场准入标准、名特优新农产品标准、出口标准形成细分市场的质量标准体系，强化对相关主体的行为监督。推广"龙头企业+标准化+农户"生产经营模式，实现优质农产品规模化生产。大力推行产地标识管理，做到质量有标准、过程有规范、销售有标志、市场有检测。

（二）组建高标准生产基地

把建设优质农畜产品标准化生产基地与农畜产品品牌培育紧密结合起来，推进优质农畜产品标准化生产和品牌化经营。通过大力培育龙头企业，发展专业合作经济组织、家庭农牧场、科技示范户等各类产业化新型经营组织，建成一批优质农畜产品标准化生产基地、全国绿色食品原料标准化生产基地、品牌农畜产品生产基地、出口农产品质量安全示范区。"菜篮子"大县规模经营主体、农产品质量安全县和生产基地基本实现标准化生产。实现品牌的规模效应，促进区域经济发展。

（三）打造区域公用品牌

打造农产品区域公用品牌，即通过先天或优化产地环境，挖掘其历史文化与故事，分析其营养价值和产品功能，建立根据地和核心市场等，以乡或县为单位，打造一批区域公用品牌。推出质量兴农兴品，打造国家农产品质量安全县品牌。发展富硒品牌。突出青海省平安、乐都、互助等地富硒土地资源优势，合理开发、有序利用，重点培育具有一定基础和规模、技术含量高、竞争力强的高原生态富硒品牌。

（四）培育壮大企业品牌

结合青海省特色农畜产品的特点和地理位置，培育壮大一批更具高原特色、更具市场竞争力的领军企业，打造出更具高质量、更具影响力、更具美誉度的，逐渐形成"人无我有，人有我强，人强我特"的特色产业，带动经济发展。以农业产业化龙头企业为基础，注重发挥龙头企业的引领示范效应，打造一批企业品牌。支持企业研发和引进先进技术、先进工艺、先进设备，实现生产标准提升和产品升级换代；支持企业加强质量管控，提升服务质量，开展精准营销，打造一流产品、争创一流品牌。

（五）壮大"三品一标"

进一步挖掘绿色、有机、无污染优势和品牌价值，以牦牛、青稞、藏羊、枸杞、冷水鱼、油菜为主，打绿色有机牌、高原特色牌、提质增效牌，打造一批"青字号"金字品牌。不断提高"三品一标"的总量规模和质量水平，抓好"三品一标"工作，通过规模化、标准化生产，促进品牌发展，增加绿色优质农产品供给。加大品牌推介工作力度，运用多种手段加强宣传营销，开好绿博会、展销会，提高"三品一标"品牌影响力、公信力和市场占有率。培育一批农产品地理标志品牌，获得国家驰名商标、青海省著名商标。

（六）增强科技支撑能力

创新可以使农产品品牌保持质量和市场优势，增强竞争力，特别是在品种繁育、科学饲养、产品加工和包装等方面的科技支持尤为重要。面对品牌发展和竞争，我们必须保持锐气和闯劲，也要有强烈的紧迫感和危机感，把品牌意识、工匠精神、卓越品格融入生产、管理和服务实践。坚持质量第一、效益优先，打造更多名优品牌，以更强的竞争力拓展市场空间，更好满足青海高质量发展和群众高品质生活需要，让品牌建设行稳致远。加大科技创新投入力度，加快农牧业科技产学研一体化进程，建立健全产前、产中、产后全过程相配套的技术服务体系。推动新品种培育和配套标准化技术的集成推广应用，开展主要农畜产品高值化加工与综合利用关键技术研究与示范，增强农牧业生产科技支撑力度。

（七）建立品牌目录制度

品牌化已经成为农业现代化的核心标志，加快推进农业品牌建设已经成为转变农业发展方式，加快推进现代农业的一项紧迫任务。研究建立农产品品牌、区域品牌的征集制度、审核推荐制度、价值评价制度，加快引导各类企业、专业合作社等市场主体创建自身品牌，明确产品产量、质量科技创新水平等评价标准和内容。定期发布目录，动态管理，完善、规范和强化对农产品品牌的推介、评选、推优等活动，逐步建立第三方评价机制，鼓励农产品企业做优质量，做好品牌。

（八）深化产品品牌推介

突出"高原、有机、绿色、环保、无污染、健康"优势，坚持规划引领、实施品牌战略，建基地、抓加工、创品牌、求效益，已取得了初步成效，让"青字号"品牌逐渐"树起来""亮起来"。通过电视、报纸、展销平台等媒体进行品牌信息的传播，通过品牌产品进社区、进超市、进学校、媒体记者进企业、进基地为主要形式，开展"春风万里，绿食有你—绿色食品宣传月"活动，在世界知识产权宣传周期间举办地标产品宣传推介活动，在5月10日举办"中国品牌日"活动等形式，多措并举、开展了一系列卓有成效的品牌宣传和市场推介活动。鼓励有条件的县（市、区）积极建立产业园，特色农畜产品博物馆，开展慈善活动等形式，提高产品的美誉度和知名度。

（九）提升产品品牌形象

没有质量，谈何效益？保障农产品质量，是提升农业经济效益的有效途径。农产品质量是品牌发展壮大的基础，只有不断提高质量才能满足人们需求的特性，才能创建优秀的品牌，使品牌整体形象得到提升。进行技术创新，提高品牌质量。品牌企业要加强对优质农产品的技术研究和更新，确保品牌的市场竞争力。品牌应该具有市场占有率高、品牌有保障、知名度高三个特点，品牌是市场经济的产物。必须在农产品的生产、加工等环节加强管理，确保产品质量。在培育品牌过程中，要以质量为根本，建立健全质量标准体系，不断提高产品质量，创造出消费者认可的品牌。引导企业树立"质量第一"的思想，完善全过程、全方位的质量管理制度。

（十）发挥产品品牌战略

品牌是质量的升华，是信誉的凝结，是文化的传承。为增强青海品牌商品国内国际市场竞争力，现已出台了青海品牌商品推介会短、中、长期规划，先后印发了《关于发挥品牌引领作用推动供需结构升级的实施意见》《开展全省消费品工业"三品"专项行动营造良好市场环境的实施方案的通知》《关于加快推进农畜产品品牌建设的实施意见》等系列政策文件。农业品牌战略实施过程中，政府、协会、企业、专业团队及第三方力量、合作社、农户、专业媒体与大众传媒等各方力量的有效协同，控制品牌战略实施程度、方向、科学性等。政府、行业协会、企业在品牌创建过程中紧密相关、相互促进、相互联系，形成了政府主导、行业协会经营、企业参与的新局面。探索建立起行业协会和龙头企业共同合作的经营模式，鼓励企业合作向规模化方向发展，并强化对农畜产品品牌的推广与保护力度，增加科技含量和文化底蕴，不断提升品牌产品的附加价值。

第四节　开展牦牛藏羊有机品牌建设的思考

牦牛和藏羊是促使青海高原特色现代生态畜牧业腾飞的两只翅膀。作为畜牧业大省，青海从未放松过做强畜牧经济的努力，可种种客观缘由始终掣肘。破解困惑的突破口在哪里？方方面面的思考和探索不曾停止，特别是随着生态立省战略的实施，推动青海畜牧业由数量型向效益型全面转变，科学养畜、有效养畜，重视畜产品深加工、提高附加值，创新发展的脚步越来越铿锵有力。

打造"世界牦牛之都、中国藏羊之府"品牌，不是一个简单的称谓问题，更不能靠数量取胜，而是一个复杂的系统工程。文化是最好的依托，无论从历史、宗教、民俗，还是服饰、饮食方面，青海的牦牛与藏羊都有取之不尽用之不竭的宝贵财富。

要想让以高效、绿色、生态为特色的发展理念更加深入人心，"世界牦牛之都、中国藏羊之府"的品牌，也正需要这种厚重的文化，去慢慢熏染，让特有的品牌更加具有韵味，也更富有生命。推动牦牛、藏羊养殖业向高产、优质、高效方向发展。

经历了漫长的积累期，无论从牦牛、藏羊的数量和质量，还是与其相关的产业发展，青海牢牢占据了国内市场的优势。但是，要想在风云变化的市场上真正立足，产业的发展就必须跟上市场的变化。

青海省把牦牛、藏羊产业的转型升级确定为畜牧业产业发展的主攻方向，通过促进生产方式、经营方式、增长方式的转变推动牦牛、藏羊产业全面发展。

发挥青海牦牛产业优势，把牦牛产业打造成一张国际名片，其国际化的视野和创新性的思路，高屋建瓴的战略构想和清晰准确的发展步骤，都使我们相信，青海打造"世界牦牛之都、中国藏羊之府"不仅深赋历史意义，而且前景美好。

通过近年来有机畜牧业的发展，初步显现了以下几个效应：一是全民对有机畜牧业发展的认知意识和对有机产品基本知识的了解程度逐步加强；二是政府在政策扶持及资金投入方面的力度日益加大；三是有效遏制了超载过牧，减少了对天然草原的破坏；四是确保了牲畜产品的质量安全；五是适度提高了农牧民的经济收入，如活体牛羊作为原料被有机畜产品加工企业收购的比普通出售的牛羊可提高 1~2 元/斤（以胴体重计 1 斤 = 500 克），但没有被收购的活体有机认证牛羊和常规牛羊无异，经济效益不太明显。加工有机肉制品一般比常规加工肉制品高 3~5 元/斤，也有个别企业经济效益比较明显的，如青海五三六九生态牧业科技有限公司生产加工的有机牦牛肉制品比常规产品要高出 3~4 倍；六是促进了畜产品质量安全追溯体系雏形的初步形成，目前在纸质生产记录的基础上探索试验电子质量追溯平台的设立。

畜牧业是青海的传统优势产业，在农牧业中比重大、面极广、特色明显，青海最主要的特色就是我们有着丰富的牦牛藏羊资源。青海的牦牛藏羊，数量多、品质优、风味佳，市场潜力前景广阔，不单是重要的优势产业资源，同时也是三江之源重要的生态构件和牧民生活改善的重要载体，青海省提出了大家熟知的"世界牦牛之都，中国藏羊之府"品牌战略，就是想把青海的牦牛藏羊按照现代农业产业理念打造成青海的特色名片和畜牧业腾飞的两只翅膀。

解决了牛羊的问题、人的问题，还要解决"草"问题。青海全省牧区面积占 96%，草原面积大，环境天然纯净，牧草资源丰富、种类多、营养好，是给青海发展优质高端牛羊肉的重要依靠和保障。近年来，全省坚持特色和绿色发展，紧靠自身优势资源，着力打造和推进有机畜牧业建设，全省认证有机草场面积达到 6 800 多万亩，牛羊达 400 万头只，集中形成了以青南地区为主的、适度发展的绿色、高端有机牛羊生产基地，给青海无膻味羊肉、高品质牛肉的生产提供了源头"草"保证。

第三章　追溯建设问题

第一节　追溯体系建设战略探究

一、建设的重点方向

可追溯体系是一种可以追溯到加工、运输、养殖全过程的现代技术体系，通过输入产品的基本信息，如追溯码、生产批号等就可以查询到产品的养殖作业环节、原料运输环节、基地加工环节、成品运输环节的所有信息。通过追溯，实现由下至上的信息追溯，使食品生产流通每个环节的责任主体可以明确界定，从而更加有效地控制养殖、加工生产的安全、可靠性，确保食品安全，有效抵御风险。建立安全生产可追溯体系主要包括以下环节。

生产环节。主要通过牛羊耳标定位、养殖生产状况、投入品、动物防疫等全过程的记录，不断完善产地准出质量安全追溯制度。建立从牧场到屠宰加工市场流通前的生产经营主体的全程信息可追溯。

屠宰加工环节。开展宰前检疫、宰后检验及兽药残留和肉品品质检验，并记录屠宰生产各个环节的信息。牛羊胴体进入加工生产线，对胴体进行初分割包装，将所有信息实现在追溯条码上，体现在商标上。

流通环节。主要建立主体备案、入场登记、检测登记、交易登记、信息标准化整理等有关内容，实现对所经营的牛羊产品流通信息的标准化采集，通过商标扫码、手机扫码，实现牛羊产品信息可追溯。

追溯的重点应该是加快对现有体系的整合，打通上下游追溯资源，实现全链条追溯；加快出台相关标准、规范和法规，明确制度要求；明确追溯的法律地位，确立企业进入追溯的准入门槛；开展追溯的认证认可工作；做好对追溯行业的管理和规范。

二、存在的问题

青海省牦牛藏羊可追溯体系虽然从产业基础、政府支持等方面已经开展了工作，建立农产品追溯体系是深化农业供给侧结构性改革，实施乡村振兴战略，推进农牧业高质量发展的重要举措，是落实"一优两高"战略部署，促进一二三产业融合发展，加快绿色发展的重要抓手；有利于整体打造青海优质、绿色、有机的农畜产品品牌，有利于青海农牧业在全国绿色发展、生态发展中走在前列，有利于从数量农业向高质量发展转变，对现代农牧业发展具有阶段性重要意义。对保障食品安全，提高畜牧业发展效益，增加农牧民收入将发挥积极作用，是整体打造青海农牧业优势品牌的根本措施。基层有建立追溯的积极要求，企业需要通过追溯打造品牌。农牧养殖户也希望通过追溯提高优质产品的信誉度，实现优质优价，已经开展的追溯工作，为进一步推动牛羊追溯走向深度和广度提供了条件。目前，通过多年发展，牛羊可追溯体系建立的相关条件已形成。

（一）现有追溯体系需要完善提升

缺乏技术和相应设备是制约追溯体系运行的两大因素。虽然青海"互联网+"高原特色智慧农牧业大数据平台应用系统已上线运行，但现有省级追溯平台还没有与基层追溯平台连接。农畜产品质量安全追溯试点、有机牦牛藏羊畜牧业县安全监管追溯平台、各地及生产经营主体的追溯系统还没有实现互联互通。养殖、屠宰加工、市场流通各环节间信息传递缺乏统一的数据标准，信息传递不畅。

（二）关键技术需要研究配套

由于一些地区一畜多标，防疫、保险、认证都要戴标，在生产流通的信息化建设方面技术基础条件还不能适应质量安全追溯制度和系统建设的要求。大部分地区存在着养殖环节追溯耳标掉标和现有耳标不能满足技术要求等问题，需要进一步提高技术应用水平。

（三）追溯投入不足

追溯涉及养殖、加工、流通、销售和消费等多个环节，由于追溯成本相对较高，投入有限，影响与市场准入的对接，难以整体推进追溯体系建设工作。

三、推进战略考虑

坚持"试点先行、先易后难、典型引路、逐步推进"的原则，力争3~5年建立完善的牦牛藏羊可追溯体系。在推进层面上可选择在某一区域或某一方面先行，初步考虑先牛后羊，先抓典型后推广。5年内延伸到蔬菜、枸杞、藜麦等产业，从方法上实行分步推进。第一步，即2019年，在全省范围内率先将国家农产品质量安全县、现代农业示范区、绿色发展先行区、现代农业产业园、绿色食品、有机农产品、地里标志农产品认证主体，国家及省级农业产业化龙头企业、国有牧场纳入可追溯体系。涉及牛羊600万头只，其中牛150万头，羊450万只。第二步，即2020—2021年实现农区和环湖地区管理技术条件相对成熟的生态畜牧业合作社、家庭牧场和养殖主体纳入可追溯。涉及牛羊880万头只，其中牛230万头，羊650万只。第三步，即2022—2023年，重点在青南等地区全面推进牛羊产业信息追溯。涉及牛羊438万头只，其中牛163万头，羊274万只。最终实现"源头赋码、来源可查、标识销售、去向可追、责任可究、全程监管"的追溯目标。

四、主要举措思考

（一）分环节、分阶段推进追溯体系建设

1. 生产环节

建立完善的可追溯体系，推进标准化养殖是必不可少的条件。推行责任追溯，要求所有农畜产品在生产、流通、销售过程中，以标识为载体，以生产档案为基础，实现全链条信息对接。实现责任追溯最基础的工作是要落实农产品包装标识和生产档案记录制度，生产投入登记的真实性是追溯制度实现的生命线。依托市（州）、县、乡畜牧兽医服务机构、质检机构，充实技术人员、村级动物防疫人员，及时录入生产、防疫、质量安全等方面信息。加强智慧农牧业大数据平台建设和应用，建立监管追溯信息平台。严格落实畜产品自检制度、产

地准出制度。不断总结试点经验，进一步加大推广力度，扩大实施范围。

2. 屠宰加工环节

进一步建立健全屠宰企业追溯管理系统，建立动物进场、屠宰、检疫、检验、肉品出厂等关键环节的措施，具备进场登记、出厂等关键环节控制功能，加强肉品质量安全检测，并将其信息纳入追溯信息之中。通过耳标读取信息，完成身份确定，查看检疫证明，录入养殖环节基本信息。开展宰前检疫、宰后检验及兽药残留和肉品品质检验，并记录屠宰生产各个环节的信息。屠宰完成后，牛羊胴体进入加工生产线，对胴体进行初分割包装，将所有信息实现在追溯条码上，体现在商标上。

3. 流通环节

建立主体备案、入场登记、检测登记、交易登记、信息标准化整理等有关内容，实现对所经营的牛羊产品流通信息的标准化采集。在批发市场建立追溯系统，以电子结算为原则，追溯包括肉品进场、检测、交易、结算等关键环节。在农贸市场进货验收环节，登记牛羊肉流通服务卡，确保零售端牛羊肉销售具有可追溯性。在产销配送企业建立追溯系统，对产销配送企业，实现对所经营的牛羊信息的标准化采集。在超市收货入口采用人工录入、扫码、刷卡对进场的牛羊肉进行登记，完成进货信息的系统导入，实现连锁超市商品流向信息与商品来源信息的对接。

（二）夯实工作基础，提升追溯能力建设

进一步完善省级追溯平台，明确追溯要求，统一追溯标识，规范追溯流程。充分发挥现有市（州）、县级追溯平台的功能和作用，探索建立数据交换与信息共享机制，加快实现与省级、国家级平台的有效对接和融合。鼓励有条件的牧区生产经营主体用信息化手段规范生产经营行为。充分考虑牧区养殖企业、合作社、基地整体管理水平较低、软件系统应用弱的问题，为实施主体提供统一的追溯信息基础系统，并培训指导操作使用，将追溯管理进一步延伸到企业内部和养殖基地。健全工作体系，规范信息采集管理，解决信息录入难等问题，重点对主体管理、信息采集、标识使用、扫码交易等有关情况实施监督，推进落实各方责任。进一步提高基层追溯管理业务能力和水平。

（三）加强制度建设，整体推进追溯工作

规范认知、统一思路，尽快出台相应的法规、制度、标准。明确追溯管理职责，界定参与主体的责任和义务。明确部门追溯管理职责，落实生产经营主体责任。严把生产投入关，建立生产经营者信用体系、严禁病死畜上市、问题产品不流入市场的监管制度。严把屠宰准入关，非耳标牲畜不屠宰，市场流通环节严格做到非追溯产品不上市，非规范屠宰不流通。坚持农牧部门主导与部门协作相结合，建立追溯管理与市场准入衔接机制。建立完善准出制度，增强农畜产品的质量信任度和信誉体系建设，提高源头监管的有效性和初级产品的安全性。注重联合执法监管，提高检测的时效性和准确性。建立市场检测的登记档案和记录，并进行网上登记备案，切实做好相关登记和追溯制度建设，做到来源去向清楚，检测情况有据可查。

（四）完善技术手段，提升追溯管理水平

通过技术引进、合作开发等方式，运用青海智慧农牧业大数据平台、物联网、智能化传

感等技术化装备，高效、准确、科学地采集信息，提高牛羊追溯系统自动化水平。制定牛羊编码标识、平台运行、数据格式、接口规范等关键标准，统一构建形成覆盖基础数据、应用支撑、数据交换、网络安全、业务应用等类别的牛羊追溯标准体系，实现牛羊可追溯管理"统一追溯模式、统一业务流程、统一编码规则、统一信息采集"。结合青海省经济发展水平和生产主体的实际应用能力，采用无线射频识别、条码等不同信息传递载体，提高追溯精度。整合资源建设汇集动物防疫、健康养殖、生产管理、屠宰加工、食品流通等完整的质量安全追溯平台，实现省、市（州）、县共享互通。

（五）推进品牌化建设，打造"金子"招牌

把标准化、品牌化作为重要抓手。结合牦牛产业振兴，抓紧制定完善牦牛、藏羊等特色产业产品生产、加工技术标准体系和操作规程，实行生产加工质量技术控制，实行产品统一包装标识上市。在大中城市加大销售网点建设，以高标准、优品牌争市场、增效益，培育新的经济增长点。以牦牛藏羊全产业追溯为基础，培育提升青海牦牛藏羊"金子"招牌，使青海牦牛藏羊产品成为同类产品中的精品，走出高原、走向国内外。

（六）部门联动各司其职，合力推进追溯体系建设

追溯体系建设是一项全面综合的系统工程。坚持政府主导，部门履职，生产经营主体实施，社会化服务机构共同参与，充分调动各方积极性，统筹规划和分步实施相结合，做好顶层设计和整体规划。一方面生产环节整合现有追溯建设内容，另一方面充分发挥和利用商务、科技、食药、质监、工商等部门现有的工作基础和职能，加强与有关部门间的协作，形成合力推进追溯体系建设，保障追溯体系全程可控、运转高效。最终实现牛羊从生产、流通、屠宰加工到安全消费的全链条追溯。

（七）加强人员培训，提高工作能力和水平

强化人才培训，夯实人才基础。形成一批能准确把握追溯建设要点、推动牛羊全产业链可追溯管理的专家型管理队伍；加强技术人才培训，形成一批能掌握追溯信息技术要领、解决相关技术问题的专业人才队伍；加强基层人才培训，形成一批能准确记录追溯信息、规范设备使用的一线人才队伍。采用市场化运作模式，稳定人才队伍，为追溯系统运转提供保障。

第二节　青海追溯体系管理问题探究

一、养殖环节追溯管理具体思路办法

（一）主要任务

试点先行阶段（2019—2020 年）。实现 10 县的合作社、规模养殖场追溯体系建设全覆盖。附表 1。

(二) 追溯管理具体思路

1. 人员安排方面具体思路

厅农产品质量安全监管处负责人员 2 名、州农牧局指定专人 2 名、县站指定专人 2 名、乡镇级工作人员 3 名，组建工作群，制作通讯录，共同实施牦牛藏羊追溯体系建设工作。其中，对工作推诿不主动者、不能胜任此项工作者应及时替换。乡（镇）级畜牧工作人员负责一线的具体工作落实事项；县畜牧站负责整县的任务安排及监督各乡的建设进度；州级农牧部门负责监督指导各县的牦牛藏羊追溯体系建设工作。

2. 信息录入方面具体思路

在养殖环节的信息录入管理方面，建议分 3 步完成，且此三步之间紧密联系、环环相扣、双向监督。坚持责任落实到人，即谁录入谁终身负责，且对乱录、不录或漏录人员采取一定的处罚办法。由各乡镇指定每村 1 名信息录入员或由乡镇府职工担任，负责辖区内牲畜的信息录入工作，并将信息录入员姓名、身份证号码、银行卡号汇总后上报县级相关办公室。

第一步，基础数据录入阶段

执行主体：合作社、规模养殖场专门指派的人员或村、乡（镇）级防疫人员，建议由村级防疫员担任。在社会化发育程度较低或推行难度较大地区，建议由乡镇府统一组织实施。

监督主体：州、县、乡（镇）级工作人员，建议由乡（镇）级负责督促，州级统筹监督，县级整体监督与指导。

具体做法：在犊牛羔羊出生 10 日龄内，由合作社指定人员佩戴耳标，负责录入合作社机构代码，法人名称，联系方式，犊牛羔羊父本和母本的编号，外观特征、检疫情况等信息。羔羊耳标佩戴 1 元/只，犊牛耳标佩戴 2 元/只，羔羊信息录入 0.3 元/只，犊牛信息录入 0.5 元/头，其费用由县站年底根据实际录入的头只数统一拨付到信息录入员银行账号。

处罚办法：在牦牛藏羊实施追溯体系建设区域，州、县级畜牧工作人员登录系统后，查看牛羊录入头只数，当实际录入头只数较年前申请下发的耳标数相差超过 15% 以上，或在实际工作检查中发现犊牛羔羊耳标佩戴率低于 85% 时，则需通过电话等方式责令执行主体抓紧录入，并对所在乡镇进行文字通报。向信息录入员通知结束 3 个月后，尚未完成信息录入的，则采取对乡级部门年终考核扣分，重新安排指定信息录入员。对乱报信息者，则采用经济处罚（羊扣除 10 元/只，牛扣除 30 元/头）。

第二步，防疫注射及疫病诊治信息录入阶段

执行主体：村、乡级防疫人员

监督主体：县级工作人员

具体做法：防疫人员将春秋两季的疫苗注射时间、剂量、疫苗名称、疫苗产地信息，疫病诊治注射的药物名称、时间、剂量，无害化处理信息，防疫员姓名及银行账户等信息录入系统，由县站根据实际录入头数进行年底统一结算［羊 0.1 元/（次/只），牛 0.2 元/（次/头）］，每头只牛羊约录入 4 次左右。其费用由县站年底根据实际录入的头只数进行统一支付。

惩罚办法：在牦牛藏羊实施追溯体系建设区域，州、县级畜牧工作人员登录系统后，查看牛羊免疫及疫病诊治录入情况。统计发现超过 20% 的牲畜未进行免疫信息录入，或 10%

的牲畜无疫病诊治信息录入的,则进行通过电话等方式责令执行主体抓紧录入。在通知结束3个月后,尚未完成信息录入的,则采取对所属乡镇部门年终考核扣分、更换信息录入员。对胡乱录入信息者,则采取一定的经济处罚(羊扣除10元/只,牛扣除30元/头)。

第三步,信息录入完善阶段

执行主体:乡(镇)级工作人员,村防疫人员

监督主体:州、县级工作人员

具体做法:合作社或规模养殖场牲畜在出栏前近一个月,由合作社申请,乡、村级防疫人员组成工作组,依据动物福利,赴合作社实地查看饲养条件、粪污处理和环境卫生(依据直观感觉,按优、良、差3等级录入),使用饲料(录入饲料生产企业、主要成分、使用时间、使用量/头只),添加剂(录入添加剂名称、主要成分、使用时间、使用量/头只),饮水(依据水质部门的监测数据,按优、良、差3等级录入),消毒情况,出栏检疫情况,信息录入员姓名等内容统一录入信息系统。羊0.2元/只,牛0.2元/头,由县站年底根据实际录入的头只数进行统一拨付。

二、牛羊耳标的选择、佩戴及一标多用的具体思路和具体措施

耳标建议选择二维码和感应式RFID电子合一的动物标识,材质为TPU聚氨酯(聚乙烯材质质硬,易脆,高原牧区紫外线照射易灼伤二维码,影响识读效果)。

耳标佩戴及工作推进必须落实主体责任单位和个人。在省、州、县、乡镇4级机构设置牦牛、藏羊追溯机构,建立可查看的追溯平台,制定专人进行监督与查看。建议由乡镇农牧技术人员、村级防疫员、合作社或规模养殖场指定的人员负责佩戴耳标,用电脑PC机和RFID识读器上传牲畜生产、免疫、用药、养殖信息。建议牦牛藏羊统一在10日龄内佩标,3月龄之后统一纳入保险(建议牲畜全部入保险)。信息删除工作由保险公司负责,当牲畜超过3月龄后,由合作社或规模养殖场负责人邀请保险公司人员登记耳号,将未登记牲畜默认为死亡牲畜,由保险公司指定人员进行删除。

具体思路:防疫部门、畜牧部门、保险部门积极对接,在实现数据资源共享的基础上,整合现有的保险耳标、有机耳标、防疫耳标等数据,统一进行佩戴外挂式耳标。此工作由各县农牧部门统筹安排,各乡镇部门积极落实。

三、牦牛藏羊追溯信息采集录入工作思路

牦牛藏羊信息采集录入的基本工作思路

坚持环环相扣、层层监管的工作原则,按行政区划管理、耳标管理、追溯设备管理、追溯信息管理等部分进行牦牛藏羊信息采集和录入管理。

1. 区划管理

使用者:省级、州级、县级、乡镇级机构。

采用层层问责制。即省级、州级、县级、乡镇级机构通过查看录入的信息完整程度、录入的牛羊头只数、录入牲畜的准确度等内容,向下级部门层层问责,并实行年底考核。

2. 耳标管理

各县站根据辖区内预计所需设备及耳标等名称数量以申请的方式上报省农产品质量安全监管处。省质量安全监管处根据各州县所需设备及耳标数量进行统一的招标采购,并将耳

标、所需设备、信息录入费用等统一下拨到县站，由县站具体分配到各乡镇，由各乡镇分发到各养殖场或规模养殖场、村防疫人员手中，并做好设备的签收、发放、领用名单。

3. 追溯设备管理

县、乡部门根据发放名册，对下发设备进行追踪管理。因设备分配至人，可采用谁丢失损坏谁赔偿的原则进行监管。除人为之外的因素造成物品设备损坏的，应让当事人将损坏设备归还乡镇部门，以书面文字的形式重新申请设备。乡镇部门应配置电脑，用于批量上传生产、养殖、免疫、用药、保险信息，并登记二维码 RFID 识读器、耳标等设备的发放及去向。

4. 追溯信息管理

试点地区，建议村级防疫人员 1 名、各乡级畜牧工作人员 2 名、县级工作人员 2 名、州级负责人员各配备 1 套 RFID 识读器。各乡镇需配备电脑进行信息批量录入。

牦牛藏羊 3 月龄时，由乡镇农牧服务人员、村级防疫人员、保险公司人员组成工作组，对合作社或规模养殖场的牲畜进行统一佩戴耳标，录入基本信息，注明信息录入员姓名和银行卡号。

合作社或规模养殖场春秋季进行疫苗注射或疫病诊治时，防疫人员可随时将信息录入。如果当地移动通信信号差或无信号时，防疫人员只需在有信号地方使用设备正常录入一次，即可使设备启动离线账号录入信息，相关信息会临时存放在 RFID 识读器上，待设备处于有信号时信息会自动发送到省级数据库。

合作社牲畜即将出栏时，由当地县级检疫人员、乡镇级防疫人员、村级防疫人员组成工作组，对养殖场的环境卫生、水质、检疫、饲养管理情况进行综合评估录入。

5. 监督环节

州、县部门不定时对合作社或养殖场牲畜的录入信息情况进行不定时抽查，及时掌握牲畜信息录入情况。在公路检查站等地，安装感应动物 RFID 二维码耳标设备，核对检疫证或流通 IC 卡上的信息，对发现问题的应及时追究责任。

牦羊/藏羊追溯体系详细情况表

畜种生产地	州县乡村（牧委会）合作社/规模养殖场		信息录入员签名
	合作社机构代码	法人名称	法人身份证号码
	法人邮箱	银行卡号/开户行银行	联系电话
基本信息	饲养规模（头/只）		父本编号
	父本产地		母本编号　　母本产地
	个体标号		个体出生重　　饲养员签名
	品种	牦牛/藏羊	养殖圈号

（续表）

畜种生产地		州县乡村（牧委会）合作社/规模养殖场	信息录入员签名
疫病防治情况	疫苗免疫情况	注射疫苗名称、剂量，注射时间	信息录入员签名
	疫病诊治情况	病名，注射药物名称、剂量，时间	信息录入员签名
	病死牲畜处理信息	病死牲畜的处理方式、主要死亡原因	信息录入员签名
饲养情况	牲畜饲养情况	照片+文字描述，包括（饲料来源、主要成分、食用日量和添加剂的来源、主要成分、食用日量等信息）	信息录入员签名
	粪污处理情况		
	产地活检疫情况	检疫员姓名，检疫时间，检疫结果	
	圈舍消毒情况	消毒药物名称、消毒次数	
	饮用水质情况	优、良、差三级	
	牲畜个体特征	照片+文字描述	
	牲畜转出信息	转出到哪里，运输方式，运输人员姓名	

青海省牦牛藏羊追溯体系建设试点县基本情况

州	县	乡（镇）个数	村委会个数	合作社个数	规模养殖场个数	藏羊年末存栏（万只）	能繁母羊（万只）	牦牛年末存栏（万头）	能繁母牛（万头）
海北州	祁连	7	45	22	40	99.99	65.83	15.98	8.56
	刚察	5	31	22	21	82.16	52.83	18.31	10.9
黄南州	泽库	7	64	63	0	37.99	21.44	22.27	11.85
	河南	5	39	38	2	35.16	23.29	26.9	15.27
海南州	兴海	7	57	47	22	67.77	39.47	22.84	12.62
	贵南	6	75	33	29	65.13	38.65	11.42	6.17
海西州	乌兰	4	38	13	22	31.58	19.56	0.88	0.33
	天峻	10	62	62	5	68.07	40.78	5.41	3.25
玉树州	称多	7	57	32	0	4.55	2.67	22.32	10.33
果洛州	甘德	7	36	36	0	2.28	0.85	16.41	7.38
合计	10县	65	504	368	141	494.68	305.37	162.74	86.66

四、对管理重点工作的思考

（一）追溯平台基础建设

1. 完善追溯体系平台

建设一套省、市（州）、县追溯体系统一平台，包含1个省级、8个市（州）及39个县

（市）级平台。省级追溯平台部署集成到青海"智慧农牧业大数据"平台，提供基于追溯数据的统一应用服务。研发养殖追溯、基层信息采集、动物移动监管、屠宰加工追溯、大数据溯源对接服务等子系统。重点一是打通已建成的 31 个县级农产品质量安全监管追溯平台的信息"孤岛"问题，建立省州县三级互联互通、共享共用的一体化追溯信息体系，并与国家级平台进行有效对接。重点二是新建 2 个市级和 8 个县级农产品质量安全监管追溯平台，市级与省级、县级与市（州）级平台进行有效追溯数据交换与对接，实现数据共享共用的一体化追溯体系。

2. 追溯基地装备建设

配置移动或固定数据采集设备、追溯标识及佩标设施设备、网络设备、本地服务器、溯源电子秤、物联网终端、产品合格证出具设备，监控设备等硬件设备，部署应用软件，集成采集点网络，采集、存储及传输采集点数据。

3. 追溯管理劳务支出

对追溯标识佩戴及信息采集工作实行财政补助与市场相结合的方式，由保险公司承担耳标佩戴及信息采集的费用。

（二）科技研发项目建设

牦牛藏羊特色产业和青海特殊生态环境，系统开发研究实现追溯的先进方法，开发适合牦牛藏羊的信息平台、设施设备及整套生产技术。开发青海生态畜牧业合作社数据信息平台，以 100 个重点生态畜牧业合作社为基础，构建生态畜牧业合作社数据信息平台。配套定制追溯标签打印碳基色带等科研用材，开发有机畜牧业追溯系统数据库和系统支撑软件。

（三）牦牛藏羊品牌建设

打造绿色有机可追溯示范基地，创建绿色有机可追溯冷链通道，在展会、精品馆、连锁商超等渠道和场合，设立绿色有机可追溯牦牛藏羊专柜、专区，建立牦牛藏羊追溯销售电商平台，建立绿色有机可追溯厨房。制作牦牛藏羊有机追溯宣传小程序，制作有机畜产品追溯体系藏汉双语宣传片。多形式、多渠道形成强大统一的营销宣传声势，树立牧区绿色有机可追溯牦牛藏羊高端品牌形象。

（四）追溯管理标准建设

1. 信息表达方式统一标准

追溯标识实行全省统一招标采购，逐级发放。追溯标识应在材质、样式、规格、生产和质量控制等方面，符合部颁标准和青海应用实际，支持二维码、RFID 感应、一标多用等技术要求。追溯标识由县级农牧部门统一申请、州级初审汇总、省级审核，依据农业农村部数据库统一生成追溯标识编码，政府招标采购，逐级发放到村级防疫员进行佩标。追溯信息集成到统一电子化追溯标识，按照"出生佩戴、全程管控"的追溯要求，对出生 30~90 日龄内的牦牛犊、藏羊羔统一佩戴追溯标识。按照社（村、场）戴、乡核、县管的原则，由村级防疫员和协保员负责承担追溯标识佩戴工作。佩戴追溯标识劳务费用由牦牛藏羊灾害保险投保公司承担。

2. 信息传输方式统一标准

追溯信息主要包括养殖环节中养殖场户或合作社基本情况、产地环境、地理信息、生产、用药防疫、产地检疫和保险业务等数据信息，移动环节中牦牛藏羊检疫监督相关信息，屠宰环节中入场检疫、屠宰检疫、耳标注销、屠宰加工等信息。县级农业农村主管部门负责组织指导并监督实施，乡镇农牧技术服务人员根据信息采集要求录入养殖环节追溯信息，保险部门负责录入保险信息，动物卫生监督部门上传移动环节追溯信息，屠宰企业上传养殖追溯信息、屠宰加工等信息并主动出具产品合格证，追溯平台自动生成产品追溯相关信息二维码供消费者查询。

3. 追溯管理要求统一标准

统一编制印发追溯体系管理标准、操作指南和追溯管理流程图，加强宣传培训，指导生产经营主体积极参与。实现全省农产品质量安全追溯管理"统一追溯模式、统一业务流程、统一编码规则、统一信息采集"。

（五）质量监测工程建设

1. 产品质量安全检测

加大农产品的检测监管力度，开展农产品品牌质量安全监测项目，切实提高消费者对农畜产品的安全信任度。

2. 质量品牌县城创建

开展品牌质量安全县创建项目，形成可推广可复制的创建模式，组织开展多种形式的县域间学习交流活动，整体提升监管能力和水平。

3. 产品合格制度建设

构建以食用农产品合格证查验为核心的农产品质量安全监管新模式，加快建立和完善以食用农产品合格证为载体的产地准出和市场准入衔接机制，所有农畜产品生产经营者开具食用合格证，食用农产品进入批发、零售市场或生产加工企业附带合格证。制作牛羊卡环式检疫验讫标志及产品检疫粘贴标志。

4. 重大评定项目挂钩

将农产品质量安全追溯作为前置条件，与农业农村重大创新认定、农业品牌推选、农产品认证、农业展会等工作相挂钩。

（六）人员技能水平培训

全省选拔专家型管理队伍，每年组织到全国追溯管理先进示范省进行学习，从各区域挑选专业人才队伍。

五、牦牛藏羊追溯建设的实践——以河南县为例

以青海省河南县有机牦牛、欧拉羊物联网追溯监管系统为例，青海省黄南州河南县有机牦牛、欧拉羊物联网追溯监管系统包括生产阶段的可追溯系统、屠宰阶段的可追溯系统、流通阶段的可追溯系统以及政府监管部门的信息查询监控管理系统，最终打造出一个"产、供、销一体化"全产业链有机畜产品可追溯监管系统。从而保障有机畜产品安全、增加消费者的品牌信任度和忠诚度；营造负责任的社会环境，打造有作为的政府形象。

（一）生产阶段的追溯解决方案

作用：该子系统主要实现牲畜在养殖阶段的信息采集、上传和统计分析。

1. 喂养环节

利用养殖阶段追溯系统记录牲畜从入栏到出栏的所有信息，能够从源头上杜绝畜产品产品质量安全问题的产生，并为品级评定提供信息依据。可为每只牲畜安装 RFID 耳标，每个 RFID 即代表每个牲畜的身份标志。通过配套手持读写设备（PDA），在进行喂料、防疫、治疗时，可通过手持设备读取每只牲畜的 RFID 标签，及时记录牲畜的喂料、防疫、治疗等过程信息。读取到的信息可通过无线的方式上传至系统的数据库，也可以直接存在 PDA 中，然后直接导入电脑，上传至服务器。养殖阶段追溯系统记录可实现牲畜的入栏档案化管理、记录生长过程信息、个体识别、防盗、优选育种和统计分析功能。

2. 检疫检验环节

可由基层畜牧兽医站的工作人员为还没有进行 RFID 标签管理的牲畜佩戴标识，佩戴以后及时对牲畜进行疫苗注射。从第一次免疫开始，记录牲畜的畜主、畜种、畜龄、养殖类型、畜禽健康状况、检疫员等数据，对每一次检疫、治疗过程进行标准化的管理；记录牲畜的疫病及治疗过程、用药，为有机畜产品品质评定提供依据；检疫员通过移动终端，对病牲畜进行数据的查询，识别定位病牲畜，确保治疗、检疫过程的安全无差错。当畜禽出栏时，由基层检疫人员出具牲畜检疫的合格证明，并提报相关信息到数据中心。牲畜每流动到一处，通过移动终端发送相关信息至数据中心备案。

3. 治疗环节

兽医可根据系统记录的牲畜信息，对每只牲畜实现个性化治疗方案，避免用药剂量不当带来的负面影响，严控畜产品品质。比如个别牲畜有既往病史或过敏史，通过 PDA 读取牲畜的耳标，从数据库中可查询到对应这个耳标编号所对应的情况。通过病历式管理，可有效防止药物的错用或滥用，减少误诊风险。当牧民发现某头牲畜出现不良状况，可远程将该牲畜的档案编号告诉兽医；兽医查看该牲畜的病历及档案后，即可远程指导牧民进行应急处理。

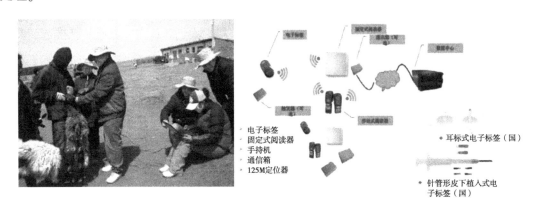

· 电子标签
· 固定式阅读器
· 手持机
· 通信箱
· 125M定位器

◆ 耳标式电子标签（国）

◆ 针管形皮下植入式电子标签（国）

养殖阶段追溯系统的硬件设备及耳标安装示意图

（二）屠宰加工阶段的追溯解决方案

作用：该子系统主要实现牲畜屠宰加工过程的信息采集、上传，并能将每块肉与其来源牲畜的生产阶段的信息实现一一对应。对其屠宰后流通在市场每一块肉进行追踪溯源，达到一品一码的追溯目的。

1. 信息核对环节

进入屠宰场的车辆在查完牲畜的检验检疫证明、出县境证明和消毒证后，会通过PDA 将 RFID 登记卡里的信息读到屠宰场的信息管理系统中，在后台系统进行对比后，如果数据信息一致，则可以进行屠宰。并可对无耳标临时送来的牲畜进行手动录入功能。

2. 品级划分环节

通过读取每头牲畜的耳标，屠宰场的追溯系统可根据每头牲畜的生长记录，来自动计算出每头牲畜的品质等级，牲畜的品质等级也将对应到肉制品的品质等级，并将评级信息自动与二维条形码绑定。

3. 取耳标并更换条形码环节

确保屠宰场流水线生产后，入库前的每一块有机畜产品都附带有追溯信息的二维码标签。

4. 分割包装环节

牲畜 RFID 耳标经由读写器读取其养殖信息后，将信息上传至屠宰追溯系统数据库管理平台，数据库管理平台在接收到相应养殖信息后，给物联网打印机下达打印指令，此时牲畜转入屠宰分割车间进行劈边及分割，物联网打印机将按照牲畜种类及重量比例自动生成一批次的二维码标签（该批次二维码标签同属同一只牲畜），再由生产线工人将这一批次的二维码标签贴到该牲畜分割后的每一块肉上。

5. 基本信息数据库登记环节

（1）记录屠宰畜产品批次编号。

（2）记录该批次畜产品所属畜种。

（3）记录该批次畜产品所属牧户姓名、身份证号码、地址、联系电话等。

6. 用户口登录环节

（1）管理员登录姓名、登录密码、登录时间、查阅内容。

（2）普通用户登录姓名、登录密码、登录时间、查阅内容等。

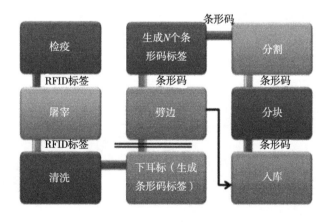

追溯系统屠宰环节流程图

（三）流通阶段的追溯解决方案

作用：实现为在途货物的监控、跟踪及道口检查。包括以下 4 个子系统。

1. 环境参数采集子系统

该子系统主要安装在运输车内，实时地采集所运输货品的温度和湿度信息数据，并及时将这些数据传输到车载终端子系统，便于实时反馈给物流过程监控中心。在运输车内安装温湿感应器，感应器通过对外界温湿度的感应自动调整车内温湿度，保证产品质量的安全。

2. 车载终端子系统

车载终端子系统实际上就是一个基于 ARM 的嵌入式平台，包括 ZigBee 无线通信模块、GPS 模块以及 GPRS 模块。

3. 无线通信子系统

无线通信子系统实际上是建立在运输车和物流过程监控中心的数据传输通道，采用 GPRS 无线通信方式实现无线数据传输系统。

4. 物流过程监控子系统

物流过程监控子系统作为整个系统的神经中枢，负责接收来自无线通信子系统发来的数据并进行实时的处理和显示，形成直观的操作界面，便于对物流过程进行监控和管理。

（四）政府监管部门的信息查询监控管理技术方案

政府相关监管部门负责监管有机畜产品质量安全监管各环节的管理，各子系统的数据都将实时上传至中心数据库，由数据中心统一保存备份。监管部门能够通过系统数据中心方便快速地查找到有机畜产品从生产、加工、运输到最后销售终端的所有信息，实现对有机畜产品贯穿于整个供应链的全面跟踪监控。政府可以定期或不定期根据养殖、防疫治疗信息，对生产出的有机畜产品进行抽查监管，对抽到的有机畜产品批次追溯养殖、检疫、屠宰过程，确保牲畜养殖生产已经达到了有机标准。如发生疫病事件，系统将自动对疫病来源进行查找，具有较强的可追溯性，有助于对疫情的快速反应和及时处理。

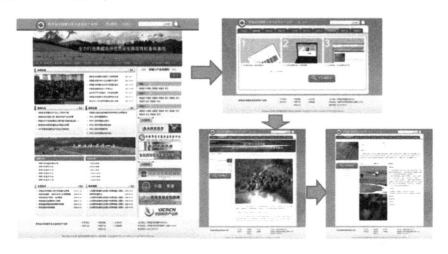

青海省河南县有机畜产品追溯查询网站

第四章 草业利用发展问题

第一节 草业发展潜力及草畜平衡分析

草业作为 21 世纪的一种新兴产业,在现代畜牧业发展中地位特殊,既兼顾着保护草原生态和发展畜牧业生产的双重功能,也面临着推进生态文明建设和实现农牧业结构调整的重要任务。因此,需要我们认真分析草业发展潜力和市场需求,正视存在问题,积极主动适应新形势,抓住新机遇,回应新挑战。

一、草业发展潜力及草畜平衡分析

(一) 草业发展潜力分析

草原生态补奖政策落实后,天然草原草畜平衡区、人工草地、饲草青贮和秸秆利用、工业饲料共提供饲草料 564.74 亿千克,折合理论载畜量 3 051.38 万羊单位,具体如下。

1. 天然草原

根据全省第二次草地资源调查,现有天然草原可利用面积 5.83 亿亩,其中,禁牧 3.45 亿亩,草畜平衡 2.38 亿亩。草畜平衡区可提供饲草 411.74 亿千克,理论载畜量 1 974 万羊单位。

2. 人工草地

截至 2015 年年底,全省人工饲草地保留面积 779 万亩,其中:多年生草地 530.7 万亩,年产鲜草 42.46 亿千克;一年生草地 248.3 万亩,年产鲜草 37.25 亿千克。合计鲜草总量 79.74 亿千克,理论载畜量 491 万羊单位。到 2020 年全省人工草地面积可达 850 万亩,其中:多年生草地 470 万亩,年产鲜草 37.6 亿千克;一年生草地 380 万亩,年产鲜草 57 亿千克。合计鲜草总量 94.6 亿千克,理论载畜量 583.1 万羊单位。

3. 青贮饲料及秸秆利用

截至 2015 年年底,全省青贮饲料 44.25 万千克,理论载畜量 30.31 万羊单位;秸秆利用 7.07 万千克,相当于 48.42 万羊单位。合计理论载畜量 78.73 万羊单位。到 2020 年,全省青贮饲料可达 9 亿千克,理论载畜量 55.48 万羊单位,秸秆利用 9.9 亿千克,理论载畜量 150.68 万羊单位。合计理论载畜量 206.16 万羊单位。

4. 改良草地

截至 2015 年年底,改良草地 3 534.1 万亩,年产鲜草 21.2 亿千克,理论载畜量 102 万羊单位。到 2020 年,全省改良草地面积达到 5 600 万亩,年增产鲜草 33.6 亿千克,理论载畜量 161 万羊单位。

5. 工业饲料

青海省主要以生产牛羊反刍精料补充料为主,2015 年年底,全省生产各类饲料 1.4 亿千克，可饲养牲畜 76.71 万羊单位；到 2020 年，生产各类饲料 4.64 亿千克，理论载畜量 127.12 万羊单位。

（二）实际载畜量分析

据统计，截至 2014 年年底，全省实际载畜量 3 100.61 万羊单位，到 2020 年达到 3 725 万羊单位。

（三）草畜平衡分析

据测算，到 2020 年全省理论载畜量为 3 051.38 万羊单位，实际载畜量为 3 725 万羊单位，实际超载 673.62 万羊单位。

另据统计，到 2020 年全省共建设规模养殖场 1 400 个，通过舍饲、半舍饲养畜，可就地转移牲畜 580 万羊单位，基本实现草畜平衡目标。

二、有利条件分析

（一）国家强牧惠牧政策持续加大，为草业发展带来新机遇

近年来，党中央、国务院高度重视草原畜牧业发展，先后出台了一系列政策，2019 年中央和省委一号文件草牧业发展提出"继续实行草原生态保护补助奖励政策，开展西北旱区农牧业可持续发展、农牧交错带已垦草原治理实施新一轮退耕还林还草工程，加快实施退牧还草、牧区防灾减灾等工程"。青海省委一号文件提出"推进重大生态保护建设，健全完善生态保护补奖机制，推动农牧业循环经济发展，建立农牧业生态保护责任机制""做大做强饲草料产业，强化农牧业科技创新，做实草地生态畜牧业试验区"等扶持草业发展的政策措施，从宏观层面构建了产业发展政策框架体系，成为新时期产业改革发展的大好机遇。同时，新一轮西部大开发和扩大内需政策、中央支持青海等省藏区社会经济又好又快发展政策、草原补奖机制政策等强牧惠牧政策的实施，可有效促进草业的快速发展。农业农村部援青机制的建立，也将会为青海草业发展带来广阔的融资、技术、政策等机遇。

（二）深入推进农牧业结构调整，为促进草业发展开辟新途径

2019 年中央一号文件关于农牧业结构调整明确提出"加快发展草牧业，支持青贮玉米和苜蓿等饲草料种植，开展粮改饲和种养结合模式试点，促进粮食、经济作物、饲草料三元种植结构协调发展"的发展要求，为加快草业发展指明了方向。近年来，青海省围绕"调结构、转方式、扩优势"和"增投入、强基础、提水平"的发展思路对农牧业结构进行战略性调整，把饲草料产业确定为全省农牧业发展的重点产业之一，重点扶持培育。进一步调整优化饲草料生产布局，在农牧交错地带推动"耕地农业"向"粮草兼顾"转型，选择粮草轮作、粮草套种等种植制度，充分利用中低产田以及闲置荒地等种植牧草，大力开展优良牧草种子繁育基地和人工饲草基地建设，扩大复种、套种和圈窝子饲草种植规模，增加饲草产量，实现饲草（料）与牲畜资源的合理配置，为草业发展开辟了新的途径。

（三）市场需求增加旺盛，为草业发展方式转变注入新动力

随着全国城乡一体化进程加快，人们膳食结构的改善，对绿色有机草食畜的肉、奶等产

品的需求将快速增长，在国家实施"丝绸之路经济带"建设和扩大内需的宏观背景下，青海草食畜产品走向国际、国内市场的渠道和空间将进一步拓展，草食畜产品市场需求旺盛。到 2020 年，规划全省牛羊肉产量要达到 34 万吨，比"十二五"末的 2015 年增加 7.4 万吨，在青海省大力发展生态畜牧业和全面推行禁牧、休牧和草畜平衡制度的背景下，要实现草原生态保护和畜牧业持续稳定发展双赢的目标，必将推动舍饲、半舍饲养殖规模扩大，也为饲草料发展带来很大空间，进而为全省饲草产业发展注入了新的动力。

（四）良好的法制环境，为草业政策的稳定完善提供新保障

党的十八届四中全会明确提出全面推进依法治国，坚定不移走中国特色社会主义法制道路。围绕依法治草，近年来国家和青海省先后制定出台了草原承包、基本草原划定、草原征占用、规范草原流转、野生植物保护等一系列法律法规。各级政府结合当地实际，采取多种形式，多渠道、全方位大力宣传草原法律法规，加大依法行政力度，确保了草原管理纳入法制化轨道，为加强草原保护建设及促进草原畜牧业发展营造了良好的法制氛围，保障了农牧民的权益和各项政策落实。

（五）现有工作积累为草业快速发展奠定良好的基础

多年来，青海省在加强草原生态保护建设的同时，大力实施草原围栏、牲畜棚圈、游牧民定居等草原基础设施建设，为转变畜牧业生产经营方式奠定了良好的基础。草原生态保护建设重大工程实施及各项强农惠牧政策的落实，积累了丰富的草产业发展及管理经验，尤其在饲草料产品开发、加工、利用及标准化人工草地建植等方面的技术日趋成熟。同时，各级政府十分重视草原保护建设工作，将草原生态保护责任纳入年度目标考核，制定出台了一系列扶持政策措施，并加大政策宣传和科技培训力度，增强了广大农牧民群众保护和管理草原的意识，自觉参与草原保护建设的积极性高涨，为草业发展奠定了坚实的群众基础。

三、制约因素分析

（一）认识不到位，思想观念落后

受自然、地理和社会经济发展等多方面原因影响，传统粗放的草原畜牧业生产经营方式根深蒂固，一些地方基层干部和牧民群众对发展现代草业认识不到位，思想观念落后，不接受新技术、新观念，加之牧区劳动力文化素质低、劳动技能差，短期内很难有较大的改变，严重地制约着草业的发展。

（二）生态环境脆弱，可持续发展难度大

受超载过牧和气候影响，全省草原总体退化趋势尚未得到根本扭转，中度和重度退化草地面积仍占 50% 以上。随着工业化、城镇化推进，草地资源环境承载力将越来越大，部分地区乱垦滥挖等破坏草原行为屡禁不止，已恢复的草原生态仍然很脆弱，加之草原牧区面积大、底子薄、基础差，饲草料供应短缺，草原畜牧业物质装备水平低，草业可持续发展难度大，转变发展方式任重道远。

（三）组织化程度低，创新能力不强

青海省牧区地广人稀、牧民居住分散，传统家庭式草原畜牧业生产经营方式仍占主体，

加之缺乏扶持培育政策，饲草料企业、专业合作社等新型经营主体发展缓慢，产业组织化程度不高，带动力不强，规模化、集约化生产经营水平低，产业效益低而不稳，严重影响了畜牧业生产方式转变和产业效益的充分发挥。

（四）饲草料供应不足，草畜矛盾突出

落实草原补奖政策后，全省将有一半以上的草原实行禁牧，不能进行放牧利用，必然导致饲草缺口加大，据测算，2014 年全省天然草原理论载畜量为 1 974 万羊单位。2015 年人工饲草料基地保留面积达到 799 万亩，理论载畜量为 491 万羊单位。青贮饲料可达 9 亿千克，理论载畜量 55.48 万羊单位，秸秆利用 9.9 亿千克，理论载畜量 150.68 万羊单位，饲料 127.12 万单位，以上四项合计理论载畜量为 3 051.38 万羊单位。到 2020 年，全省各类草食畜存栏将达 3 725 万羊单位，饲草缺口 98.35 亿千克，草畜矛盾十分突出，严重制约着畜牧业持续稳定发展。

第二节　草业发展的重点方向思考

饲草料产业是保障畜牧业发展的根本，是农牧民增收的重要渠道。大力发展饲草料产业，不仅为家畜提供丰富的饲草料来源，缓解畜草矛盾，增强防灾抗灾能力，而且对建立生态型草地农业，实现农牧耦合，改善畜牧业生产条件，推行舍饲、半舍饲圈养，建立以草定畜、草畜平衡制度，促进天然草原休养生息，保护和恢复草原植被，转变畜牧业生产经营方式，发展生态畜牧业，提高草原畜牧业综合生产能力，保障生态安全具有重要的意义。《青海省人民政府办公厅关于加快推进饲草料产业发展的指导意见》主要指出以下方向。

一、进一步调整优化草业区域布局

适应草业发展新趋势，推动草业规模化发展，立足促进草牧业一体化发展和提高产业规模效应，推动产业在农牧区空间内合理布局。着力提升农区、农牧交错地带及牧区饲草料生产及加工利用的综合能力，充分利用水、热、土资源条件好的地区集中连片建植标准化饲草料基地，大力推进现代产业规模化发展进程；加快高寒牧区天然草原植被恢复，提高草原生产力。加快推进农牧区产业结构调整和转型升级。依托产业基础、资源优势，在农区和农牧交错地带建设现代草业示范区，着力打造集生产、加工、养殖于一体的现代草牧业集聚带。

二、切实加强草原管护和改良利用

落实草原生态补奖政策，建立健全草原核查监管机制，全面推行禁牧、休牧、草畜平衡及基本草原保护制度，合理利用天然草原。通过实施三江源生态保护建设等重大生态治理工程，加快治理退化草地，积极开展草原鼠虫害和毒草防治，恢复和提高天然草原生产力。强力推进饲草料产业发展，促进畜牧业生产经营方式转变，切实减轻天然草原放牧压力，实现草原生态良性循环和草牧业可持续发展。

三、大力开展人工饲草料基地建设

加快农牧业产业结构调整，促进土地、草地资源优化配置，扩大饲草料种植规模，更新现有人工饲草料基地。农区要积极推进粮改饲工作，充分利用秋闲田、轮歇地、弃耕地等土

地资源种植高产优质饲草。农牧交错区利用粮食低产田、退耕还草地、弃耕地等种植优良饲草。牧区要充分利用圈窝子、退化草地、粮食低产田种植饲草。同时采取良种良法、实用技术推广等措施，提高饲草料单位面积产量和品质，增加饲草料供给量。

四、加快推进牧草良种繁育体系建设

在巩固现有牧草良种繁殖基地建设规模的基础上，建立原种生产基地，扩大生产产出率高、效益好、适宜不同区域种植的优良牧草品种，满足全省生态保护和产业发展对牧草种子需求。同时采取配套建设、技术更新等措施，加强牧草新品种的引种、驯化和选育，丰富高寒地区栽培牧草品种。鼓励和支持科研育种单位和企业联合开展种子基地建设，积极培育、扩繁和推广适宜不同地区种植的新品种，打造优良牧草种子品牌，逐步实现产学研、育繁推相结合的牧草良种繁育体系，提高种子专业化生产水平和综合生产能力。

五、积极完善饲草料产业经营机制

通过政策扶持引导，积极培育饲草料龙头企业、专业合作社、种养大户等新型经营主体，推进草牧业适度规模经营，提高生产水平。对饲草料优势产区现有的饲草料生产加工企业调整优化、整合资源，按照"扶优、扶大、扶强"的原则，培育壮大一批起点高、规模大、辐射带动力强的龙头企业。对中、小型饲草料企业进行优化重组，加快技术改造和设备更新，形成以龙头企业为骨干、中小型企业共同发展，专业合作社、经济实体及种养大户为补充的饲草料生产加工格局。同时引导经营主体根据产业发展的需要，流转土地草场，大力开展饲草料种植，推进规模化生产、集约化经营，把饲草料生产与大市场联结起来，建立区域性的市场体系，提升草产品加工能力和档次，增加科技含量，打造品牌产品，提高市场竞争能力，形成政策推动、市场带动、产业拉动、利益驱动的运行机制。

六、建立完善防灾抗灾保障机制

建立完善省、州、县、乡村及牧户五级防灾减灾饲草料贮备体系，扩大覆盖范围，提高贮备能力，贮备范围从4州16县扩大到6州26县，全面提升草地畜牧业防灾抗灾能力。切实加强饲料贮备体系的运行管理，对各地建设的贮备站（中心）按照属地管理要求，由农牧主管部门制定管理运行办法，明确责任，强化管理。

七、建立科技创新及示范推广体系

认真贯彻国家和青海省农牧业技术推广体系有关规定，建立健全草原技术推广服务体系，充分发挥科研院所、技术推广单位的人才技术优势，创建科技服务平台，加大科技创新力度，积极推广草牧业实用技术，加强基层技术人员和农牧民培训，扩大服务范围，转变服务职能，提高服务水平。

八、建立健全饲草料质量监测监管体系

建立健全省、州、县三级饲草料质量和牧草种子监管监测体系，不断提升各级饲草料监管监测机构运行能力，加强饲草料产品质量安全监管工作。建立第三方饲草料监测机制，完善质检手段，提高监测水平，切实加强饲草料生产、加工、销售、利用的全程质量监控，确保产品质量安全。按照国家和行业标准，建立健全牧草种子生产质量保障体系，制定完善质

量标准，实现牧草良种规范化、标准化生产。

九、加强草业信息服务体系建设

依托各级草原技术服务机构建立草业信息服务体系，建成省、州、县三级饲草料生产和牧草种子信息服务平台，及时发布牧草种子、饲草料产品信息，促进牧草种子和草产品的销售和流通。探索建立电子商务平台，构建饲草料产品新型商业运营模式，实现追溯在线展示的产品，借助电商平台以及现代物流的高效运送能力，扩大饲草料产品的市场影响力和销售范围。

青海省饲草料产业发展起步于 20 世纪 80 年代。随着牧区推行以草业为中心的"四配套"建设，全省各地积极开展人工种草、飞播牧草、圈窝种草及天然草原改良，特别是"十一五"以来，青海省先后启动实施了一批重大草原生态保护建设工程和草业配套工程项目，有力地推动了饲草料产业的发展。但是，面对当前建立草原生态保护补奖机制和发展现代生态畜牧业的新形势，应该清醒地看到，青海省饲草料产业规模小，生产加工能力弱，基础设施建设滞后，组织化和产业化发展水平低，技术服务跟不上，市场体系不健全，缺乏产品质量标准等问题。特别是全省推行草原生态保护补助奖励政策后，对 2.45 亿亩天然草原实行禁牧，2.29 亿亩草原实行草畜平衡，牧区畜牧业发展饲草缺口明显加大、草畜矛盾更加突出，严重影响着全省畜牧业持续稳定发展。为此，各地、各部门要深刻认识饲草料产业发展的重要性和紧迫性，把发展饲草料产业作为保证畜牧业健康持续发展最基础、最重要的工作抓紧抓好，强化组织领导，创新工作机制，完善配套政策，狠抓工作落实，切实加快饲草料产业发展，为全省现代生态畜牧业发展奠定坚实的基础。根据《青海省人民政府办公厅关于加快推进饲草料产业发展的指导意见》（青政办〔2012〕166 号）今后需着重做好天然草原植被恢复重建、饲草生产加工基地建设、牧草良种繁育体系建设、新型经营主体培育、草业转型示范、草业基础设施装备、科技创新及示范推广、草业监督监管体系建设、草业技术推广及信息服务体系建设等。

第五章　农牧业信息化问题

第一节　农牧业信息化发展现状分析

信息化是现代农牧业的重要标志，是现代农牧业的制高点。充分发挥信息技术在现代农牧业生产中的助推作用，加快农牧业发展方式转变。

一、发展现状

为主动适应农牧业经济发展的需求，实现农牧业信息化与现代农牧业同步发展的战略部署，农牧业信息化建设通过加大投入和建设力度，基础设施明显改善，信息服务体系初具雏形，信息技术在政务管理、生产过程、经营活动等的应用实现了从无到有、逐步发展的良好态势，已成为农牧部门指导生产、服务农牧民和农牧区经济建设的重要手段。

（一）农牧业信息基础建设取得新突破

经目前几年的建设与发展，省级农牧业综合信息化服务平台更加趋于完善，州（市）、县两级农牧业门户网站逐步建立。特别是"金农工程"一期的实施，极大地促进了全省农牧业信息化发展进程，建成农情监测等19个应用子系统，辐射8个州（市）农牧部门、35个信息采集点、6个厅属事业单位。12316"三农"服务热线功能不断拓展，语音、短信、微博、微信、广播、专家和远程视频咨询等多种便民信息服务广泛开展，惠及农牧民群众100万人。新建县级综合信息服务大厅10个，村级信息服务站（点）98个，全省累计达到31个和318个。率先在乐都、大通两县实施了以"数字农牧业"为主要内容的农牧业信息示范县项目建设。

（二）农牧业信息服务体系建设取得新进展

经发展，按照"平台上移，服务下延"的体系建设思路，全省农牧业信息服务网络体系进一步完善。省、州（市）、县农牧业门户网站相互融通能力不断提升，嵌入了农业部"一站通"供求信息系统，通过信息网络为农牧民提供实用科技、市场信息和政策法规等的功能基本形成。12316电话语音、短信彩信、广播直播等各种信息技术运用的提升完善，为政府与农牧民、市场与农牧民之间架起了一座便利的桥梁，实现了全省全覆盖。50%的州（市）农牧部门设立了信息化服务工作机构，18%的县级农牧部门设立了信息服务中心。农牧区信息员队伍由3万人增加到5万人。

（三）信息技术在农牧业生产经营中的应用取得新成果

近年来，3S以及物联网、电子商务等现代信息技术已开始推广应用。西宁、海东两市和海西州，重点在温棚智能化管理采用了温度、湿度、视频终端智能化管理技术，实现了农业数据的采集、监控、远程控制等。养殖业示范方面开展了规模养殖场环境监测、动物疫病防控预警、饲料等投入品监管、配方、辅助决策、动物检疫和屠宰监管等示范。特别是动物疫病检疫，建成并使用电子出证系统，系统共启用电子出证报检点 73 个。部分农牧业产业化龙头企业开始探索电子商务营销模式，一些城镇、农村网点电商平台开始试点。西宁市还试点启动了农村集体"三资"管理、土地确权登记管理、耕地流转管理、土地纠纷仲裁和农民负担监管等的信息化管理服务建设。同时，票据管理、路检管理、草原监理、农机监理和数据分析统计查询子系统开始启用。

二、发展机遇

（一）国家及省委、省政府宏观政策推动信息化发展

党的十八大明确提出"四化同步"发展战略，国家从 2009 年开始连续在中央一号文件中提出要加快农业信息化发展的要求。2013 年农业部出台了《关于加快推进农业信息化的意见》，省政府制定了《关于建设宽带青海促进信息消费的指导意见》，2015 年省政府出台了《推进青海省国家农村信息化示范省建设的实施意见》。国家一系列对发展农牧业信息化的政策和对西部省份信息化建设的倾斜，给青海省加快发展农牧业信息化带来了难得的历史机遇。

（二）全省信息化基础设施条件的改善促进信息化发展

目前，全省互联网接入基本实现了"乡乡能上网"，366 个乡镇宽带通达率达 100%，宽带网络已覆盖 9 成行政村，4.7 万户农牧区家庭进入互联网时代。移动通信迅猛发展，农牧区 3G 用户规模达到 50 多万户，比"十二五"同期提高 15 个百分点；固定与移动融合业务用户达到 20.9 万户，比"十二五"增长 19%；物联网终端用户达到 6.6 万户，比"十二五"增长 20%；2014 年农牧区电话用户达到 13.9 万户，比"十二五"末增长 2.5%；乡村有线电视用户覆盖率达到 85%，比"十二五"末增长 40.5%。这些基础设施的不断提升都为青海省农牧业信息化快速发展奠定了坚实基础。

（三）现代农牧业的发展对信息化提出了新的要求

当前，青海省农牧业正处在由传统农牧业向现代农牧业转型的关键时期，达到较高的土地产出率、资源利用率和农牧业劳动生产率，只有依靠与现代信息技术的结合，推动农牧业科学技术的突破及成果推广，才能实现农牧业跨越式发展。应用现代信息技术，将农牧业资源、生产要素、市场信息的运用提升到一个全新的水平，才能全面提高农牧业的发展潜力。通过现代信息技术的助推作用，加快农牧业增长方式、结构方式的转变，才能实现农牧业高效、可持续发展。

三、存在问题

（一）信息化地区发展不平衡

青海省幅员辽阔，地处偏远，点多线长，农牧业现代化发展不均衡，东部农业区优于牧区六州，设施农牧业高于传统农牧业，规模农牧业强于分散农牧业，致使各地区、各单位、

各层级农牧业信息化发展不平衡。各州（市）、县信息化硬件设备及服务人员技术水平参差不齐，农牧业综合信息服务能力整体推进难度大，农牧民群众对信息化服务的需求得不到满足。区域差异呈现日益扩大的趋势，制约了青海省农牧业信息化发展的持续推进。

（二）信息化资金投入比例偏少

近年来，国家及省级财政对农牧业的投入虽在逐年增加，相对于农牧业信息化建设投入较少。据调查，省以下各级财政部门绝大部分没有安排农牧业信息化建设专项资金，有安排的也极少，满足不了工作需要。农牧业信息化长效投入机制还未建立，各类农牧业信息化建设项目和运行维护资金严重不足。

（三）信息化队伍整体服务水平不高

现代信息技术迅猛发展，对信息队伍提出了更高的要求。由于青海省信息专业技术人员短缺，开发能力不强，致使服务跟不上需求。大部分从业人员是改行或兼职过来的，对信息工作不熟悉，特别是基层一线，信息服务人员知识更新缓慢，不能适应现代综合信息服务工作的开展。

（四）信息化资源开发共享能力弱

农牧业信息资源开发和信息应用系统滞后于其他行业，已有的信息资源和信息应用系统缺乏顶层设计与标准规范，难以于其他行业互联互通、协同共享。这不仅导致信息"孤岛"的大量存在，更严重的是信息资源混杂，信息资源开发利用不足。农牧民群众迫切需要的简便、及时、专业的综合信息服务不到位，农牧民真正看得见、听得懂、用得上的信息匮乏。

四、经验举措

（一）政府主导是关键

在农牧业信息化起步阶段，针对农牧业的弱势性、农牧业信息化本身的特质和农牧区生产方式的特殊性，充分发挥政府的主导作用，不仅对农牧业信息化建设具有宏观管理作用，也是具体建设、投资、协调的重要途径。通过立法、制定规划、加大投入、加强扶持和统筹协调，才能推动农牧业信息化建设的持续发展。

（二）典型引路是捷径

推进农牧业信息化发展，重要的一点应始终坚持抓好试点、典型引路、稳步推进的模式，通过试点积累经验、树立典型、逐步推广，才能为农牧业信息化的快速、有效实施提供重要的实践依据。同时，加强对外交流合作，广泛借鉴好的经验和做法，也是推进农牧业信息化发展的一条捷径。

（三）科技支撑是保障

发展高产、优质、高效、生态、安全的现代农牧业，需要对大田种植、设施农业、畜禽养殖、水产养殖等各种农牧业生产要素进行数字化设计、智能化控制、精准化运行、科学化管理，需要引进先进的智能化农牧业装备，这是逐步提升农牧业信息技术应用水平的重要保障。

(四) 注重服务是重点

农牧业信息化的最终落脚点是服务农牧民群众。建立便捷畅通的信息化服务渠道，为农牧民提供切实所需的各类生产经营生活信息，使农牧民享受到信息技术带来的真正实惠和快乐，才能激发广大农牧民对信息的迫切需求，才能整体推动信息化的向前发展。

第二节 农牧业信息化未来发展方向与重点工作

一、各区域发展方向

立足青海省农牧业信息化发展差异性较大的实际，按照"统筹规划、因地制宜、注重实效"的原则，在全省三类区域开展农牧业信息化建设。

(一) 农牧业信息化先行区

该区域主要包括东部农业区（西宁市、海东市）及海西州信息化基础条件较好的地区。重点在该区域的设施农业、畜禽水产规模化养殖和农畜产品电子商务试点中开展3G、物联网、传感网等现代信息技术的先行先试，推进农情监测预警、农机调度、重大疫情疫病远程防控诊断、农畜产品质量安全和农畜产品电子商务等信息化建设，增强该区域对全省信息化辐射带动能力。

(二) 农牧业信息化试验区

该区域主要包括全省确定的23个现代农牧业示范园区基地。重点在该区域开展3S、4G、物联网等现代信息技术在农牧业生产经营中的示范应用。推动示范园区基地精准化、标准化、规模化、产业化生产。

(三) 农牧业信息化攻坚区

该区域主要包括环湖、青南等偏远牧区。重点在该区域加强农牧业信息化基础设施建设，强化农牧业资源、养殖投入品和动物疫情疫病检测。加大信息化专业技术人员培养，完善各级信息服务体系建设，开展农牧业信息服务，推动区域实现农牧业信息化跨越式发展。

二、发展主要任务

围绕全省农牧业信息化指导思想和发展目标，按照"互联网+行动计划"模式，总体任务是强化省级平台建设、推进信息进村入户、促进信息化在农牧业生产经营中的应用，发展农畜产品电子商务，提高农牧区信息员服务水平。

(一) 完善农牧业信息化基础平台

借助大数据库、云计算平台和移动互联技术，完善全省农牧业综合信息服务平台，拓展平台功能，提升服务质量，扩大信息覆盖面。

1. 省级农牧业综合信息服务平台

以农牧业生产经营、政策法规、市场行情、价格监测预警等实用信息为重点，利用全省农牧业信息网站群，加强信息的采集、整理和分析，及时发布农牧业新品种、新技术、新模式等现代高效农牧业信息，引导农牧民推进农牧业结构调整，发展高效设施农牧业，将其建设成为现代农牧业发展的信息集散中心和重要推广阵地。

2. 省级农牧业指挥调度中心

在现有远程视频系统的基础上，建设省级农牧业指挥指挥调度中心。通过不断整合现有资源，对全省农作物种植、畜禽养殖、农机调度、疫病防控、农产品质量安全等进行监测，及时对农牧业资源进行远程综合指挥调度，特别在遇到重大自然灾害时，达到随时做出工作部署和调整。

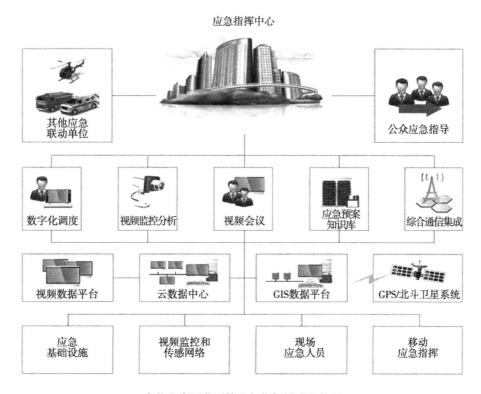

农牧业资源监测管理与指挥调度架构图

3. "12316" "三农" 服务热线

创新工作机制，完善服务功能，依托现有短信、微信、微博平台，及时编发各类短信、彩信和手机报等，方便农牧民群众实时查阅相关信息；开通广播、电视直播，完善以涉农政策、生产技术、产品供求、市场价格、分析预测、农家生活、农牧科技培训等为主要内容的农牧业音频视频数据库；建立 12316 远程视频诊疗中心，建全农牧业专家资源数据库，实现更加精准的专家远程咨询服务。

4. 全省农牧资源信息监管系统

以"金农工程"一期为基础，完善全省农牧资源信息监管、农畜产品市场监测、农牧业投入品监管、兽药质量安全监控、耕地安全监测、草原生态保护监测、农产品质量安全追溯、农机管理服务等 19 个子系统，实现农牧业生产全过程监管。

5. 健全网络与信息安全制度规范

执行农牧业信息安全标准和认证认可，强化信息安全等级保护、风险评估等制度。

加快推进安全可控关键软硬件应用试点示范和推广，加强信息网络监测、管控能力建设，确保农牧业基础信息网络和重点农牧业信息系统安全。推进农牧业信息安全保密基础设施建设，构建农牧业信息安全保密防护体系。加强农牧业互联网管理，确保国家网络与信息安全。

（二）推进信息进村入户

构建面向"三农"的信息高速公路和公共服务平台，通过完善建设县级综合信息服务大厅和村级信息服务站，开展"公益服务、便民服务、电子商务、培训服务"四类服务，满足农牧民群众对生产生活信息需求，提高农牧民群众信息获取能力、增收致富能力、社会参与能力和自我发展能力。县级综合信息服务大厅要建成集信息采集、信息发布、信息推送和个性化信息服务技术等功能于一体，具有专家服务、热线咨询、视频培训等服务手段的综合信息平台。村级信息服务站按照有场所、有人员、有设备、有宽带、有网页、有持续运营能力的"六有"标准，建成农牧区信息服务的村级终端站点和了解社情民意的"基层触角"，在基础条件比较好的先行区每个行政村不少于 1 个，攻坚区先行试点。同时，依托"一厅一站"建设，联合通信、银行、物流等部门，通过开展电子商务服务，达到农牧民不出村便可享受在城市一样的便利。

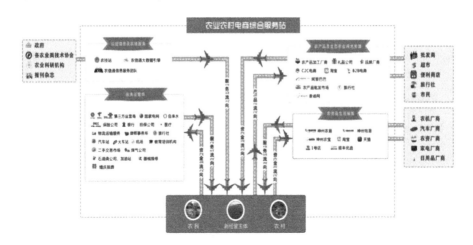

农牧业农村电子商务综合服务业务流程图

（三）促进现代信息技术在农牧业生产经营中的应用

围绕发展现代农牧业，顺应物联网发展趋势。

一是积极发展精准农牧业。依托省外 IT 企业及科研院所的科技实力，积极开发推广"3S"技术、农牧业模型、专家系统、决策系统技术，加强主要农作物、区域特色农畜产品、渔业生产、农机作业、农牧业资源开发等数字化管理系统及专家系统的示范应用，合理利用农牧业资源，降低生产成本，保护生态环境，实现农牧业可持续发展。在现代农业示范园区基地，建设智慧种植管理、苗情监测预警分析、农作物灾害监测预警分析、土壤墒情监测预警分析、病虫害图像监测预警分析和测土配方施肥地理信息系统，实现温棚温度、湿度、肥力、土壤等数据的实时监测，进行自动化卷帘、防寒、滴灌、施肥、通风等控制。

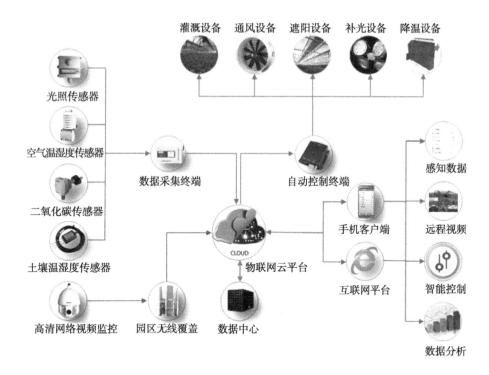

精准农牧业功能结构图

二是加快发展智能农牧业。推进传感、通信和计算机技术在农牧业生产中的应用，积极发展智能农牧业、感知农牧业，发挥和提升现有物联网网络基础设施作用，突破传感器、无线通信、组网和协同处理、系统集成等物联网核心技术，促进农牧业物联网应用市场和产业链形成，实现动植物生长环境远程监控、管理决策智能化、生产控制自动化、农畜产品质量监督管理信息化。"互联网+畜牧业"，在规模养殖基地和畜产品加工企业，建设畜牧业投入品监管追溯、畜禽养殖监督管理、预出栏畜禽电子交易、动物卫生监督管理信息、畜产品溯源管理和生鲜乳（奶业）管理6个系统，实现畜产品生产各环节实施程序化、规范化和信息化管理，实现动态分析、实时监控、流动监管的信息化管理模式，达到科学管理、科学决策。

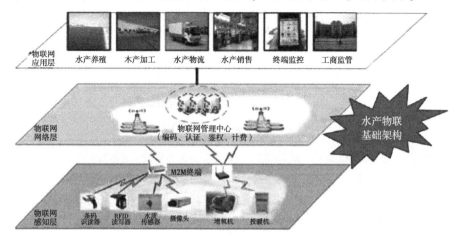

水产物联网架构图

"互联网+渔业生产"。在水产养殖基地，建设智慧水产物联网管理系统和水质监测站、智能数据采集器、增氧控制站、智能投喂机、软件平台、现场及远程监控中心6子系统，在水质监控、精细投喂、病害防治、质量溯源等环节实现科学管理。

三是积极探索、创新农牧业信息化集成化、专业化、网络化、多媒体化等应用管理模式，打造青海优质农产品品牌，通过建设农牧业生产电子商务、网络销售信息化平台，开展农畜产品、投入品数字化营销，以最快速度将农畜产品从产地运到销地，从田头送到餐桌，缩短农畜产品流通距离，减少流通环节，降低流通费用。

"互联网+农产品质量安全追溯"。鼓励和指导农牧业产业化龙头企业、农民合作社、家庭农场、种养大户等新型生产经营主体50家，建设追溯码在线生成管理、便携式农事信息采集、农畜产品安全生产管理和农畜产品质量安全追溯公共查询系统。建立完善的农畜产品质量安全追溯公共服务平台，逐步建立以追溯码为基础的市场准入制度。

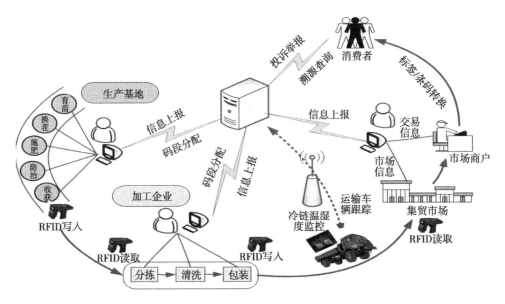

农产品质量安全监管追溯流程图

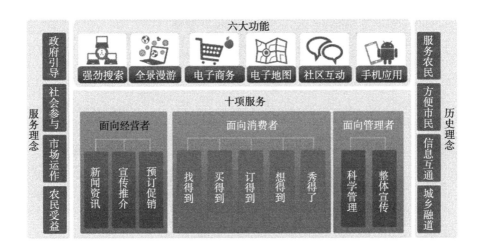

休闲与都市农牧业功能服务示意图

"互联网+休闲与都市农牧业"。运用互联网技术手段及管理理念，在西宁、海东等地区的都市生态农牧业示范园区，着力推进提升休闲农牧业庄（园）、打造农家乐聚集村，服务于"互联网+"生态农牧业观光服务经营主体。

（四）推进农牧业信息化在政务管理中的应用

建立农牧业公共管理和公共服务信息系统，逐步建立或完善重大动植物预警指挥信息系统、动物标识及疫病可追溯信息系统、饲料安全管理信息系统、农牧业防灾减灾管理和服务系统，提高农牧业自然灾害和重大动植物病虫害的预测、预报和预警水平。开发和引进应用农畜产品和农牧业生产资料质量安全监管信息系统，建设农畜产品"三品"质量管理系统，利用信息化手段提升质量安全监管能力。

推进农牧业资源管理信息化，开展农牧业地理信息系统试点建设，逐步建立包含土地资源、基本农田、标准农田、草地草场、气象资料、土壤环境、地力状况、草原防火、农牧民承包地管理等内容的地理信息数据库。全面推行农牧区集体"三资"管理信息化，建立土地流转、现代农牧业、农畜产品基地、农牧业项目管理、农牧业统计等工作数据库，逐步实现农牧业生产管理网络化、数据化，提高农牧业管理办公自动化水平。

（五）推进农畜产品电子商务信息化

创新农畜产品营销新模式，鼓励农牧区开展农牧业电子商务实践。推进专业大户、家庭农场、农民合作社等新型经营主体利用各类电子商务平台，获取市场信息、价格信息和质量信息等，开展网上营销、业务交流，实现资源共享。支持青海省大型农畜产品批发市场信息化建设，加强农畜产品物流配送、市场、交易等方面的信息化建设，减少交易中间环节，提高交易效率。开展农畜产品电子商务试点，探索农畜产品电子商务运行模式和相关支持政策，扶持和培育一批农畜产品电子商务平台，提供生产、流通、交易等服务。鼓励和引导IT企业开展农畜产品电子商务业务，支持发展在线交易，积极构建以电子商务为导向的物流配送系统。

（六）提高农牧业信息化人才队伍建设

通过开展专业培训、认证考核，组建一支与农牧业信息化建设目标相适应的"懂网络、会操作、留得住"的人才队伍。继续从种养大户、农村经纪人、农牧民专业合作社以及大学生村官等群体中培养选拔农牧区信息员，壮大农牧区信息员队伍，加强信息员培训，提高信息服务能力。

第六章　种养结合问题

第一节　种养结合循环发展的条件分析

一、循环发展农牧业的有利条件

（一）政策支持与发展机遇难得

党中央、国务院历来高度关心青海生态保护、经济发展和社会进步，高度重视青海藏区的和谐稳定，先后出台了《中共中央国务院关于深入实施西部大开发战略的若干意见》《国务院关于支持青海等省藏区经济社会发展的若干意见》等一系列重大政策，《祁连山生态保护与综合治理规划》《青海三江源生态保护和建设二期工程规划》等一批重大规划先后获批。农业部 2014 年专门出台了《农业部关于促进青海农牧业发展的指导意见》，明确了援青工作的 8 个重点和 4 个措施，提出了"不断加大政策支持、资金投入、项目倾斜、人才交流和经济合作力度""把青海省藏区建设成全国生态安全屏障和重要高原特色农畜产品基地""调动全国农业系统和社会力量，建立多方援助合作机制"等一系列含金量高的支持政策。

青海省委、省政府高度重视青海生态和循环发展，高度重视农牧业增效和农牧民增收工作，确定了"三区"发展战略，先后出台了《关于加快推进生态畜牧业建设的意见》《关于加快推进饲草料产业发展的指导意见》等一系列有利于种养结合农牧循环的配套政策，《青海省建设国家循环经济发展先行区行动方案》也明确提出了"推动农业资源利用节约化、生产过程清洁化、产业链条循环化、废弃物处理资源化发展，构建农林牧渔多业共生的循环型农业体系"的循环农牧业发展思路，进一步明确了全省种养结合农牧循环工作的思路和方向。

（二）区位特色和资源优势明显

从区位看，青海作为中国西部地区的地理中心，是承东启西，联系西北旱区各省（区）的重要结点，是西藏、新疆联结东部内地的重要纽带之一，也是中国重要的战略资源接续区。随着兰—西经济带的崛起，兰—西—格经济带的延伸，新欧亚大陆经济带的兴起，新丝绸之路经济带的构建，全国交通网络的拓展和完善，都将使青海的战略地位发生深刻变化，青海将从昔日轴线末端、对外开放边缘地带转变为未来区域枢纽、对外开放的前沿和门户，成为沟通东西，辐射、影响区域经济发展的中心，区域经济发展中"极核"效应显著。

从资源看，全省现有耕地 882.03 万亩，草场面积 5.47 亿亩，其中可利用草场面积 4.74 亿亩，是一个典型的农牧结合省份，农牧业资源富集，农畜产品特色鲜明。目前全省尚有弃耕地、农区复种饲草耕地、牧区粮食低产田、退耕还草地共 146.61 万亩，可采取调整种植业结构、加大饲草种植等措施新建人工饲草基地。除天然草场和人工草地外，青海省种植业用于饲养后的潜力也十分可观，农作物秸秆等综合利用理论饲养量达到 756.58 万只羊（2013 年为基础测算，见下表，下同），全省畜禽粪便量总量达 5 476.63 万吨，充分利用这些资源，对青海构建循环农牧业产业体系意义重大。

青海省农业生产提供的饲料可饲养家畜量分析表　　　单位：万吨、万只

地区	青海省	西宁地区	海东地区	六州牧区	柴达木地区
农作物秸秆	225.27	47.66	113.7	55.68	12.14
风干蔬菜下脚料	47.68	21.63	22.83	3.22	0.89
麸皮	28.57	6.43	14.34	7.75	2.02
菜籽粕	20.16	4.46	9.55	0.84	0.65
做饲料粮食	22.85	5.14	11.47	6.2	1.62
精饲料合计	71.58	16.03	35.36	14.79	4.24
粗饲料可饲养羊单位	496.29	125.98	248.24	107.09	23.69
精饲料可饲养羊单位	260.29	58.29	128.58	53.78	15.42
合计可饲养羊单位	756.58	184.27	376.82	160.87	39.11

说明：麸皮按粮食的 25% 计算，菜籽粕按菜籽 60% 计算，风干蔬菜下脚料按蔬菜产量的 50% 计算，粗饲料每只羊单位每年按 550 千克计算，精饲料每只羊单位每年按 275 千克计算，做饲料粮食按粮食产量的 20% 计算。青海省农业为畜牧业提供的饲料可饲养 756.58 羊单位。

青海省畜禽粪便测算表　　　单位：万头、万只、万吨、万元

地区	项目	牦牛黄牛	奶牛	马骡驴	羊	猪	家禽	粪产生的经济价值	
								堆肥	制成生物肥
青海省	存栏数	452.76	22.6	29.34	1 476.44	120.85	262.37		
	粪尿产量	3 486.25	429.4	161.37	1 151.62	229.62	18.37	177 348.8	1 095 326
西宁地区	存栏数	16.8	11.54	3.77	97.39	38.81	101.29		
	粪尿	129.36	219.26	20.74	75.96	73.74	7.09	11 185.62	105 230
海东地区	存栏数	21.75	7.23	7.76	160.66	70.39	127.58		
	粪尿产量	167.48	137.37	42.68	125.31	133.74	8.93	24 195.3	123 102
六州牧区	存栏数	410.57	3.81	17.72	1 192.12	11.62	32.97		
	粪尿产量	3 161.39	72.39	97.46	929.85	22.08	2.31	17 578.68	857 096
柴达木地区	存栏数	7.93	0.46	2.7	154.71	5.81	7.68		
	粪尿产量	61.06	8.74	15.79	120.67	11.04	0.54	10 818.7	43 568

说明：1. 每头猪每年平均产粪 1.9 吨。2. 羊 0.78 吨/年。3. 马驴骡 5.5 吨/年。4. 肉鸡产粪 0.1 吨/只、年，蛋鸡产粪 0.053 吨/只、年，由于饲养的蛋鸡较多，平均按 0.07 吨/只、年。5. 牦牛、肉牛产粪 7.7 吨/头、年，奶牛产粪 19 吨/头、年，各类粪便加工成生物有机肥，每吨最低按 200 元计算，可创造经济效益 1 095 326 万元。

堆肥：牛马粪每吨 20 元，羊粪每吨 70 元，猪粪每吨 50 元，鸡粪每吨 200 元，制成生物有机肥；每吨最低 200 元。

（三）历史积淀与要素储备厚实

青海地处高原，地形地貌复杂，海拔落差大，兼具青藏高原和黄土高原特色，有悠久的种植业历史传统，也有厚重的养殖业历史沉淀，青海的各族群众在长期的生产过程中积累了相当丰富的实践经验，不仅培育了牦牛、藏羊等适应高原特色的优秀草食畜和青稞、燕麦等一大批适合青海高寒冷凉气候的农作物品种，同时也养成了尊重自然规律和重视种养结合的农牧业生产传统，发展种养结合农牧循环的群众基础较之全国其他地区相比十分难得。近年来，随着种植业和畜牧业结构加快调整，全省种草养畜的积极性得到极大激发，牧繁农育、山繁川育、西繁东育等异地育肥齐头并举；各地通过实践，积极践行循环农牧业，大力探索了一系列特色鲜明、路径清晰、推进得力的发展之路，有力地推动了畜牧业生产方式和增长方式转变；种养领域的技术、人才、设施设备、管理经验等要素储备日趋丰厚和完善，为青海省大力发展农牧循环增加了底气；国家粮食安全新战略全面实施，马铃薯列为主粮，国际农产品市场供给充足，全省社会经济的稳步发展以及居民消费结构加快升级等因素，也为青海省种养结构调整提供了回旋余地。

（四）科技创新步伐加快

截至 2014 年年末，全省总耕地面积为 882.03 万亩，农作物总播种面积 830.55 万亩。其中：粮食作物面积 420.15 万亩，粮食总产 104.81 万吨；油料作物面积 226.32 万亩，油料总产 31.51 万吨；蔬菜面积 70 万亩，总产量 160 万吨，果品面积达到 33.02 万亩（其中非耕地 16.05 万亩），果品总产 4.9 万吨，中藏药材面积 38.8 万亩（其中非耕地 18.95 万亩），花卉面积达到 0.8 万亩。粮食总产实现"九连增"，连续 7 年突破 100 万吨大关，蔬菜自给率达到 73.8%。全省形成了优势突出、布局合理、均衡发展的"三大产业带"和一大批特色商品化生产基地，即川水地区的蔬菜产业带，东部农业区浅山马铃薯产业带，海南、海北及东部农业区脑山油菜产业带。启动实施了菜篮子生产基地向沿黄流域转移战略，"黄河彩篮"菜篮子生产基地建设初见成效。

种植业科技创新步伐加快，技术支撑能力不断增强，一批特色优势新品种脱颖而出，良种覆盖率达到 95%，提升了农业增产潜力。全膜双垄栽培技术成为干旱山区最直接、最有效的抗旱增产技术措施，测土配方施肥技术春播作物基本实现全覆盖，保护性耕作、化肥深施、深耕深松、旱作沟播、机械化收获等技术不断推进。全省以县为单位的现代农业示范区发展到 20 个，其中互助、大通、门源、海晏 4 个县先后被认定为国家级现代农业示范区，乐都、德令哈、湟源、海晏、尖扎 5 个县被认定为省级现代农业示范区。

（五）饲草饲料产业快速发展

全省通过草原生态保护补助奖励机制落实，牧区共实现禁牧面积 2.45 亿亩、草畜平衡面积 2.29 亿亩、牧草良种补贴种草 450 万亩，实现核减超载牲畜 570 万羊单位。同时着力发展饲草料产业，全面加强人工饲料基地、草场围栏、牲畜暖棚、免疫注射栏等为主要内容的畜牧业防灾减灾体系建设，在青南牧区建设了 3 个州级防灾抗灾饲草料贮备中心、10 个县级饲草料贮备站，年贮备饲草料能力达到 6.4 万吨，省、州、县及牧户四级饲草料贮备体系初步建立，具备中等以下雪灾的抗灾能力。人工饲草料基地保留面积达到 711.4 万亩，比"十一五"末增加 200 多万亩，年产鲜草 495 万吨，占全省饲草总量的 10%；建成饲草加工企业 13 家，加工饲草产品 6.7 万吨，青贮饲草 87 万吨，饲草加工率达到 22.55%；年生产各类优良牧草种子 1.5 万吨，扩繁牧草品种达到 11 个；初步建立了贵南、湟源、民和、泽库等不同区域、不同类型的饲草产业发展模式，有力地促进了饲草产业的发展。2014 年，全省饲料生产加工企业 56 家，产量达到 28 万吨；新建或扩建生产规模万吨以上的饲料企业 15 家，年产 2 万吨以上的企业达到 8 家，各类饲料产品达到 12.5 万吨，年均增长率分别达8.6%。一批低产高耗型企业相继退出饲料加工行业，全省饲料产品质量合格率达 93.89%，行业规模化、集团化发展趋势更加明显。

（六）生产经营方式转变

2010 年来，全省畜牧业围绕牧区草地生态畜牧业建设和农区规模养殖工作重点，突出青海高原地方特色，不断转变畜牧业生产经营方式，综合生产能力和畜产品供给能力持续提升。一是牧区大力促进草地畜牧业发展，成功探索出草地生态畜牧建设模式，农业农村部将青海省确定为"全国草地生态畜牧业试验区"，全省共组建生态畜牧业合作社 961 个，入社牧户达11.5 万户，牧户入社率达 72.5%，累计整合牲畜 1 015 万头只，牲畜集约率达 67.8%，流转草场 2.56 亿亩，草场集约率达到 66.9%。二是农区以扩规模、推标准、促循环为重点，着力提高畜禽规模化养殖水平和综合生产能力，初步形成了沿 109 国道至日月山川水地区为主的奶牛产业带、沿黄河湟水流域浅脑山地区为主的肉牛及肉羊产业带，产业聚集程度明显提高，适度规模以上的养殖场数量达到 2 000 余家，其中通过省级认定的标准化养殖场数量达到 1 001 家，畜牧业专业合作社达到 3 355 家，家庭牧场达到 680 个，全省适度规模养殖比重达到 45%，农牧民组织化程度不断提高。三是通过设施畜牧业、畜牧业良种工程、动物疫病防控等基础设施建设项目顺利实施，畜牧业生产设施条件得到不同程度的改善。四是通过落实中央畜牧良种补贴等惠牧政策，藏羊、牦牛本品种选育和畜禽品种改良进程加快，畜禽良种繁育体系不断完善，良种化水平得到有效提升，全省建成牦牛、藏羊种畜场，大力推广牦牛种公牛和绵山羊种公羊、扩大牦牛藏羊改良选育力度，草食畜良种普及和覆盖率普遍提升。

（七）草畜联动模式形成

经过多年的实践和总结，全省农牧区和农牧交错区逐渐摸索出了一套适合不同地区、不同作物品种的饲草种植、加工、销售利用模式。海西国家级循环经济试验区、海南生态畜牧业国家可持续发展实验区、海北州省级生态畜牧业、黄南有机畜牧业示范区，以及互助、大通国家级现代农业示范区初步建成，示范园区建设基本辐射全省，成为循环农牧业发展的重要引领。全省农区和农牧交错区养殖主体的种草养畜积极性空前高涨，农作物秸秆、配合饲料和饲草料的入户率和利用率有效提升，草畜结合步伐明显加快，以东部农区为主的种草养畜、草畜联动发展势头强劲。玉米全膜双垄栽培、牧草混播、青贮和氨化、经济杂交、牛羊育肥等实用先进技术普及率不断提高，牛、羊、饲草料等优势产业的全省科技创新平台建成，技术推广应用渠道进一步畅通，"良种、良料、良法"进一步结合紧密，初步形成了以东部地区水热条件较好的地区以农户种植玉米、加工青贮及专业配送为主的产业模式；农牧交错区和东部浅山地区初步形成了养殖小区和种植大户流转周围闲置和撂荒土地，种植饲用玉米、燕麦和黑麦，进行加工储藏，自产自用饲草的家庭牧场模式；牧区适种地区通过土地流转进行燕麦、黑麦等饲草种植，利用打捆机械打草成捆，销售给规模养殖场和养殖大户的专业模式。全省 183 个养殖场建设了沼气综合利用工程，率先在全国研发了牛羊粪便无害化处理设备，并在 12 家奶牛养殖场推广应用；成功引进了 7 家有机肥加工企业，年加工能力达到 31 万吨。全省牧草生产—饲草料加工—牲畜养殖—畜粪处理与有机肥生产—牧草生产的农牧耦合生产路径和技术体系日益明晰，草畜联动雏形基本形成。

二、存在的突出问题

（一）生产要素成本上升

近年来，农业生产的人工、农机作业等费用以及种子、化肥、农药等投入品价格看涨，"地板"不断抬升，农产品继续提价遭遇"天花板"，加大"黄箱"支持遇到了"天花板"；全省农牧业投入边际效益逐年递减，农牧业生产比较效益低下，部分农畜产品甚至亏本；城镇化和工业化速度加快，促使农牧民尤其是青壮年大量进城务工，农业兼业化、农民老龄化、农村空心化加快，农牧业有效劳动力不足的问题越来越突出，谁来种饲草料、谁来养牛羊的问题日益凸显，种养业高点护盘，高位爬坡的难度加大。

（二）种养基础仍然薄弱

全省农牧业基础设施薄弱的"瓶颈"尚存，靠天吃饭、靠天养畜问题还未从根本上解决；物质技术装备水平低，抗灾减灾能力不强，而且面临的自然灾害风险加剧。全省标准化畜用暖棚仅有 1 230 万平方米，羊单位仅占 0.42 平方米，玉树、果洛近 80% 的牧户缺乏暖棚设施。饲草料种植集中度低，不宜机械耕作，难以形成规模，饲草加工环节缺乏扶持，生产带动能力弱；全省生态环境保护与建设任务艰巨、资源承载能力接近极限，牧区草场退化、农区大量水浇地被征用、养殖场污染和面源污染等问题越来越突出；养殖整体效益偏低，清洁生产投入不足，污染治理问题愈加紧迫。

（三）市场传导冲击加剧

农畜产品市场化进程加快，国际和国内市场上牛羊肉、牛奶、奶粉等同类畜产品价格已不同程度低于青海省价格，畜产品输入量逐年增加；国际国内大市场对青海省种养业的传导加快，冲击加大，导致种养业随市场波动产生的生产波动加剧；青海的牛羊肉等部分畜产品出现产品倒流和价格倒挂，区域平衡难度增加，如何依靠青海省特色优势、品牌优势，保持农畜产品市场相对稳定的压力骤增。

（四）生产结构性矛盾突出

青海省人工草地保留面积 711.4 万亩（2014 年），仅占全省可利用草地面积的 1.23%，与全国的 3.2% 相差甚远。天然草地草畜平衡面积 2.29 亿亩，牧草供给总量约 409.42 亿千克，加上人工饲草料基地和农作物秸秆，全省理论载畜量为 2 839.22 万羊单位，而全省存栏草食畜折合 3 377.88 万羊单位，饲草缺口达 78.6 亿千克，饲料缺口为 67 万吨。全省农畜产品加工水平和转化增值率依然偏低，产业链条偏短，附加值不高，产业龙头带动能力不足；土地草场确权进程滞后，流转不规范，农区种养业上山进沟，牧区草场地块细碎化，机械利用受限，全省三元种植之间、草畜之间的结构性矛盾日益突出。

第二节 青海建设循环农牧业的对策研究

一、建设布局问题

(一) 东部农区发展重点

结合循环农牧业产业体系的构建，深入开展新型生态高效农作制度的创新应用，适度调整种植业产业结构，挖掘饲草料生产潜力，扩大饲草料种植面积。在热量条件较好的种植区采用粮、油和玉米（饲草）的轮作倒茬制，推广种植青贮玉米或其他饲草作物；在热量条件较差的地区推广种植燕麦、黑麦等禾本科一年生和多年生饲料作物，建设饲草饲料生产基地。在年降水量300毫米以下的旱作地区实施压夏扩秋，适度调减小麦种植面积，扩大牧草种植面积；采取粮草轮作、退耕还草、压减低产田等措施，挖掘饲草料生产潜力，努力实现草畜配套和区域种养平衡。

(二) 环湖农牧交错区发展重点

在农牧交错区的环湖、祁连山等牧业区的适宜种草地区推广划区轮牧、舍饲半舍饲。在农牧交错区、小块农业区调整优化种养结构，充分挖掘饲草料生产潜力，积极发展饲用玉米、青贮玉米等，发展苜蓿等优质牧草种植，进一步挖掘秸秆饲料化潜力，开展粮改饲试点，促进粮食、经济作物、饲草料三元种植结构协调发展。

(三) 三江源地区发展重点

突出三江源地区生态作用，坚持保护优先、适度发展方针，在适宜种草地区推广划区轮牧、舍饲半舍饲，加大黑土滩治理，充分利用圈窝子、弃耕地、退耕地等土地资源，扩大人工种草及饲草料生产规模。建设"高效、集约、持续"的优质饲草生产基地，增加饲草供应和贮备。建立稳定的牧草制繁种基地，不断扩大牧草良种繁育的规模和提高良种的统供率。

二、重点方向问题

(一) 推进饲草料生产

1. 推进农田高效复合循环示范

根据现有种植业结构、栽培技术、灌溉措施等发展状况，以提高农田内物质能量转化效率，减少化肥、农药投入为目标，构建马铃薯、油菜、小麦、青稞、玉米及其他饲料作物、蔬菜、林果、豆类等的新型轮作、间作、套作制度。通过新型种植制度的引进和推广，提高光能利用效率和农田空间分布，最终形成农田高效复合循环农业模式。该示范工程主要在全省农业区开展。凡是示范县或示范村，按循环模式实施轮作、间作、套种开展生产的给予一定的奖补。

2. 推进饲草料生产基地建设

加强饲草料种植基地建设，充分利用弃耕地、退耕还草地、秋闲地、低产田扩大饲草种植面积，新增饲草料种植面积 150 万亩以上，到 2020 年使人工饲草料生产基地达到 820 万亩；其中每年建设多年生饲草料生产基地 95 万亩，每年建设一年生饲草基地 345 万亩。

3. 牧草良种繁育基地建设工程

在巩固现有 18.4 万亩牧草良种繁殖基地的基础上，新建牧草良种繁殖基地 13 万亩，全省年产各类优良牧草种子 4.67 万吨。

4. 推进饲草料加工利用

扶持和培育饲草加工企业 10 家、饲料加工企业 8 家。全省饲草年加工能力达到 60 万吨；饲料年单班加工能力达到 170 万吨，其中年产 10 万吨以上的饲料企业达到 5 家。其中 2016 年扶持和培育饲草加工企业 2 家、饲料加工企业 4 家，2017—2020 年，每年扶持和培育饲草加工企业 2 家、饲料加工企业 1 家。

5. 推进饲草料产品配送

针对不同畜种、牲畜不同生长阶段所需青贮饲料、配合饲料，开展订单配送服务。每个配送中心修建办公用房、饲料库房青贮窖等设施，购置运输车辆、地磅等设备，初步满足全省范围内饲草料配送需求。

6. 秸秆饲料化利用工程

通过青贮、微贮、氨化等技术提高秸秆利用率。到 2020 年将秸秆饲用率提高到 45%，玉米秸秆青贮率达到 90% 以上。依托规模养殖场、家庭农牧场、专业合作社，每年建设秸秆青贮氨化点 500 个，配备青贮、氨化等设施。

7. 饲草料储备体系建设工程

在牧区 30 个县建设防灾饲料储备库 30 个。

8. 新型实用农机化工程

选配适宜于山旱地作业的机械设备，提高雨养农业区农机化水平，减轻劳动负担，提高劳动生产效率。每年安排专项资金，用于配备深耕深松机械、免耕播种机、起垄覆膜机、收获机、秸秆粉碎还田机及饲草生产基地配套作业机械等。

（二）草食畜养殖增效

1. 农区标准化规模养殖场建设

以现有标准化规模养殖场为基础，主要建设标准化畜舍及配种室、兽医室、消毒室、隔离室、粪污处理、饲草料加工等设施。

2. 牧区草畜配套示范养殖场建设

以生态畜牧业示范合作社为依托，通过草、畜配套设施建设，进一步提高畜牧业组织化水平，提高牧区养殖经营效益。建设划区轮牧围栏、人工饲草地、退化草地改良、贮草棚、青贮窖、饲料加工设备。

3. 新型草地生态合作牧场建设

组建新型生态合作牧场，通过分群管理、划区轮牧，改善饲养条件，购置饲草料种植及加工设备和粪肥处理设备，转变生产经营模式。

4. 种养家庭牧场建设

通过扶持养殖大户，以"一村一品"发展模式组建家庭牧场进行标准化规模化养殖。

饲草料种植、畜舍建设、设备购置，建立防疫消毒、饲料加工储藏、粪污处理等设施，达到适度规模、"五化"管理要求。

5. 牧繁农育示范基地建设

在东部农业区创建多个牧繁农育示范基地，用于基础设施建设及示范创建。

6. 奶牛出户入园计划

建设奶牛规模养殖场（小区），实施出户入园，建立起以适度规模养殖场（小区）为主体，奶牛养殖大户为补充的奶牛发展模式。建设标准化牛舍、兽医室、消毒室、隔离室、粪污处理、青贮设施、饲草料加工等设施等。

7. 奶牛苜蓿计划

在饲草专业合作社、饲草生产加工企业、奶牛养殖场实施，通过推广苜蓿良种，推广标准化生产技术，完善灌溉设施，建设储草棚、青贮池、农机库，配备检测设备等。

（三）资源循环利用

1. 养殖场粪污资源化利用补贴

采取自愿申报、先建后补的方式，在通过认定的规模养殖场实施，粪污处理设施建设。

2. 有机肥生产

建多个成100吨以上的有机肥加工厂，配置原料库、成品库、发酵车间、精制肥厂房、晒场等基础设施。

3. 大中型沼气综合利用

针对不断扩大的养殖业规模，选择有影响力的规模化养殖场（园区），建设 400~600 米³ 中小型沼气工程以及容积为 1 000~2 000 米³ 大型沼气工程。

4. 农牧区污染防治推广

大力开展村庄环境整治，重点加快卫厕改造、垃圾无害化处理、生活污水处理、村容村貌整治、清洁能源利用、村庄周边环境治理等，结合美丽乡村建设，建立"村收集、镇运输、县处理"环卫作业链。到 2020 年，在全省建设 2 000 个乡村清洁工程示范村。每年建设 400 个。

5. 残膜回收

建立废旧地膜回收制度以及奖补机制，激励社会各类人士参与废旧农膜的回收工作。进一步提高废旧地膜的加工技术，建设各类加工车间和基地，至 2020 年全省建设 5 家废旧农膜加工企业。

6. 病死动物无害化处理厂建设

建设病死畜禽无害化处理场。在全省每个乡镇和专业养殖合作社、规模养殖场和畜禽屠宰场建设无害化处理点，配套购置焚烧炉、密闭冷藏运输车等无害化处理设施。

7. 屠宰企业清洁生产升级改造建设

建设屠宰场检疫质检体系，主要用于改造生产车间和污水处理系统，升级消毒和无害化处理设备等。

（四）农牧循环产业培育工程

1. 畜产品加工企业提升工程

围绕牛羊肉、乳制品加工企业，扶持农畜产品、土特产品开发，引进培育产业加工龙头企业，积极发展绿色、健康的农副产品和农畜产品精深加工业。

2. 畜禽副产品加工利用工程

鼓励利用畜禽血液、脏器、骨组织、皮毛绒、蛋壳等生产医药、保健品、生活用品等，提高畜禽加工附加值。

3. 清洁生产推广工程

结合畜产品加工园区建设，择优选取牛羊肉加工清洁生产示范企业。通过示范，制定本行业清洁生产工作指南，推广共性清洁生产关键技术。并从中确定一定数量的企业进行"零排放"示范。

（五）农牧循环发展示范工程

1. 农牧循环生产技术示范推广

围绕加强稳产增产和机械化关键技术的集成应用，畜禽清洁养殖、雨污分流、干湿分离和设施化处理，畜禽养殖清洁生产技术，堆肥处理、工厂化生产有机肥、好氧发酵农田直接施用，秸秆制沼集中供气、固化成型，规模化养殖-规模化沼气-高效有机肥-设施化高效农业一体化，秸秆过腹还田、腐熟还田和机械化还田等八个方面，开展分区域、草畜结合、农牧循环技术模式攻关、示范和推广，探索和推广种养结合、为养而种的生态循环养殖模式和种、养、加一体化发展路径。

2. 循环发展示范创建工程

按照循序渐进、稳步推进的工作步骤，着力开展循环农牧业示范县、示范村、示范企业创建工作。

3. 农村清洁能源推广示范工程

在草场牧区鼓励发展风能和太阳能，以及生物质能的取暖、照明和小型用电。大力发展太阳能增温设施、太阳能杀虫灯等能源应用技术。支持农牧区生活垃圾、农作物秸秆等废弃物沼气化、固化、材料化等能源生态处理模式。

4. 农牧区污染防治推广示范工程

以促进农村牧区废弃物资源化利用为突破口，以实施建设田园清洁、家园清洁、水源清洁为主线，大力开展村庄环境整治，重点加快卫厕改造、垃圾无害化处理、生活污水处理、村容村貌整治、清洁能源利用、村庄周边环境治理等工程，实现全省建制村和游牧民定居点环境整治全覆盖。乡镇建设垃圾中转站和配备运输车辆，建立跨镇域、县域的"村收集-镇运输-县处理"环卫作业链，从根本上治理农村牧区生活环境问题。

5. 循环农牧业培训示范工程

通过分阶段、分层次和多种方式相结合的办法，采用汉、藏两种文字，加大对农牧民的培训，建立循环经济理念，培养环境意识，学习循环相关的知识和技术等。

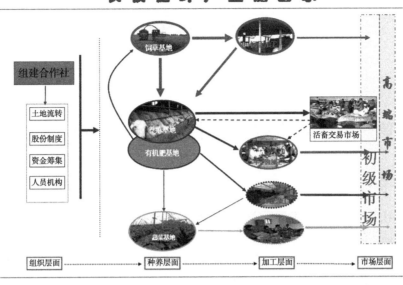

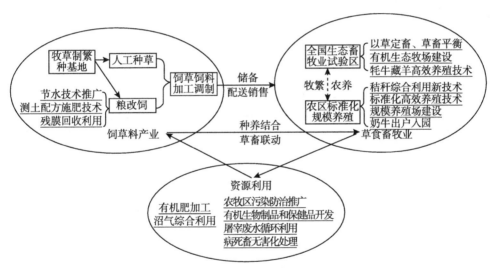

青海省种养结合循环农教业流程图

第七章 标准问题

第一节 健全有机牦牛藏羊标准的举措初探

一、完善标准体系

根据有机牦牛藏羊产业化发展所需，加快制定农兽药残留、屠宰加工、饲料安全、农业转基因等行业和地方标准，完善促进农业产业发展和依法行政的行业标准，基本实现农产品生产有标可依、产品有标可检、执法有标可判。支持地方加强标准集成转化，制定与国家标准、行业标准相配套的生产操作规程，让农民易学、易懂、易操作。鼓励规模生产主体制定质量安全内控制度，实施严于食品安全国家标准的企业标准。积极参与或主导制定国际食品法典等国际标准，开展技术性贸易措施官方评议，加快推进农产品质量安全标准和认证标识国际互认。

二、强化标准实施

开展农业标准化示范区（县）创建和园艺作物、畜禽水产养殖、畜禽屠宰加工标准化示范创建。鼓励各地因地制宜创建农业标准化生产示范园（区）、示范乡（镇）、示范场（企业、合作社），推动全国"菜篮子"大县的规模种养基地全程按标生产。推进新型农业经营主体和农业示范园（区）率先实行标准化生产，通过"公司+农户""合作社+农户"等多种方式发展规模经营，建立质量安全联盟，带动千家万户走上规范安全生产轨道。把农产品质量安全知识纳入新型职业农民培训、农业职业教育、农村实用人才培养等培训计划。

三、推进"两品一标"发展

积极发展绿色食品，因地制宜发展有机农产品，稳步发展地理标志农产品，打造一批知名区域公共品牌、企业品牌、农产品品牌，以品牌化引领农业标准化生产。加大政策扶持力度，支持创建"两品一标"生产基地，全面推行质量追溯管理，推动规模生产经营主体发展"两品一标"。借助农产品展示展销活动和网络电商平台，开展"两品一标"宣传推介，提高安全优质农产品的品牌影响力和市场占有率。严格"两品一标"产品的准入条件，加强"两品一标"证后监管，提高"两品一标"品牌公信力。摘自《全国农业现代化规划（2016—2020 年）》。

1. 不从疫区引进牦牛，引进牛只产地均与本合作社签订引进协议

引进牦牛，从具有畜牧兽医主管部门核发的《种畜禽生产经营许可证》和《动物防疫合格证》的牦牛场引进，并第一时间进行检疫。引进的犊牛，隔离观察至少 30~45 天，经县级动物防疫监督机构检疫确定为健康合格后，入群生产使用。

2. 饲养管理

牦牛养殖方式以自然放牧和补饲为主

（1）组群。

生产母牛、小牛和非生产牛（幼年牛、当年未孕母牛）分别组群。生产母牛每群以30~50头为一组；非生产牛以60~80头为一组；小牛一般20~30头为一组。

（2）畜群结构。

适龄母牦牛占50%，幼龄牛（1~2.5岁）约占40%，成年公牛占10%。

（3）犊牛去势。

公犊牛去势时间一般在1岁左右，即第二年吃上青草后进行，夏季不宜去势，因蚊蝇多易生蛆。去势聘请兽医站具有职业兽医师资格负责，去势方法有刀切法和去势钳法。刀切法：切口部位用5%的碘酒消毒后，用锋利小刀在阴囊上做切口，切口大小以睾丸自然逸出为宜，摘除睾丸后，在伤口上涂上碘酒，并撒上消炎粉。去势钳法：用特制的去势钳，在阴囊上部用力紧夹，将精索夹断，睾丸逐渐萎缩。此法不切伤口，不流血，无感染危险。

（4）剪毛。

牦牛抓绒剪毛多在5月下旬至6月上旬进行，一般生产母牛不剪毛，牦犍牛抓绒剪毛同时进行。

（5）补饲。

对一些营养差的育成小牛、妊娠母牛和犊牛在过冬时补一些青干草，使它们安全过冬。补饲时间从2月份开始，到4月底止。牦犊牛越冬时有棚舍。

（6）牛的配种。

每年6月中下旬牦牛开始发情，7—8月为发情旺季，及时准备好配种工作。选择优良的公牛，淘汰年老质量差的公牛。公母牛比例按1：（20~30）分开。

（7）接育犊牛。

牦牛3—4月开始产犊，将犊牛放在棚舍内，对初产牛和难产牛进行助产，犊牛出生后让其吃足奶。头胎母牛不挤奶，经产母牛未吃饱青草，产奶不多时也不挤奶，青草吃饱后可日挤奶一次。产后不挤奶，对提高牦牛质量、提高繁活率大有好处。犊牛学会吃草后，留在圈棚附近的围栏草场放牧。

（8）犊牛的管理。

犊牛半月龄起即可采食牧草，在放牧中，除分配好牧场放牧外，采用全哺乳方式哺育犊牛，使哺乳母牛尽快恢复体质，对达到6月龄哺乳期犊牛全部断奶，断奶后对体质较弱者应放牧和补饲相结合。

3. 兽药的使用管理

兽药的使用符合《兽药管理条例》的规定。需要使用治疗用药时，要有《兽药生产许可证》和产品批准文号的生产企业购买，并严格执行休药期制度。严格遵从《食品动物禁用的兽药及其化合物清单》中所列的和其他禁用药物或人用药物，不使用未经国家畜牧兽医行政管理部门批准作为兽药使用的药物。

4. 饲料使用管理

饲料均为草山无农药施肥草料，收购青稞、干草均留有卖方签字收据单。饲草料库房通风干燥，对购进的饲料清仓后放在原先饲料的下面，禁止后面购进的饲料压在原先饲料的上面；自己调制的青干草按要求进行堆放，防止发生霉烂和变质，禁止饲喂霉烂和变质的饲草料。严禁使用违禁的饲料添加剂和动物性饲料源。

5. 疫病防治

牦牛炭疽：由炭疽杆菌引起的急性人、畜共患病。本病呈散发性或地方性流行，一年四季都有发生，但夏秋温暖多雨季节和地势低洼易于积水的沼泽地带发病多。发生疫情时，严格封锁，控制隔离病牛，专人管理，严格搞好排泄物的处理及消毒工作，病牛用抗炭疽血清四环素等药物治疗。牦牛布氏杆菌病：由布氏杆菌引起的一种慢性人畜共患病。牦牛、绵羊、犬、马鹿、旱獭及灰尾兔等均可感染此病。能引起生殖器官、胎膜及多种组织发炎、坏死。以流产、不育、睾丸炎为主要特征。母牦牛感染布病后除流产外，一般没有全身性的特异症状，流产多发生在妊娠 5~7 个月时；公牛患布病后出现睾丸炎或附睾炎；犊牛感染后一般无症状表现。牦牛饲牧人员要加强自身的防护，特别是牦牛发情、配种、产犊季节，要搞好消毒和防疫卫生工作。牦牛巴氏杆菌病：又称出血性败血症，是由多杀性巴氏杆菌引起的多种动物共患的一种急性、热性、败血性传染病。以高温、肺炎、争性胃肠炎及内脏器官广泛出血为特征，故又称牦牛出血性败血症，简称"牛出败"。1 岁以上牦牛发病率较高，分为急性败血型、水肿型和肺炎型。以水肿型为最多。病牛往往因窒息、虚脱而死亡。病程 12~36 小时。多呈散发性或地方流行性，一年四季均可发生，但秋冬季节发病较多。早期发现该病除隔离、消毒和尸体深埋处理外，可用抗巴氏杆菌病血清或选用抗生素及磺胺类药物治疗。预防注射用牛出血性败血症疫苗，肌内注射 4~6 毫升，免疫期为 9 个月。早期发现该病除进行隔离、消毒和尸体深埋处理外，可用高免血清、抗生素及磺胺类药物治疗。

6. 无害化处理

需要淘汰、扑杀的可疑病牛由动物防疫监督机构采取措施处理，主要以无害化池处理，传染病牛尸体按国家规定处理。严禁进行出售病牛、死牛的行为。

7. 生产记录档案

建立一系列相关的生产档案，确保无公害牦牛品质的可追溯性。建立牦牛的免疫程序并保存免疫记录。建立并保存牦牛全部兽药的记录。建立并保存牦牛饲料饲养记录，包括饲料及饲料添加剂的生产厂家、出厂批号、投料数量，含有药物添加剂的应特别注明药物的名称、含量及休药期。建立并保存牦牛的生产记录，包括采食量、育肥时间、出栏时间、检验报告、出场记录、销售地记录，并保存三年以上。

附 《绿色食品藏羊生产技术规程》

1 范围

本规程规定了绿色食品藏羊的生产环境、养殖区选址和布局、生产设施与设备、投入品、草地建设与利用、饲养管理技术以及生产追溯的要求。本标准适用于青海省草地放牧生产方式下绿色食品青海藏羊的生产。

2 规范性引用文件

下列文件对于本文件的应用是必不可少的。凡是注日期的引用文件，仅所注日期的版本适用于本文件。凡是不注日期的引用文件，其新版本（包括所有的修改单）适用于本文件。

NY/T 391 绿色食品产地环境质量

NY/T 393 绿色食品农药使用准则

NY/T 394 绿色食品肥料使用准则

NY/T 471 绿色食品饲料及饲料添加剂使用准则

NY/T 472 绿色食品兽药使用准则

NY/T 635 天然草地合理载畜量的计算

NY/T 816 肉羊饲养标准

NY/T 1176 休牧和禁牧技术规程

NY/T 1178 牧区牛羊棚圈建设技术规范

NY/T 1237 草原围栏建设技术规程

NY/T 1342 人工草地建设技术规程

NY/T 1343 草原划区轮牧技术规程

NY/T 1904 饲草产品质量安全生产技术规范

HJ568 畜禽养殖产地环境评价规范

DB63/T 039 青海藏羊

DB63/T 433 畜禽暖棚

DB63/T 463 放牧羊寄生虫病防治技术规范

DB63/T 547.1 青海藏羊饲养管理技术规范

DB63/T 547.2 青海藏羊繁育技术规范

DB63/T 705 高寒牧区藏羊冷季补饲育肥技术规程

DB63/T 1652 病害动物及病害动物产品无害化处理技术规程

《草畜平衡管理办法》（农业部令 2005 年第 48 号）

《动物防疫条件审查办法》（农业部令 2010 年第 7 号）

《中华人民共和国动物防疫法》

《畜禽标识和养殖档案管理办法》（2006 年农业部令第 67 号）

3 术语和定义

下列术语和定义适用于本规程。

3.1 青海藏羊

又称藏羊、藏系羊。其品种特性应符合 DB63/T 039 的规定。

3.2 生产环境

指绿色食品藏羊放牧及舍饲或半舍饲条件下的养殖环境。

3.3 养殖区

指牧区牧户的牲畜圈养区域，主要包括牲畜棚圈、运动场、草棚、草房、堆粪场等；或养殖场、养殖小区主要功能区，包括生活管理区、生产区、生产辅助区、隔离区、废弃物处理区等。

3.4 引种

指将优良青海藏羊从其他地区引入本地的过程。本标准指狭义的生产性引种，即引进繁殖用种畜或以产肉为主的生产性肉畜。

4 生产环境要求

4.1 草地环境质量要求

天然草地与人工草地环境质量要符合 NY/T 391 规定。

4.2 养殖场、养殖小区环境质量要求

养殖场、养殖小区环境空气质量要求参照 HJ568 的规定执行。

5 养殖区选址和布局

5.1 养殖区选址

牧区牧户的藏羊养殖区宜选择在地势较高、干燥、开阔、背风向阳、水电路通信便利，符合动物防疫要求，规避自然灾害的地方建设；养殖场、养殖小区选址应符合《动物防疫条件审查办法》的规定。

5.2 养殖区布局

牧区牧户的养殖区，人居住宅与畜棚畜圈必须分离，狗圈应远离人居住宅与畜棚畜圈，堆粪场和无害化处理设施宜设在人居住宅与畜棚畜圈的下风向和较低处；养殖场、养殖小区布局应符合《动物防疫条件审查办法》的规定。

6 生产设施与设备

6.1 羊用棚圈参照 NY/T 1178、DB63/T 433 的要求进行建造。

6.2 养殖场、养殖小区设施设备要求应符合《动物防疫条件审查办法》的规定。

6.3 草场围栏参照 NY/T 1237 的要求建设。

7 投入品

7.1 饲草

饲草产品质量应符合 NY/T 1904 的规定。

7.2 饲料及饲料添加剂

畜禽饲料及饲料添加剂的使用符合 NY/T 471 的规定。

7.3 养殖用水

养殖用水要符合 NY/T 391 的规定。

7.4 兽药

兽药使用要符合 NY/T 472 的规定。

8 草地建设与利用

8.1 人工草地建设

按照 NY/T 1342 的规定进行草场建设。

8.2 施肥与使用农药

天然草场、人工草地施肥要符合 NY/T 394 规定；天然草场、人工草地农药使用要符合 NY/T 393 的规定。

8.3 地利用

8.3.1 严格遵守《草畜平衡管理办法》（农业部令第 48 号），按照 NY/T 635 的规定确定草场载畜量，严格控制草地利用率。

8.3.2 按照 NY/T 1343 规定实行草原划区轮牧，按照 NY/T 1176 的规定对草场实行休牧和禁牧。

9 饲养技术

9.1 饲养标准

青海藏羊饲养标准符合 NY/T 816 的规定。

9.2 引种

种羊引进必须遵守《中华人民共和国动物防疫法》的规定，从非疫区引入，并通过主管部门检疫合格。引进繁殖用种羊必须从具有《种畜禽生产经营许可证》和《动物防疫合格证》的种羊场引入，符合 DB63/T 039 要求。

9.3 繁育技术

9.3.1 采用自繁自育的生产方式。公、母羊以1：（30~40）比例自由交配为主，有条件的地区可进行人工授精。

9.3.2 配种公羊鉴定等级达到 DB63/T 039 规定的一级或特级要求，防止近亲繁殖。

9.3.3 公母羊初配年龄1.5岁，公羊同群内使用年限3年，终身使用年限5年，母羊使用年限不超过6年为宜。

9.3.4 选种选配参照 DB63/T 547.2 执行。

9.4 放牧技术

四季放牧参照 DB63/T 547.1 执行。

9.5 补饲技术

除正常放牧外，对妊娠母羊、哺乳母羊、羔羊、体质弱的羊、配种期公羊、病羊等应适当补饲。必要时进行全群补饲，补饲标准参照 DB63/T 705 执行。

10 管理技术

10.1 日常管理

整群、去势、剪毛、药浴等日常管理参照 DB63/T 547.1 规范性附录 A 执行。

10.2 疫病防治

10.2.1 按照《中华人民共和国动物防疫法》及其配套法规的要求，建立和完善放牧羊群整体防疫体系，制定科学合理的卫生消毒、防疫免疫制度和规程。

10.2.2 加强饲养管理，提高绿色食品青海藏羊的抗病能力，控制和杜绝传染病的发生、传播，建立"养重于防，防重于治"的生产理念，不用或少用防疫用兽药。

10.2.3 寄生虫病防治按照 DB63/T 463 的规定执行。

10.3 粪便及病害畜尸体无害化处理

10.3.1 保持羊舍内外干净卫生，羊舍内定期消毒。羊粪应定点堆放，防雨防溢，无害化处理，资源化利用。

10.3.2 病害藏羊及其产品的无害化处理按照 DB63/T 1652 的规定执行。

11 生产追溯

11.1 严格执行《畜禽标识和养殖档案管理办法》（2006年农业部令第67号）的规定，做好生产记录，饲料、饲料添加剂和兽药使用记录，消毒记录，免疫防疫监测记录，诊疗和病死畜禽无害化处理记录等，保障产品可追溯。

11.2 严格遵守《中华人民共和国动物防疫法》的规定，履行免疫、加施标识、申报检疫等义务，保证出栏羊只健康、出售产品质量安全。

大力推进农业标准化生产。一是要做好标准的集成转化，将国家的标准规范转化成符合生产实际的简明操作手册和明白纸，便于农民使用。二是要加大培训力度，让农民搞懂操作规程的要求，真正能用、会用、好用。三是规模化的企业或合作社应当建立生产档案记录，包括农资的购货记录和使用记录等，这样才能够真正意义上从生产上保障安全。

如何确保人民"舌尖"上的安全，唯有从健全完善各环节标准体系做起。一是继续完善各类标准体系。农业标准化生产涉及农业环境、土地肥力、疫病防治、农兽药与投入品使用、贮存运输等各个环节，每个环节既包括技术层面的标准，也包括操作层面的规程。没有系统的标准体系，标准化实施就是无本之木。二是严肃督促标准化生产。县级以上人民政府标准化行政主管部门、有关行政主管部门依据法定职责，对标准的制定进行指导，督促各生产主体严格按动植物疫病防控、食品添加剂、疫病防控技术、生产操作规程等标准生产。三是产品严格按标准监测检疫。标准就是准绳，是各社会主体共同遵循的准则。食材药物残留是否超标，食物是否有隐性疫病，则监测数据说了算。监测人员需严格按标准监测，既要扩大监测范围，又要保障监测数据的真实可靠，既要加强人才退伍建设，又要提升监测设施设备与能力。四是完善标准化冷链物流。冷链物流是适应农产品大规模流通的客观需要，不仅能够满足人们对新鲜食品的需求，还能够使食物在运输途中尽量减少损失和浪费，预防流通环节产品污染变质。

为进一步做好我国的标准化工作，结合近期所学所悟，略谈几点感想。一是优化标准体系。标准是一个庞大的体系、涉及广、事项多、环节杂。当下，存在标准交叉、重复和"两张皮"问题，建议用产业化的理念，整体谋划，对已有标准进行系统梳理，及时清理"老化""不适用"标准，整合制定出产业化形式的、成熟的标准。二是强化标准宣贯。因标准是高度凝练的生产经验总结，故农牧民群众看不懂、学不会、做不来的事情时有发生。应多形式扩大宣传，使其直观通俗，如视频讲解、编制顺口溜、提炼小纸条等形式，引导群众记得住、学得来。三是建立标准实施分析制度。根据《中华人民共和国标准化法》第二十九条，"国务院标准化行政主管部门和国务院有关行政主管部门、设区的市级以上地方人民政府标准化行政主管部门应当建立标准实施信息反馈和评估机制"要求，我司应督促地方相关部门建立信息反馈及评估体系，对评估优秀的标准制定者、推动者、实施者，采用以奖代补的形式进行奖励，进而推动标准化工作进程。四是助力优质优价机制。农业标准化毕竟只是一种管理理念，一种生产方式，只有服务于特定目标，达到保护农业生态环境、提高生产效益、增加农民创收等目标，才能激发生产主体按标生产的积极性。五是建立诚信体系。国外发达国家，现已建立了农产品生产诚信体系，并已形成高成本惩罚机制，促使生产主体不敢背信生产。国内监管设施滞后，监管力度较弱，监管人员较少，主要将力量都集中在了产品的后端监管上，至于产品的前端生产则近乎空白。建立标准化生产诚信体系，对监管很难触及的前端生产会起到一定的规范作用。

四、农村标准化发展思路问题

没有规矩，不成方圆；没有标准，难判安全。标准是评价产品好坏和质量高低的量尺，是抓"产出来""管出来"的基础保障，是生产经营者具体执行的量化指标。这些年，农业标准工作取得很大进展，特别是农兽药残留限量等安全标准快速增加，基本覆盖我国主要农产品和主要农兽药品种。但是也要看到，与新形势新要求相比，与执法监管发现的问题相比，我们的标准工作还有很多不足，存在规程类标准使用率不高，安全类标准还不够的问题。

下一步，要立足我国国情和现代农业产业发展实际，坚持用标准来提升农业产业素质，坚持用标准来推进质量安全执法监管，加快标准制定步伐，加大标准宣贯和实施力度。一是系统梳理，做到心中有数。加强与国际标准对比研究，从数量上和指标参数要求上全面分析我国农业标准现状，与 CAC 相比、与发达国家和地区相比、与发展中国家相比，我国标准处于什么水平。加强国内不同类别标准之间的比较研究，看看我们的绿色、有机等标准与国家强制性安全标准之间，重合度有多少，有什么区别和特色，做到底数清、情况明。二是加快制定，解决实际问题。对标质量兴农、绿色兴农要求，制定一批质量评价标准和促进农业绿色发展的生产标准。要平衡好科学性和实践性之间的关系，标准制定是无法穷尽的，不可能每个药物在每个产品上都有登记、都有限量，发达国家也做不到，重点是如何在现有条件下，通过按类别制定限量、提出参照、给出检测方法等手段，尽快解决无标可依的问题。三是加强评价，提高标准实施效果。要注重标准制定时效性，加快标准制修订进程。开展标准实施效果评估，建立标准制修订事前、事中、事后全程责任机制，落实标准制定者的责任。四是加强宣贯，推进标准化生产。部质量安全中心、绿色食品中心、质量标准中心要配合各地加强标准宣传培训力度，特别是对国家强制性标准，要开展大宣传、大普及；各地要加强地方规程制定，把标准转化明白纸、挂历图，使复杂的标准让老百姓能看懂、学得会、可操作。创建一批标准化集成示范基地，从源头上保障农产品质量安全。

五、推进企业标准化生产

以标准化生产，推进质量兴农，有 3 方面的工作措施，即完善标准体系，强化标准实施，抓好政策扶持和做好标准评估。

（一）完善标准体系

将地方标准集成转化为易学好用的生产技术规范，让农牧民看得懂、学得会。制定一批特色优质农产品生产的行业标准，尤其是种植业领域农业行业标准，内容范围：产地类标准（包括产地环境要求、耕地质量、农田建设标准）；

流通类标准（等级规格、包装标识、贮藏运输、检验检测和评价方法等）；

生产管理技术类标准（农业防灾减灾、监测防控、水肥管理、生产管理和质量控制以及绿色高产高效技术模式、农机农艺结合操作规程、良好农业规范等）；

投入品管理类标准（包括农药、肥料、农膜等农业投入品质量要求、检测方法及安全使用准则等）；

其他类（温室大棚设计、建造，水肥一体化设施、设备，农情、墒情等，需要在全国范围统一技术要求和规范）。

（二）标准实施

重要的是顺应产业转型升级的大趋势，坚持以点带面、示范推广。面上抓标准化生产技术的推广，点上抓"两园两场"（标准化的果、菜园，畜禽标准化示范场、水产健康养殖场），产品上抓"三品一标"。

（三）政策扶持

一方面推动标准化补贴制度的建立，近几年，省上扶持力度还是比较大的，扶持建设了 111 个标准化生产基地，其中 81 个种植业基地、27 个养殖业基地、3 个渔业基地。另一方面发挥市场杠杆作用，推动形成优质优价机制。这个方面就是要推进农产品品牌建设，实现品牌价值。

（四）标准评估

有机动物生产是严格按照有机生产要求、标准和规范进行的畜牧业生产。其中包括使用有机饲料，禁止使用抗生素、激素和其他化学合成添加剂或含有化肥、农药成分的饲料喂养牲畜，并使动物能够到户外活动，呼吸新鲜空气和享受阳光。当牲畜患病时，不使用滞留性有毒药品。有机动物产品生产应具有满足动物行为需要的活动条件和居住条件，能满足动物生理和习性的需求。

1. 方法

根据目前我国有机生产全过程的要求，结合有机产品生产国家标准对有机生产的规定，确定有机动物生产风险评估体系的各级指标，并通过专家打分法确定各级指标权重。给有机动物生产过程中的各项操作进行风险值赋值，结合各级指标的权重，计算出有机动物生产过程中总体与一级风险因素的风险范围和制定风险等级。

2. 评估体系指标的确定

《中华人民共和国国家标准（GB/T 19630.1—19630.4—2011）：有机产品》（以下简称《标准》）分为四个部分，第一部分生产，第二部分加工，第三部分标识与销售，第四部分管理体系。从转换期、平行生产、畜禽的引入、饲料、饲养条件、疾病防治、非治疗性手术、繁殖、运输和屠宰、有害生物防治及环境影响等十一个方面，对有机动物生产提出了明确的标准。根据《标准》制定出如下表所示的各级指标。该评估体系中各指标存在诸多不确定因素，采用其他方法难以进行定量分析，因而采用有机生产领域专家给一级指标和二级指标赋值，确定一级指标和二级指标的权重。根据有机生产实际操作过程对三级指标进行风险值赋值，进而通过一级指标和二级指标的权重计算出有机动物生产过程中的风险。

表 有机动物生产风险 评估指标体系

一级指标	二级指标	三级指标
饲养管理 B1	品种引入 C1	从有机动物引入 引入不超过 6 月龄的常规仔猪，犊牛，引入 20% 以下不超过 18 周龄的常规蛋雏鸡；引入全长 2.5~3.0 厘米的鱼苗 引入不超过有机猪、奶牛总量 10% 的常规种仔猪，奶牛；引入 40% 以下不超过 18 周龄的常规蛋雏鸡
	饲料来源 C2	有机饲料，且 80% 以上由本养殖场饲料基地或有合作关系的有机农场 有机饲料，且 50% 以上由本养殖场饲料基地或有合作关系的有机农场 使用了 10% 的常规饲料，且来源于有合作关系的农场或农户 使用了 10% 的常规饲料，且从市场购买
	饲养环境 C3	动物有足够的活动空间和睡眠时间，有调温、通风等辅助设施；水产有足够活动空间，有调节水温和补充氧气的辅助设施 动物有足够的活动空间和睡眠时间，圈舍内空气质量良好；水产有足够活动空间，水环境良好 动物有足够的活动空间和睡眠时间
疾病防治 B2	药物来源 C4	植物源制剂 在兽医指导下购置限量的化学合成的兽药，单独放置 化学合成的兽药与植物源制剂混存
	治疗措施 C5	生病动物隔离治疗 中兽医、顺势疗法等治疗方式 采用了化学合成的兽药治疗，有用药和禁药期的详细记录

（续表）

一级指标	二级指标	三级指标
运输、屠宰和储藏 B3	运输 C6	运输温度、温度合适，满足动物需要，运输时间小于 3 小时 运输条件优良，满足动物需要，运输时间小于 3 小时 运输条件优良，满足动物需要，运输时间小于 8 小时
	屠宰（生猪）C7	专用屠宰线屠宰，屠宰应激小 专用屠宰线屠宰 平行屠宰线屠宰有机猪
	储藏（奶牛）C8	在密闭空间冷却鲜奶，且在 2 小时内冷却至 4℃左右；储存容器必须保持清洁卫生，严格杀菌 在 2 小时内冷却至 4℃，采用有制冷的储存罐，短时间储存 超过 2 小时才能将鲜奶冷却至 4℃，采用有制冷的储存罐，长时间储存

第二节　对建立青海农业标准体系的思考

一、完善生产标准体系

标准决定质量，只有高标准才有高质量。应建立以国家、行业标准为底线，强化地方标准的制修订，牢固树立品牌意识，健全产前、产中和产后各环节的标准体系。按市场准入标准、名特优新农产品标准、出口标准形成细分市场的质量标准体系，强化对相关主体的行为监督。推广"龙头企业+标准化+农户"生产经营模式，实现优质农产品规模化生产。大力推行产地标识管理，做到质量有标准、过程有规范、销售有标志、市场有检测。

二、组建高标准生产基地

把建设优质农畜产品标准化生产基地与农畜产品品牌培育紧密结合起来，推进优质农畜产品标准化生产和品牌化经营。通过大力培育龙头企业，发展专业合作经济组织、家庭农牧场、科技示范户等各类产业化新型经营组织，建成一批优质农畜产品标准化生产基地、全国绿色食品原料标准化生产基地、品牌农畜产品生产基地、出口农产品质量安全示范区。"菜篮子"大县规模经营主体、农产品质量安全县和生产基地基本实现标准化生产。实现品牌的规模效应，促进区域经济发展。

三、打造区域公用品牌

打造农产品区域公用品牌，即通过先天或优化产地环境，挖掘其历史文化与故事，分析其营养价值和产品功能，建立根据地和核心市场等，以乡或县为单位，打造一批区域公用品牌。推出质量兴农兴品，打造国家农产品质量安全县品牌。发展富硒品牌。突出青海省平安、乐都、互助等地富硒土地资源优势，合理开发、有序利用，重点培育具有一定基础和规模、技术含量高、竞争力强的高原生态富硒品牌。

四、培育壮大企业品牌

结合青海省特色农畜产品的特点和地理位置，培育壮大一批更具高原特色、更具市场竞争力的领军企业，打造出更具高质量、更具影响力、更具美誉度的品牌，逐渐形成"人无我有、人有我强、人强我特"的特色产业，带动经济发展。以农业产业化龙头企业为基础，注重发挥龙头企业的引领示范效应，打造一批企业品牌。支持企业研发和引进先进技术、先进工艺、先进设备，实现生产标准提升和产品升级换代；支持企业加强质量管控，提升服务质量，开展精准营销，打造一流产品、争创一流品牌。

五、壮大"三品一标"

进一步挖掘绿色、有机、无污染优势和品牌价值，以牦牛、青稞、藏羊、枸杞、冷水鱼、油菜为主，打绿色有机牌、高原特色牌、提质增效牌，打造一批"青字号"金字品牌。不断提高"三品一标"的总量规模和质量水平，抓好"三品一标"工作，通过规模化、标准化生产，促进品牌发展，增加绿色优质农产品供给。加大品牌推介工作力度，运用多种手段加强宣传营销，开好绿博会、展销会，提高"三品一标"品牌影响力、公信力和市场占有率。培育一批农产品地理标志品牌，获得国家驰名商标、青海省著名商标。

六、增强科技支撑能力

创新可以使农产品品牌保持质量和市场优势，增强竞争力，特别是在品种繁育、科学饲养、产品加工和包装等方面的科技支持尤为重要。面对品牌发展和竞争，我们必须保持锐气和闯劲，也要有强烈的紧迫感和危机感，把品牌意识、工匠精神、卓越品格融入生产、管理和服务实践。坚持质量第一、效益优先，打造更多名优品牌，以更强的竞争力拓展市场空间，更好满足青海高质量发展和群众高品质生活需要，让品牌建设行稳致远。加大科技创新投入力度，加快农牧业科技产学研一体化进程，建立健全产前、产中、产后全过程相配套的技术服务体系。推动新品种培育和配套标准化技术的集成推广应用，开展主要农畜产品高值化加工与综合利用关键技术研究与示范，增强农牧业生产科技支撑力度。

七、建立品牌目录制度

品牌化已经成为农业现代化的核心标志，加快推进农业品牌建设已经成为转变农业发展方式，加快推进现代农业的一项紧迫任务。研究建立农产品品牌、区域品牌的征集制度、审核推荐制度、价值评价制度，加快引导各类企业、专业合作社等市场主体创建自身品牌，明确产品产量、质量科技创新水平等评价标准和内容。定期发布目录，动态管理，完善、规范和强化对农产品品牌的推介、评选、推优等活动，逐步建立第三方评价机制，鼓励农产品企业做优质量，做好品牌。

八、深化产品品牌推介

突出"高原、有机、绿色、环保、无污染、健康"优势，坚持规划引领、实施品牌战略，建基地、抓加工、创品牌、求效益，已取得了初步成效，让"青字号"品牌逐渐"树起来""亮起来"。通过电视、报纸、展销平台等媒体进行品牌信息的传播，通过品牌产品进社区、进超市、进学校、媒体记者进企业、进基地为主要形式，开展"春风万里，绿食有你—绿色食品宣传月"活动，在世界知识产权宣传周期间举办地标产品宣传推介活动，在5月10日举办"中国品牌日"活动等形式，多措并举、开展了一系列卓有成效的品牌宣传和市场推介活动。鼓励有条件的县（市、区）积极建立产业园，特色农畜产品博物馆，开展慈善活动等形式，提高产品的美誉度和知名度。

九、提升产品品牌形象

没有质量，谈何效益？保障农产品质量，是提升农业经济效益的有效途径。农产品质量是品牌发展壮大的基础，只有不断提高质量才能满足人们需求的特性，才能创建优秀的品牌，使品牌整体形象得到提升。进行技术创新，提高品牌质量。品牌企业要加强对优质农产品的技术研究和更新，确保品牌的市场竞争力。品牌应该具有市场占有率高、品牌有保障、知名度高三个特点，品牌是市场经济的产物。必须在农产品的生产、加工等环节加强管理，确保产品质量。在培育品牌过程中，要以质量为根本，建立健全质量标准体系，不断提高产品质量，创造出消费者认可的品牌。引导企业树立"质量第一"的思想，完善全过程、全方位的质量管理制度。

十、发挥产品品牌战略作用

品牌是质量的升华，是信誉的凝结，是文化的传承。为增强青海品牌商品国内国际市场竞争力，现已出台了青海品牌商品推介会短期、中期、长期规划，先后印发了《关于发挥品牌引领作用推动供需结构升级的实施意见》《开展全省消费品工业"三品"专项行动营造良好市场环境的实施方案的通知》《关于加快推进农畜产品品牌建设的实施意见》等系列政策文件。农业品牌战略实施过程中，政府、协会、企业、专业团队及第三方力量、合作社、农户、专业媒体与大众传媒等各方力量的有效协同，控制品牌战略实施程度、方向、科学性等。政府、行业协会、企业在品牌创建过程中紧密相关、相互促进、相互联系，形成了政府主导、行业协会经营、企业参与的新局面。探索建立起行业协会和龙头企业共同合作的经营模式，鼓励企业合作向规模化方向发展，并强化对农畜产品品牌的推广与保护力度，增加科技含量和文化底蕴，不断提升品牌产品的附加价值。

青海农业标准化现状、问题及建议

经过多年不懈努力，我国农业发展不断迈上新台阶，已经进入新的历史阶段，发展的外部环境和内在动因正在发生深刻变化。青海农业按照党中央和省委、省政府"四化同步"的战略部署，以发展高原现代生态农牧业为方向，把提升农业科技水平和改善农业设施装备条件为着力点，推动传统农牧业加速向现代农业转变，农业的综合生产能力、可持续发展能力明显增强。在此过程中，科技进步贡献率达到55%，农业标准化发挥了积极作用。

第三节　建立青海农业标准体系的一些建议

青海立足农牧业资源优势和特色产业基础，确立了走特色鲜明、经营集约、产业循环、安全高效、发展持续的高原特色青海特点农牧产业现代化之路的发展方向，成功走上了一条高原特色农牧业、设施农牧业、生态畜牧业、循环农牧业发展路子，建立了园区推动、龙头带动、科技驱动、投资拉动的现代农牧发展新模式。为此，建立青海农业标准体系，要坚持立足实际，坚持问题导向，坚持目标引领。

（一）与强化生态建设和资源保护结合起来

目前，青海大力实施三江源、环青海湖、祁连山生态建设和退牧还草工程，柴达木、河湟地区重大生态工程。建立青海农业标准体系，应紧密结合"生态立省"战略，针对退化草地治理，天然草原改良，人工种草，草原鼠虫害，毒害草防治，青海湖裸鲤等水生生物资源保护，粪污资源化，节水农业和旱作农业技术，高标准农膜、可降解农膜的应用和秸秆还田等方面，前瞻性地开展标准研究、制定工作，为创建高原渔业资源生态保护先行区、利用农牧结合优势发展农作物轮作和间作套种、在东部农区和环湖地区积极发展草食畜牧业、推广种养结合及草畜联动循环发展模式等工作的推进奠定基础。

（二）与提升特色农牧业综合生产能力结合起来

青藏高原农业类型是河谷农业和畜牧业。受气温的制约，农业主要分布在海拔较低、温度较高的谷地，如雅鲁藏布江谷地、湟水谷地等，称为"谷地农业"。主要农作物为耐寒、耐旱的青稞、小麦、豌豆等。牧业也为高寒牧业，主要牲畜为耐寒的牦牛、藏绵羊等。建立农业标准体系时，应充分考虑地域气候特点，结合优化区域布局和产业结构、充分挖掘粮油增收新潜力、着力提升畜产品生产能力、稳步提高果蔬生产供给水平、大力发展高原特色冷水养殖、着力扶持现代种业发展的目标，围绕油菜、马铃薯、蚕豆、蔬菜、果品、中藏药材、牛羊肉、奶、毛绒、饲草料十大优势产业，为提升特色农牧业综合生产能力提供标准技术支撑。

（三）与推进设施农牧业提质增效结合起来

设施农业是在环境相对可控条件下，采用工程技术手段，进行动植物高效生产的一种现代农业方式，涵盖设施种植、设施养殖和设施食用菌等。青海省设施农牧业，主要是设施农业温棚、畜禽及水产养殖；主要任务是加强设施农业温棚基地建设，改造升级现有生产基地，促进蔬菜生产向沿黄流域及柴达木盆地等优势产区集中布局；改善设施基地水、电、路及保温、冷藏保鲜、分拣加工等配套设施条件，提升蔬菜供给水平，推进畜禽标准化规模养殖场和水产健康养殖场建设，提高养殖效益。为此，应优先制定符合青海省实际的日光节能温棚、畜用暖棚、饲草料基地、养殖场（小区）建设、农畜产品保鲜库、保鲜冷藏兼用库、马铃薯贮藏窖、农畜产品批发市场等标准，为加强农业设施建设、增强设施化和装备水平、提高农业生产经营效率提供技术服务。

（四）与提高农产品质量与安全水平结合起来

农产品质量与安全的保证，主要依靠对农产品生产全过程进行全面系统的质量管理，通过对农产品生产、加工过程的管理和控制，保证农产品的营养品质和卫生质量。要提高农产品质量与安全水平，就必须建立健全以农兽药残留限量标准为重点的农产品质量安全标准体系、标准推广服务体系、生产操作规程应用体系，推进农业标准化生产示范创建，通过建设果蔬标准园、畜禽标准化规模养殖场、水产标准化健康养殖场，稳步发展无公害、绿色、有机和地理标志农产品。同时，建立健全农产品产地安全管理、农畜产品生产档案管理、农畜产品质量安全追溯和检验检测等管理标准体系，完善农畜产品产地安全证明制度，进一步强化农畜产品产地检疫，实现农畜产品生产和进入市场、加工企业前的收购、贮藏、运输等环节可追溯。

（五）与推动培育特色农畜产品品牌结合起来

着力打好"高原牌""有机牌""绿色牌"和"富硒牌"，针对技术含量高、市场容量大、高附加值、低能耗的产品，建立和完善品牌农业的产业链、价值链、供给链；建立和完善品牌标准体系，把产前、产中和产后各环节纳入标准化管理，逐步形成与国际、国家、行业相衔接的标准体系；按市场准入标准、名优农产品标准、出口标准形成细分市场的质量标准体系，强化对相关主体的行为监督。夯实农产品品牌发展的基础，推广"龙头企业+标准化+农户"生产经营模式，推广无公害、绿色、有机农畜产品标准化生产技术，实现优质农产品规模化生产，提升青海品牌农业的影响力。

（六）与增强科技支撑水平、创新能力结合起来

全力推进农牧业社会化服务、推动科技创新和新技术推广、加大农牧业科技成果转化力度，是增强青海农业科技支撑水平与创新能力的有效手段。加强和完善现有农牧业技术服务体系，培育农牧业专业服务公司、农牧民合作社、专业服务队等经营性服务组织，培育壮大农机合作社，推动农机服务，推广牦牛藏羊高效养殖技术、农区牛羊标准化饲养技术，是推进农牧业增效、提高创新能力的有效途径。建立青海农业标准体系时，需围绕提高农业综合服务能力，开展农机服务质量规范、农业技术推广服务质量规范、农机村镇维修点服务质量规范、土地草场流转服务规范、畜牧兽医站（室）服务质量规范、农牧民培训服务规范等服务标准的制定，进一步提升青海省农业公共服务能力。

参考文献

艾德强，2018.青海省畜禽养殖粪污年排放量的估算［J］.中国草食动物科学，38（6）：55-57.

安梨红，罗增海，王廷艳，2020.基于青海草地生态畜牧业股份合作推动下的生态生产生活共赢研究［J］.青海畜牧兽医杂志（3）.70-72.

才让太，2013.青海藏羊发展措施及对策［J］.中国畜牧兽医文摘，29（2）：31.

才仁巴桑，2019.牦牛养殖现状、存在问题及发展对策［J］.畜牧兽医科学（电子版）（22）：75-76.

曹兵海，李俊雅，王之盛，等，2020.2019年度肉牛牦牛产业技术发展报告中国畜牧杂志，56（3）：173-178.

陈惠珍，宋育玲，马福全，2018.青海省藏羊肉产业发展现状与建议［J］.青海农林科技（4）：55-59.

德吉，2013.青藏高原上的牦牛创新团队［J］.中国西藏（中文版）（4）：38-41.

邓银花，2017.藏羊高效养殖技术推广［J］.中国畜牧兽医文摘，33（12）：89.

丁颖，拉环，罗增海，等，2020.青海有机牛羊肉追溯数据平台的结构问题初探［J］.青海科技，27（4）：55-64.

丁颖，拉环，罗增海，张继婷，王廷艳，2020.青海有机牛羊肉追溯数据平台的结构问题初探［J］.青海科技（4）.55-64.

杜雪燕，罗增海，拉环，2020.青海省牦牛肉产品可追溯系统应用现状分析［J］.青海畜牧兽医杂志，50（3）：62-65.

付弘赟，韩学平，陈永伟，等，2019.青海省畜禽规模养殖粪污处理利用情况［J］.畜牧业环境（2）：44-45.

国家统计局，2019.中国统计年鉴.

韩华，2016.有机畜牧业发展任重道远［J］.中国畜牧业（14）：24-25.

韩秀茹，何跃君，关海钢，等，2019.浅谈青海高原牧区土壤环境质量标准研究与制定［J］.青海环境，29（2）：54-57.

胡敏，2020.浅谈我国土壤污染及防治措施［J］.资源节约与环保（7）：30-31.

贾瑞珂，罗增海，2018.青海省草地生态畜牧业生态生产生活联动发展模式研究［J］.安徽农业科学（32）.203-205.

金文进，2020.我国草地畜牧业发展现状与前景展望［J］.吉林畜牧兽医，41（1）：132+135.

拉环，罗增海，李浩，2019.青海牧区牦牛藏羊粪便处理及资源化利用浅析［J］.畜牧业环境（8）：50-52.

李伟，殷元虎，王芳，等，2011.为我国肉牛产业发展提供技术支撑——国家肉牛牦牛产业技术体系建设与发展纪实［J］.中国畜禽种业，7（3）：5-7.

李显军，2004. 中国有机农业发展的背景、现状和展望 [J]. 世界农业 (7)：7-10.

李银风，2016. 青藏高原高寒牧区土—草—畜—人物质循环过程中稳定碳、氮同位素的分析 [D]. 兰州大学.

李泳琪，2020. 我国智慧农业发展问题和战略对策 [J]. 现代企业 (8)：143-144.

李元海，2020. 浅谈牦牛生态养殖与产业发展措施 [J]. 畜牧兽医科技信息 (1)：79.

刘春鸽，孟繁锡，2005. 中国有机畜牧业发展现状、问题及对策 [J]. 世界农业 (11)：24-27.

刘华彬，康晨远，罗增海，2019. 青海发展生态畜牧合作的经验启示 [J]. 中国畜牧业 (24). 38-40.

刘鲲鹏，布仁朝格图，杨嘉蒙，等，2016. 青海牦牛、犏牛、黄牛体尺测定与改良选育 [J]. 中国牛业科学，42 (6)：17-20+24.

刘书杰，2020. 畜牧业绿色发展专家访谈录之一：牦牛产业篇 [J]. 青海农牧业 (1)：2.

吕东旭，2020. 牛羊规模养殖场的疫病防控措施 [J]. 吉林畜牧兽医，41 (5)：87+90.

吕京华，2020. 农作物病虫害绿色防控技术集成推广 [J]. 农业开发与装备 (5)：66-67.

罗增海，杜长鸿，徐有文，王淑英，2013. 青海省基层农技推广队伍开展工作情况的调查分析 [J]. 基层农技推广 (3). 4-8.

罗增海，侯生珍，王志有，辛玉春，周华坤，袁桂英，2020. 青海牧区藏羊高效养殖技术的效益估算 [J]. 家畜生态学报 (2). 72-76，86.

马国兰，2014. 浅谈青海的牦牛资源现状及保护措施 [J]. 中国牛业科学，40 (3)：89-91.

马忠效，2016. 国外绿色（有机）畜牧业的发展及对我国的启示 [J]. 甘肃畜牧兽医，46 (7)：5-6.

毛学荣，雷良煜，余忠祥，等，2012. 青海省河南县有机畜牧业生产技术研究与实践 [J]. 农业工程技术（农产品加工业）(5)：27-31.

宁金友，2013-09-06. 藏羊种公羊选育技术规程. 青海省，青海省畜牧总站.

宁艳民，贺彦彬，2019. 农作物病虫害绿色防控技术的集成与应用 [J]. 现代园艺 (20)：60-61.

青海省人民政府办公厅，2015. 关于加快转变农牧业发展方式促进高原特色现代生态农牧业发展的实施意见 [J]. 青海政报 (23)：39-43.

青海省人民政府办公厅，2018. 关于印发青海省畜禽养殖废弃物资源化利用工作考核办法的通知青海政报 (17)：14-17.

青海省人民政府办公厅，2020. 关于加快藏羊产业转型发展的实施意见 [J]. 青海政报 (11)：35-38.

孙文娟，2019-07-16. 打造好牦牛产业"名片" [N]. 西藏日报（汉）(6).

索南才仁，2018. 无公害牦牛生产技术操作规程 [J]. 中国畜牧兽医文摘，34 (5)：95.

唐道磊，2019. 农作物病虫害绿色防控技术集成推广 [J]. 农业开发与装备 (8)：125.

唐燕花，蔡学斌，扎西，2012. 青海省河南县有机牦牛、欧拉羊物联网追溯监管系统简介 [J]. 农业工程技术（农产品加工业）(5)：46-48.

童成栋，2019.青海地区加快牦牛品种改良提高牧场经济效益 [J].畜牧兽医科技信息
　　（8）：52-53.

汪生林，2009-11-20.绿色食品 藏羊生产技术规程.青海省，湟中县畜牧兽医工作站.

汪正顺，2020.藏羊有机畜牧业标准化养殖管理技术 [J].畜牧兽医科学（电子版）
　　（6）：87-88.

汪正顺，2020.牦牛有机标准化饲养及管理技术 [J].畜牧兽医科学（电子版）（4）：
　　23-24.

王吉福，2019.浅谈农作物病虫害绿色防控技术在农业生产中的推广应用 [J].青海农
　　技推广（3）：46，53.

王磊，2016.青藏高原藏羊的冬季管理 [J].畜牧兽医科技信息（6）：52.

王立涛，2020.农业大数据建设中需要思考的几个问题 [J].现代化农业（9）：33-34.

王亮力，2020.草畜平衡养羊增收技术分析 [J].南方农机，51（2）：77.

王生，2020.青海省化肥农药减量增效发展现状及对策 [J].中国农技推广，36（2）：
　　47-48.

王廷艳，2017.青海省奶（肉）牛改良现状及发展思路 [J].青海畜牧兽医杂志，47
　　（4）：48-50.

王廷艳，罗增海，安梨红，2020.规范改造股份制合作社——基于对青海草地生态畜牧
　　业合作社的调查 [J].农村工作通讯（10）.40-41.

王廷艳，罗增海，林元清，2020.青海省牦牛藏羊原产地可追溯体系建设的若干思考
　　[J].青海畜牧兽医杂志，50（1）：55-57.

王廷艳，赵鸿鑫，2019.浅析青海绿色有机农畜产品示范省创建工作 [J].中国畜牧业
　　（24）：55-57.

王旭荣，张凯，王磊，等，2017.牦牛与藏羊疾病防控现状与思考 [J].中兽医医药杂
　　志，36（6）：82-85.

王玉虎，马清德，杨毅青，拉环，罗增海，2019.创新牧民合作发展生态畜牧 [J].中
　　国农民合作社（10）.10-12.

王玉娟，2017.青海：发挥生态优势打造特色品牌 [J].农产品市场周刊（32）：36-37.

王自强，王晓旭，段卫力，等，2020.水肥一体化应用技术集成及推广 [J].现代园艺，
　　43（9）：62-66.

韦燕珍，2020.浅谈农业信息化在现代农业发展中的重要作用 [J].南方农业，14
　　（21）：184-185.

向阳，2007.生态饲料的配制及营养调控技术 [J].当代畜禽养殖业（2）：23-24.

肖春媚，2018.《有机农业的动物健康和福利》翻译报告 [D].华南农业大学.

谢秀梅，2015.青海省牛种改良工作面临的问题及对策 [J].畜牧与饲料科学，36（3）：
　　93-94.

邢志勇，2020.畜禽养殖业环境污染及防治对策分析 [J].吉林畜牧兽医，41（7）：
　　124-125.

徐宁，2020.如何实现畜禽养殖场种养结合资源化利用 [J].现代畜牧科技（9）：
　　11-13.

薛春林，杨凌，韩昆鹏，2020.畜禽粪污资源化利用模式与实践 [J].当代畜牧（5）：

36-37.

颜寿东，宁金友，周佰成，等，2014. 藏羊选育及良种推广［J］. 中国草食动物科学，34（3）：72-75.

杨志伟，2020. 动物疫病防控的几个关键点［J］. 兽医导刊（9）：61.

张晋青，谭建宁，谢秀梅，2019. 加强标准化牛改站（点）建设助推良种服务体系建设［J］. 青海畜牧兽医杂志，49（5）：64-65+69.

张晶，2018. 高原牦牛、藏羊有机畜牧业发展现状与对策［J］. 养殖与饲料（9）：125-126.

张梦，2020. 新形势下的土壤污染防治技术［J］. 环境与发展，32（2）：78+80.

张越杰，李俊雅，曹兵海，等，2020. 2020 年肉牛牦牛产业发展趋势与政策建议［J］. 中国畜牧业（10）：22-26.

张子安，2018. 四川省红原县和青海省牦牛改良情况调研报告［J］. 当代畜牧（27）：24-25.

赵海侠，朱雪君，宋曦，2020. 土壤污染防治及修复措施分析［J］. 环境与发展，32（8）：48+51.

朱喜艳，2010. 青海省各区域藏羊肉脂肪酸含量的对比分析［J］. 黑龙江畜牧兽医（11）：106-108.

Jeremy Diaper, 2018. Ill Fares the Land：The Literary Influences and Agricultural Poetics of the Organic Husbandry Movement in the 1930s-50s［J］. Literature & History, 27（2）：167-188.

TRUKHACHEV, E. EPIMAKHOVA, V. IVASHOVA, E. et al. , 2019. RESEARCH ON CONSUMER COMMITMENT TO ORGANIC FOOD IN SOUTHERN RUSSIA［J］. International Journal of Management（IJM）, 10（2）：145-153.

后　　记

　　牦牛藏羊是促进青海高原特色现代生态畜牧业腾飞的两只翅膀，作为畜牧业大省，青海各界从未放松过做强畜牧经济的努力，从未停止过对发展的思考和探索，特别是随着青海生态立省战略的实施和生态畜牧业建设工作的蓬勃发展，牦牛和藏羊作为青海优势明显的特色产业，在全省社会、经济、生态中的作用和定位越发清晰，也越来越深刻清晰，并在坚定走青海高原特色现代生态畜牧业的道路的实践中久历弥坚，得到全省各界的赞同、认可和拥护。打造"世界牦牛之都，中国藏羊之府"，不是一个简单的称谓问题，而是一项系统工程。当前，国际国内局势复杂多变，青海农牧业发展的外部环境和内部因素均发生深刻变革，传统以数量取胜的畜牧业面临着靠质量发展的重大抉择，传统放牧为主的牦牛藏羊产业面临着向现代生态畜牧业转型的重大抉择，以养殖为核心环节的畜牧产业面临着向全部产业链、价值链、供应链延伸的立体抉择，以自给自食为主要目标的畜牧生产面临着向保生态、保供给并提供优质畜产品的多重目标抉择，传统田园牧歌式、平面式、静态式生产方式更是面临着复杂多变的资源、要素约束与市场竞争的艰巨挑战，集约化、工艺化、车间化纷至沓来，信息化、城镇化、工业化、生态化的巨浪汹涌，任何单一要素和动力都难以去破解复杂的现实矛盾，有必要用系统观和体系论和全方位立体视角，重新审视青海牦牛藏羊的生产并逐个逐项加以破解，方能行稳致远，更好地推动牦牛藏羊产业向高效高产优质方向健康发展。

　　故铢积寸累，在研究破解问题和本书编纂过程中，我们得到了全省农牧界和农牧科技界，特别是省农业农村厅及相关处室领导和同仁们的鼎力协助，也得到了科技厅相关处室的悉心指导帮助，众擎易举，这才是本书真正形成内因与动力，虽不具名但其实已至，故本书集结之际对他们的感激之情无以言表，再次深表感谢，为本书后记。